幼儿问题行为的识别与应对
——给家长的心理学建议
（第二版）

冯夏婷　主编

中国轻工业出版社

图书在版编目(CIP)数据

幼儿问题行为的识别与应对：给家长的心理学建议/冯夏婷主编. —2版. —北京：中国轻工业出版社，2018.10（2024.9重印）

ISBN 978-7-5184-2045-2

Ⅰ.①幼… Ⅱ.①冯… Ⅲ.①幼儿-不良行为-家庭教育 Ⅳ.①G78

中国版本图书馆CIP数据核字（2018）第166141号

保留所有权利。非经中国轻工业出版社"万千教育"书面授权，任何人不得以任何方式（包括但不限于电子、机械、手工或其他尚未被发明或应用的技术手段）复印、拍照、扫描、录音、朗读、存储、发表本书中任何部分或本书全部内容（包括但不限于光盘、音频、视频等）。中国轻工业出版社"万千教育"未授权任何机构提供源自本书内容的电子文件阅览、收听或下载服务。如有此类非法行为，查实必究。

责任编辑：吴 红　　　责任终审：杜文勇
策划编辑：吴 红　　　责任校对：刘志颖　　　责任监印：吴维斌

出版发行：中国轻工业出版社（北京鲁谷东街5号，邮编：100040）
印　　刷：三河市鑫金马印装有限公司
经　　销：各地新华书店
版　　次：2024年9月第2版第4次印刷
开　　本：710×1000　1/16　印张：23.25
字　　数：230千字
印　　数：9001—11000
书　　号：ISBN 978-7-5184-2045-2　定价：58.00元
读者热线：010-65181109
发行电话：010-85119832　010-85119912
网　　址：http://www.chlip.com.cn　http://www.wqedu.com
电子信箱：1012305542@qq.com
版权所有　侵权必究
如发现图书残缺请拨打读者热线联系调换
241429Y1C204ZBW

本 书 编 者

主　编：冯夏婷

编　者：毕华丽　曹婷婷　陈　霞　冯夏婷
　　　　郭慧敏　刘晓晓　刘艳芝　马淑琴
　　　　汪　菲　王玲玲　吴海琼　解慧超
　　　　殷向云　袁东华　赵　静　朱晨晨

第二版前言

《幼儿问题行为的识别与应对（家长篇）》能够受到读者的欢迎并且再版，对我们来说真是一件令人鼓舞的事。时间如梭，这些年我其实更多地接触了有行为问题的儿童，而且很多问题是新的、挑战性更大。比如不守规则，已经不仅仅是儿童的问题，更多的是家长的教育观念出了问题。家长们认为孩子能够背诵唐诗宋词、认识一些字、会说英语，是最重要的，而能不能在公共场合保持安静，爱护公共环境的卫生，能不能爱护公共物品或别人的物品，能不能用正确的方法来使用物品，能不能顺从活动的安排，等等，这些遵守规则的教育却不能得到家长的重视，家长甚至认为规则教育是与"以孩子为中心""遵从孩子的天性"背道而驰的，这真是大错特错。让我吃惊的是这种教育观念还相当普遍！所以家长们会出现拿一个塑料袋让孩子当街大小便，在飞机的座位上给孩子把屎把尿等令人瞠目结舌的行为！再比如礼仪教育，中华文明几千年都以礼仪之邦而自豪，现如今基本的人际交往礼仪却被家长认为是可有可无甚或是阻碍孩子的天性自然发展的东西。所以我们会看见许多在餐桌上无视他人、自顾自狼吞虎咽的孩子，对长辈、客人毫不礼让，在餐厅大吵大闹的孩子。孩子们没有规矩的行为真的是随处可见，他们在公共汽车上、地铁站里横冲直撞，在博物馆、图书馆里大声喧哗，在动物园里不顾劝阻挑逗甚至伤害动物，在超市、商场里不爱惜甚至故意损坏商品，等等。所以，在本书（第二版）第一部分"社会性发展方面的问题行为"，我们增加了"不守规则"这个内容。

关于孩子们的情感发展，我注意到很多父母整天忙于工作和应酬，把孩子交给祖父母或保姆照顾，很少有时间陪伴孩子。即使父母休息在家，或利用休闲时间带孩子外出游玩，父母还会因为不断地看手机玩微信，导致陪伴孩子的质量很差。孩子得不到足够的关注，没有爱和耐心的回应，一家人之间的情感交流也不够顺畅。在6岁前，安全感、依恋感以及情感表达能力发展的关键时期，孩子因为上面所述的这些情形而导致心理营养不足，从而出现缺乏安全感，不善于用正确的方式表达情感，动不动就哭闹发脾气等问题。"安全感缺失"和"情感表达障碍"成为两个特别突出的儿童情感发展的问题。我们在本书的第二部分增加了这两个内容。

学习方面的问题也有一些新情况。虽然幼儿的思维主要是具体形象思维，但是在语言表达方面他们应该具有一般的逻辑，能听懂故事，知道简单的前因后果。然而，我们发现说话缺乏简单逻辑、没有因果概念的孩子也不在少数。做事拖拉，要大人反复催促直到失去耐性。坐不住，连简单的事情如画一幅画、看完一本图书都无法完成。爱说话却不会倾听，没有耐心等待别人的回应。这些突出的问题都在本书的第三部分增加了，分别是"逻辑混乱""做事拖拉""坐不住"和"不会倾听"。

生活习惯方面的问题增加了"不会等待""生活自理能力差"和"不会做家务"。这几个问题也是由父母不重视或教育观念的偏差所造成的。急于给孩子周全的照顾，一切以孩子为先，而导致"不会等待"的孩子增多。不注重生活技能的教育，对孩子的生活全部包办照顾，就会导致孩子能弹琴背诗却做不好穿衣脱鞋这些照料自己生活的"小事"。孩子虽然年龄小，但是一直不能做到"自己的事情自己做"，几乎所有的事情都要依赖大人的照料，就会严重影响孩子的自信心。饭来张口、衣来伸手的孩子也不在少数，"学习才是大事，做家务是小事，孩子长大后自然就会了"，抱有这种教育观念的家长也很多。

做了上述修订，我们觉得这本书的内容更全面、更丰富了，可以更进一步地帮助家长为孩子的成长提供更多更好的心理营养，帮助更多的孩子健康成长。

感谢马淑琴、刘艳芝、汪菲、王玲玲、袁东华，她们是专业的幼儿教育工作者，又几乎都是幼小孩子甚至是两个幼小孩子的妈妈；感谢她们在繁忙的工作和生活之余参与这一版的修订和写作。

冯夏婷
2018年1月于广州

第一版前言

第一次关注儿童的问题行为是在 1997 年，那时候我正在做我的博士论文研究——关于儿童攻击性行为的心理特点和教育对策的研究。我到幼儿园进行了大量的观察和实验研究，除了攻击性行为，我还观察到孩子们的其他问题行为——故意捣乱、自私、任性、社交退缩、吸吮手指、不良的睡眠习惯、注意力不集中等。我意识到，家长和老师是多么需要具备一定的知识和技能——了解儿童问题行为出现的原因，分析儿童问题行为的表现，找到避免和纠正儿童问题行为的方法和对策。在那以后的十几年里，我和我的学生一起致力于儿童问题行为的研究工作，并且实际接触有问题行为的儿童及其家长，直接到幼儿园、小学甚至中学，跟踪研究问题行为儿童，和家长、老师一起探讨矫正问题行为的方法。

我们发现，无论遇到怎样的案例都可以采用这样的工作方法：观察—谈话—分析原因—设计方案—尝试解决—总结和调整—再尝试解决。首先是观察孩子——到家庭、幼儿园、学校去现场观察，通过观察，我们就能了解到孩子的实际表现以及存在的问题，问题行为发生的时间、场景、原因、后果。接着是谈话——和家长或老师交谈，在有必要和可能的情况下也和孩子交谈，通过交谈，能够了解孩子的背景，了解家庭环境、家庭教育的情况，也可以了解孩子的社交、学习方面的情况。在观察和谈话的基础上，我们就可以进行原因分析了——孩子的问题行为是怎样发生、发展的，影响因素是什么？父母的教育方法是什么？教师的态度是什么？同伴关系怎样？了解了原因之后，我们就可以为孩子设计解决问题行为的方案了——用行为主义的行为矫正技术还是用调整认知的方法？设计好了教育方案之后，我们就需要实施方案，并不断进行总结和调整，直到找出最有效的方法，解决好个案的问题行为。在整个工作过程中，耐心和细心的工作态度，专业的理论指导，心理矫正技术等基础知识，不断探讨研究的科学精神，这些都是解决问题的重要方面。同时，家庭和学校的配合，对问题的解决也起着举足轻重的作用。

多年的积累，使我们对孩子的问题行为有了深入的了解。现在，我们决定把这些经验积累以及研究成果总结出来与各位家长分享。因为我们非常明白，面对一个有问题行为的儿童，作为家长非常着急，而且他们并不是专业的儿童教育工作者，所以非常需要帮助。于是，我们从方便家长阅读的角度来编写这本书。我们首先对问题行为进行了分类：在和别人打交道、融入幼儿园集体生活的时候出现的问题，如攻击别人、捣乱、破坏、乱发脾气、说谎、偷窃、不服从、不分享、社交退缩等，我们将其归类为社会性发展方面的问题行为；在个性、自我控制和情绪健康方面出现的问题，如吮吸手指进行自我安慰、任性、依赖、过度焦虑、冷漠、妒忌、恐惧以及因缺乏自信导致的口吃等，我们将其归类为情绪情感方面的问题行为；主要表现在学习上的问题，如注意力不集中、对学习没有兴趣、懒惰被动、说话晚、粗心健忘、怕上幼儿园等，我们将其归类为学习方面的问题行为；主要表现在生活上的问题，如不良饮食行为、不良睡眠行为、不良卫生行为、丢三落四、毛手毛脚、晃头眨眼、尿裤尿床等，我们将其归类为生活习惯方面的问题行为。然后，我们对每一种问题行为都进行了定义和行为表现的描述。由于每一种问题行为的背后都有好几种可能的原因，所以我们从行为的原因出发来对问题行为进行分析。每一种不同的原因所导致的问题行为，我们都从案例描述开始，然后对案例进行分析，指出家长可能存在的错误应对，然后给出专业的建议。案例—分析—错误应对—锦囊妙计，这就是我们采用的写作思路。相信家长能够通过这么具体的描述和分析，找到孩子存在的问题行为的类别，了解到这一问题行为发生的原因，并且明白自己有没有错误的应对，最后掌握正确的教育方法。

虽然我们是经过长期的研究和经验积累对每一种问题行为进行了分析并给出建议，但是我们知道，由于孩子们的发展过程千差万别，家庭环境也各不相同，仍然会有许多问题在这本书里找不到答案，或者我们给出的建议并不能完全解决问题，所以我们写作了第五部分——行为矫正的原理和方法。在这个部分，我们介绍了行为主义和认知学派两大主要派别的心理治疗和行为矫正理论与方法，以便家长们在学习了一定的理论和技术之后，能够具备对问题进行简单的分析以及选择适当的解决方法的能力，对自己在教育孩子的过程中遇到的新问题有自己的思考，并且能够探索出自己的解决之道。我们同时希望，家长们可以把自己孩子的情况和教子心得与我们分享，帮助我们积累更多成功的案例，也许将来我们还可以写更多的书，帮助家长解决更多的问题。

非常感谢中国轻工业出版社的吴红编辑，我们其实素不相识，吴先生却能把这本书交给我来编写，其中的信任让我深受鼓舞。吴先生和他的同事高君小姐对我们的写作过程给予了具体而专业的意见，对他们的支持和帮助，我深表谢意。

感谢我的同行和学生——解慧超、吴海琼、陈霞、曹婷婷、刘晓晓、刘艳芝、赵静、殷向云、朱晨晨、郭慧敏、毕华丽。因为他们的努力，才有了这本书的出版，感谢他们所奉献的专业和有价值的内容。

最后我要感谢我的家人，我的父亲和母亲，他们对我的期望是我努力工作的动力。感谢我的先生和儿子，他们对我的支持和鼓励让我充满自信，他们和我一路前行，让我的人生变得有意义。

感谢所有为这本书的出版做出努力的人。我会把我的感恩之心化作继续努力的动力，尽我的微薄之力，为儿童教育事业添砖加瓦。

冯夏婷
2010年7月于广州

目 录

第一部分 社会性发展方面的问题行为 …… 1
1. 攻击 …… 3
2. 捣乱 …… 11
3. 破坏 …… 18
4. 乱发脾气 …… 28
5. 说谎 …… 37
6. 偷窃 …… 44
7. 不服从 …… 52
8. 不分享 …… 60
9. 社交退缩 …… 67
10. 不守规则 …… 76

第二部分 情绪情感方面的问题行为 …… 85
1. 吮吸手指 …… 87
2. 任性 …… 95
3. 依赖 …… 103
4. 过度焦虑 …… 111
5. 冷漠 …… 117
6. 妒忌 …… 125
7. 口吃 …… 132
8. 特异性恐惧 …… 140

9. 安全感缺失 147
10. 情感表达障碍 154

第三部分 学习方面的问题行为 163

1. 注意力不集中 165
2. 没有学习兴趣 173
3. 懒惰被动 181
4. 说话晚 188
5. 粗心健忘 196
6. 怕上幼儿园 203
7. 逻辑混乱 211
8. 做事拖拉 219
9. 坐不住 227
10. 不会倾听 235

第四部分 生活习惯方面的问题行为 243

1. 不良饮食行为 245
2. 不良睡眠行为 254
3. 不良卫生行为 264
4. 丢三落四 271
5. 毛手毛脚 281
6. 晃头眨眼 289
7. 尿裤尿床 296
8. 不会等待 303
9. 生活自理能力差 308
10. 不会做家务 316

第五部分 行为矫正的原理和方法 ·· 323
  1. 行为主义的方法 ··· 325
  2. 改变认知的方法 ··· 344

主要参考资料 ··· 353

第一部分
社会性发展方面的问题行为

孩子在出生的时候，只是一个生物意义上的人。他因为饥饿而哭，因为不舒服而哭，因为疼痛而哭……哭，是他唯一会做的事情。可是，当他因为饥饿发出的第一声啼哭得到母亲积极的回应——喂奶的时候，他就开始成为一个社会的人——会向别人发出信息，提出要求，期待得到别人的回应。之后，孩子每天不断地学习怎样成为一个社会人，为了得到食物——哭，为了得到妈妈的赞许——笑，为了让别人明白自己想要的玩具——指，为了让大人满足自己的愿望——说，就这样，沟通能力一天一天迅速地发展。但是，如果孩子从得到的回应中悟出的道理不正确，他也很容易学会一些不正确的沟通方法。比如，为了得到食物——哭，为了更快地得到食物——大哭；为了让妈妈买玩具——说，说了没用——打滚耍赖，妈妈很快就会让步；想要小伙伴的玩具——抢，小伙伴不肯给——强抢，小伙伴只好让步；为了得到妈妈的注意——捣乱，妈妈只好放弃和别人聊天；和新伙伴相处被欺负——不和人打交道，退缩，安全多了。孩子通过这些经验学到的攻击、发脾气、捣乱、退缩，就称为社会性问题行为。在不同的家庭里，由于父母或其他养育人对孩子的行为有各种不正确的回应，于是有些孩子学会了打人，有些孩子学会了捣乱，有些孩子学会了撒谎，有些孩子学会了对着干。时间长了变成习惯，成为行为方式，这些孩子便有了问题行为，一旦上幼儿园、上小学需要和其他人打交道时，这些行为方式便表现出来，成为孩子正常社交的阻碍。长此以往，孩子就成为不受欢迎的人，于是自信心受损，情绪不健康，社会性发展出现障碍。

所以，社会性学习是孩子最初的学习，也是孩子最重要的学习。家长应该非常重视孩子的社会性学习。如果发现孩子出现一些社会性问题行为，家长应该及时反省自己的教育方法，调整自己和孩子的相处方式，避免这些问题行为的进一步发展。

在这个部分，我们选取了攻击性行为、捣乱行为、破坏行为、乱发脾气行为、说谎行为、偷窃行为、不服从行为、不分享行为、社交退缩行为和不守规则这些常见的社会性问题行为，通过案例、分析、错误应对、锦囊妙计四个部分来进行阐述。家长可以对照案例的描述，找到与自己孩子的问题行为相类似的行为，进行进一步的了解和学习。

1 攻击

在幼儿园里，总会有一些孩子让老师头疼，因为他们到处惹是生非，不是打了这个小朋友，就是推了那个小朋友，俨然就是其他小朋友眼中的"恶魔""霸王"。这些孩子就是具有攻击性行为的孩子。

攻击性行为又被称为侵犯性行为，是针对他人的敌视、伤害或破坏性行为。它可以是对他人身体的侵犯、言语的攻击，也可以是对他人权利的侵犯。

在儿童的活动中，我们可以看到，儿童之间经常发生攻击性行为。例如：幼儿园小班的儿童喜欢将玩具据为己有，他们或用手搂住或用身体压住玩具，宁可自己不玩，也不让别的孩子拿走玩具。这时，其他想要玩玩具的儿童就会对霸占玩具的儿童采取攻击性行动，或掰他的手或动手打他。儿童间的攻击性行为是儿童成长中不可避免的，是他们在社会化过程中必须要经历的。因此，如果孩子偶尔对其他小朋友采取了攻击性行为且后果并不严重，那么家长就不必大惊小怪，可以"闭一只眼"，放手让孩子们自己解决。但是，如果孩子经常对其他小朋友发动攻击性行为，就要引起家长的注意。因为儿童的攻击性行为一旦成为习惯后，不仅对儿童的同伴交往不利，还有可能造成他们长大后社会适应不良，妨碍他们的人际交往，甚至导致他们做出一些违法行为，如打架、斗殴等。

事实上，引起儿童攻击性行为的原因是会随着儿童年龄的增长而发生变化的：学前早期的儿童多数是因物品或空间争夺而引发攻击性行为；到了学前中、晚期，具有社会意义的事件，如帮助好朋友、受他人指使、报复还击等，所引发的攻击性行为逐渐增多。由此可见，同是攻击性行为，不同年龄段的孩子其行为的动机不尽相同。因此，当孩子对其他小朋友发动攻击性行为时，家长首先要做的就是了解清楚他为什么这么做，然后再采取适宜的解决措施。只有"对症下药"，才能"药到病除"。

(1) 因需求得不到满足而攻击他人

案例

志志今年 3 岁，在上幼儿园小班。志志的妈妈接到幼儿园老师的反映：志志最近在幼儿园越来越喜欢打人了。一旦要求得不到满足，他就会大喊大叫，并用手去抓其他小朋友的脸，或者去拧其他小朋友的手、腿或身体其他部位。一次，在老师组织小朋友玩游戏时，志志因为自己没有被第一个叫去玩玩具而大发脾气，甚至冲到前面的小朋友面前抢玩具，抢不过就动手打人。

分析

心理学研究结果表明：三四岁的孩子，其神经系统的发展仍然是兴奋过程占优势，导致一些细微事件就能引起他们强烈的情感反应，所以幼儿在行为上容易兴奋，又不能控制自己，从而发生冲动行为。由于孩子在家提出的要求，家长往往是第一时间予以满足，所以，他们基本上没有等待的经验。在幼儿园里与在家里不同。首先，在幼儿园里，一个老师面对的是多个孩子，这就决定了老师不可能同时关注到所有孩子的需要；其次，幼儿园有自己的规章制度，幼儿在园的活动必须遵从一定的顺序和规则。因此，在幼儿园里，有些时候孩子是需要等待的。这就要求家长在孩子入园前培养孩子延迟满足的能力，让他们从小就认识到，要想时时事事得到满足是不可能的，他们必须学会等待。

这个年龄段的孩子已具备了一定的理解能力和表达能力，家长要帮助孩子发现发怒前的"先兆症状"，以便让孩子对自己的情绪有充分的觉知，并给孩子一些建议和协助，让他们了解当"先兆症状"出现时用哪些办法来处理，要让他们明确知道情绪是应该控制的，并养成控制情绪的习惯。

错误应对

◆惩罚孩子。有些家长接到老师或别的家长的投诉，知道孩子的不良表现后，会觉得孩子给自己丢脸了，于是就责骂孩子或对其进行体罚。

◆ **忽略孩子的攻击性行为**。有些家长认为，孩子之间打打闹闹是很正常的，于是对孩子的攻击性行为采取忽略、不重视的态度，不管不问，任由孩子的攻击性行为愈演愈烈。

◆ **强化和鼓励孩子的攻击性行为**。有些家长只关心自己的孩子是否被打，而不关心是谁发起的攻击性行为以及原因。当知道自家孩子占上风时，他们可能还会很自豪地对孩子说："小子，不错啊，还有点功夫啊！"这种态度直接强化和奖励了孩子的攻击性行为。

锦囊妙计

◆ **表明立场**。家长应坚定地向孩子表明，他们不喜欢他的攻击性行为。如果孩子的行为改进了，家长应给予鼓励，以增强他的自信心。此外，家长还必须停止强硬的处罚方法，因为这会引起孩子的叛逆情绪，令他表现出更多的攻击性行为。

◆ **转移注意力**。在家的时候，家长可以延迟满足孩子的一些要求，让孩子学会等待。比如，家长正在做蛋糕时，孩子很想马上吃到香喷喷的蛋糕，但是蛋糕得40分钟以后才能烤好，这就是一个让孩子学习等待的机会。在等待的这段时间里，为了让孩子过得轻松一些，家长可以带他去跑步、打球、玩玩具，或做一些他感兴趣的事，以转移他的注意力。

◆ **自我抑制**。如果孩子很容易冲动或难以控制自己的情绪，家长应教给他各种抑制冲动避免攻击性行为出现的方法。例如，当家长觉察到孩子情绪冲动、出现攻击别人的倾向时，可以告诉他"从1数到10""用嘴巴说，不要动手打""停下来，想一想"等。

◆ **发泄负面情绪**。孩子在情绪受挫或者要求得不到满足时就会有负面情绪，由于他不知道如何很好地表达和控制自己的情绪，难免迁怒于他人。比如，被老师批评或者没有得到小红花，孩子情绪不好，就很容易出现打人的行为。当孩子出现情绪不稳定的症状时，家长可以教他通过大喊、撕纸或是打沙包等方式来发泄自己的负面情绪，同时要告诉他无论在何种情况下都不能打人，让孩子学习管理自己情绪的正确方法。

◆ **自我对话**。自我对话在培养孩子的延迟满足能力、帮助孩子克服冲动情绪方面是非常有效的方法。家长可以和孩子一起玩有轮换规则的游戏，如跳皮筋、跳绳、踢毽子，在等待的过程中教孩子进行自我对话，如"我可以等轮到我的时候"。教孩子进行自我对话就是教他有耐心。

◆ **教孩子学会正确的沟通方法**。当性格冲动的孩子邀请其他小朋友和他一起做游戏而遭到拒绝时，他可能会很生气、很难过，进而想通过攻击对方来强迫对方与他一起玩或发泄受挫的消极情绪。遇到这种情况，家长可以告诉孩子一些与其他小朋友沟通的方式，以增强他的沟通能力。例如，家长可以教孩子说："如果你愿意和我玩这个游戏，我就可以和你玩你喜欢的游戏。"或者说："我可以先和你玩你喜欢的游戏，然后再一起玩我喜欢的游戏，好吗？"

（2）因家长的错误引导而攻击他人

案例

明明是幼儿园大班的孩子。有一次，他被班上的小朋友欺负，脸被抓伤了。下午离园回到家后，妈妈没有问明原委就训斥他："你怎么那么傻？他们打你，你不会还手吗？下次再有人欺负你，你就打他，这样才不会受欺负！"明明照妈妈的话做了。自那以后，他特别喜欢看有武打镜头的影视节目，并常常模仿节目里那些人物的动作。渐渐地，他由一个乖巧的孩子变成了一个不断与其他小朋友发生冲突、欺负其他小朋友、喜欢搞恶作剧的孩子。其他小朋友见了他都躲得远远的，他却以此为乐。

分析

幼儿之间在相处过程中总会出现一些冲突和矛盾，这是因为幼儿都是以自我为中心的，加上他们的语言表达能力发展有限和交往经验不足，导致他们缺乏处理矛盾冲突的技巧，这就需要家长给予他们正确的引导和帮助。家长是孩子受挫后的求助对象，孩子在外面受了委屈之后，会在家长身上寻求心理上的安慰和解决问题的方法。家长要做的就是教给孩子正确的交往技能和解决冲突的办法，引导孩子与他人友好相处，而不要因为自己的孩子受了委屈、吃了亏，就教孩子"以牙还牙"。否则，孩子很可能就像案例中的明明那样，因为在攻击性行为中获得了"成就感"而变得爱上攻击性行为，成为一个具有攻击性的孩子。事实上，大多数具有攻击性行为的孩子与其他小朋友的关系较差，不能得到其他小朋友的认可，这对他们的心理健康发展具有消极影响。

错误应对

◆**不问原委地直接教孩子"以牙还牙"。**"下次他怎么打你，你就怎么打他！听到没有？"这样做会让孩子学会攻击性行为，并且认为打别人是可以被大人接受的，是理所当然的。

◆**指责和嘲笑孩子。**当孩子在外面受了欺负回家哭诉时，家长非但不理会孩子的感受、安慰他的受伤情绪，反而责骂孩子："人家打你，你就知道哭，怪不得人家打你呢！只有窝囊废才哭哭啼啼的！"家长的这种处理方式严重地伤害了孩子的自尊心，很可能会让他变得消极软弱，遇事退缩不前。

◆**不问原委，直接找对方的家长兴师问罪。**看到孩子哭哭啼啼、满脸委屈的样子，家长顿生疼爱之心："谁欺负你了？告诉爸爸（妈妈），我找他的家长算账去。"随后，带着孩子去向对方的家长兴师问罪，言语不和甚至还会动手打人。这样做，孩子会把家长当成靠山，会让他产生"无论什么时候我和别人打架了，无论是不是我错了，爸爸妈妈都会向着我"的错觉。

锦囊妙计

◆**接纳孩子。**当孩子在外面与小伙伴发生冲突、被对方欺负了而向家长哭诉时，家长首先要做的就是接纳孩子的情绪，给孩子关爱和温暖，向他表达理解和同情，让孩子觉得家长是可以依赖的、是关心自己的，为接下来孩子能够接受家长的教导打下心理基础。

◆**倾听孩子的诉说，了解原委**。面对泪眼汪汪的孩子，家长要保持冷静，向孩子了解清楚事情的原委之后，再发表意见，教给孩子正确的解决方法。在孩子讲述的过程中，家长应避免给孩子暗示性的引导，如"是他先动手打你的，对吗"，而要鼓励孩子做个诚实的、讲真话的孩子。

◆**给孩子创造一个宽松温馨的生活环境**。家长要避免让孩子看含有暴力、攻击性行为的影视节目和图书，避免让孩子看到父母争吵、打架。孩子的模仿能力和接受能力是非常强的，这些都会对孩子起到不良的示范作用。

◆**和对方的家长好好沟通**。不管是孩子受了欺负，还是他欺负了其他小朋友，家长最好能抽出时间和对方的家长好好谈谈，谈的时候态度要真诚。双方家长彼此达成谅解，关系和睦，会使孩子们受到感染，最终化"干戈"为"玉帛"，这样他们以后才能和平友好地相处。

◆**鼓励孩子多与同伴交往**。有些家长因为孩子在与同伴交往中常被人欺负，于是将其关在房内不准外出，限制他的交往活动，这种方式貌似保护，实则是害了孩子，因为儿童只有在与同伴的交往中才能学会正确的人际交往技巧。

◆**学会呼救**。教给孩子几个简短的句子，并训练他大声、快速地说出来，如"你干什么""老师快来"，给攻击者以威慑，为自己呼救。

（3）因不懂社交技巧而攻击他人

> **案例**

4岁的可可是幼儿园小班的小朋友，她很守规矩，乖巧可爱。有一次，小朋友们都在睡午觉，可可旁边的叮叮却一直在哭闹，不肯睡觉。可可开始对他说"睡觉不哭，哭的孩子不乖"，叮叮没有理会，继续哭泣。突然，可可拿起叮叮的手猛咬了一口，嘴里还说："叫你哭，还哭，咬你！"于是叮叮开始大哭大叫。老师跑了过来，看见叮叮手臂上的咬痕，心疼地抱起叮叮，同时责怪可可："你怎么能咬人？！"可可振振有词："他不睡觉，还哭，他不乖。"

分析

4岁以前的孩子,因为语言表达能力有限,社交技巧也很缺乏,经常会因为正当的动机而做出不恰当的事情。可可只是想制止叮叮哭闹,却用了咬人的方法,最后还被老师批评,可可自然搞不懂自己究竟有什么错,于是很困扰,也很沮丧。所以,教给年幼的儿童一些简单的社交技巧(如讲道理)和社交中的基本原则(如不伤害别人)是非常重要的,同时也要提高他们的表达能力、沟通能力,如怎样提醒别人、怎样表达不满、怎样和别人商量、怎样说服别人等,只有提高他们的表达能力和社交能力,才能帮助他们适应幼儿园的生活,学会与其他小朋友相处,发展良好的同伴关系。

错误应对

◆**对孩子的行为反应过于强烈**。比如,听到老师的"投诉"之后,家长对孩子表现出非常生气的样子,还会重重地惩罚孩子,如打孩子的嘴巴,说"掌嘴,看你还敢不敢咬人"。孩子并没有因此而学到正确的方法,反而会被吓着,也许孩子再也不敢咬人,但这只是"治标不治本"的下策,不利于提高孩子的交往技能。

◆**过于简单的处理方法**。家长很形式化地表达对孩子的行为不满,责怪孩子几句,如:"不可以咬人,以后再也不许这样,你知道了吗?"因为家长并没有教给孩子正确的表达方法,孩子还是不懂应该怎样制止别人不好的行为并表达自己的不满。

◆**表里不一的处理方法**。家长在老师面前假装批评孩子,直到孩子哭起来才罢休,认为这样就算对得起那个被咬的孩子了,回到家却可怜自家的孩子:"我知道他哭闹吵着你睡觉了,是他不对,乖乖不哭了,我给你买雪糕吃。"孩子被"打了一棒",然后又尝到甜头,实在搞不懂这件事情自己究竟做对了还是做错了。

> 锦囊妙计

◆**提高孩子的社会交往能力**。一些孩子因"说不清楚"而采用攻击性行为来解决争端或达到与他人交往的目的,这是孩子缺少社会交往技能的表现。对于这类孩子,父母有责任教会他们正确的表达方法,提高他们处理一般问题的能力。父母可以教孩子学会用适当的语言,如"你别哭了,我的玩具给你玩吧",正确地表达自己的要求,而不是打人或咬人。

◆**角色扮演法**。家长可以和孩子玩游戏,通过轮换角色扮演,让孩子认识到攻击性行为对别人的影响,体会到被攻击的感受,同时学会用正确的方法表达自己。

◆**尽量多地让孩子练习一些适宜的表达**。比如,别人弄倒了孩子搭的城堡时,可以教孩子说:"请你小心一点,这是我花了很长时间才搭起来的!"别人很吵闹时,可以教孩子说:"请小声一点,别吵着别人!"别人不守规矩时,可以教孩子提醒他:"老师说,好孩子要好好排队。"孩子懂得的适宜的表达方式越多,就越不会使用打人这种会给自己带来麻烦的表达方式。

2 捣乱

我们常常会看到某些幼儿有这样一些行为表现：家里来了客人他们大声喧哗、哭闹或特别兴奋；当老师表扬其他小朋友时，他们动来动去或故意大声说话；做游戏时他们发出怪异声响；越是不让做的事他们越去做；同伴好不容易搭好的积木房子，他们跑过去一把给推倒……这些行为就是"捣乱"行为。常常做出"捣乱"行为的孩子，是老师眼中的"调皮鬼"，是同伴眼中的"淘气包"，是父母眼中的"捣蛋王"。

面对这样的孩子，家长不是束手无策，就是采用一些简单、粗暴的方式去对待，如不问缘由地批评、惩罚或者冷落他。其结果可能是，孩子非但没有减少"捣乱"行为，反而会变本加厉。

那么，当孩子出现"捣乱"行为的时候，家长怎么做才是恰当的呢？家长首先要做的就是对孩子发生这种行为的原因进行分析：他为什么会出现这样的行为？他在什么情况下出现这样的行为？在其他情况下他也出现这样的行为吗？找出原因后再运用相应的教育策略。切记：不要在还没弄清楚行为发生的原因之前就批评、斥责、惩罚孩子。下面我们将通过一些案例分析，为家长应对爱"捣乱"的孩子提供一些有效的策略。

（1）为引起他人关注而捣乱

案例

米米妈妈的大学同学带着女儿来家做客，米米妈妈一边忙着招待同学，一边把米米的布偶娃娃给同学的女儿玩，还时不时夸同学的女儿长得又可爱又漂亮。米米见妈妈没有理睬她，就把积木搬到离妈妈和同学聊天不远的地方，一边敲打,一边往妈妈坐着的地方扔,还时不时地向妈妈那边看。妈妈知道米米这样做是想引起大人的注意,就没有理睬她。见妈妈没有反应,米米又跑过来叫妈妈给她买冰激凌吃,妈妈没有接她的话茬儿,而是对同学说:"我们米米是个很棒的孩子,自己玩了积木,会把它收好,放回架子上。"妈妈的同学故作惊讶地说:"真的吗?米米真是太棒了!阿姨好想看看米米是怎么做的。"米米听了,高兴地跑过去把扔得到处都是的积木一个个捡起来,装进盒子里,放回架子上,然后再坐到妈妈的旁边。妈妈当着同学的面表扬了她。等客人走了以后,妈妈给米米买了冰激凌,并告诉她:"米米,妈妈今天给你买冰激凌是为了奖励你,因为你自己收拾好了积木。"

分析

案例中米米的做法其实是想引起妈妈及客人的注意。孩子有受关注的需要,他们渴望得到别人的关注、赞赏和肯定,尤其是在有他人在场的情况下。如果孩子觉得自己被父母忽略了,他们就很有可能做出某些"捣乱"行为。案例中,米米就因为被妈妈忽略而出现两次"捣乱"的行为,干扰妈妈和同学的对话。对于米米的"捣乱"行为,米米妈妈都采取了非常恰当的处理方式:忽略米米的"捣乱"行为——转移米米的注意力——奖励米米的积极行为。事实说明,米米妈妈采取的措施取得了很好的效果。

错误应对

◆ **斥责、批评孩子**。例如,"自己一边玩去,没看见妈妈在招待客人吗?!""你又在捣什么乱?""再不停下来,妈妈就要生气了。"孩子本来是想引起家长的注意,如果家长不了解孩子的心理需求,而是当众斥责、批评或处罚他,这样做,很可能引起孩子的抵触情绪,使他的"捣乱"行为变本加厉。

◆ **无意中强化了孩子的"捣乱"行为**。孩子之所以会通过"捣乱"来引起家长关注,是因为他知道这种方式通常会收到不错的效果。因为通常情况下,家长会为了终止孩子的捣乱行为而"关注"或满足孩子的"当下要求",从而使孩子被关注的需要得到满足。"捣乱"所带来的好结果会强化孩子寻求关注的意识，增加他的捣乱行为。

◆ **未鼓励孩子的进步表现和良好行为。**幼儿期的孩子很渴望获得大人的关注、表扬和奖励。如果孩子没有出现"捣乱"行为或者"捣乱"行为发生的次数减少了，而家长没有给予任何表扬与鼓励，那么孩子的进步表现和良好行为就很难保持下去。

锦囊妙计

◆ **学会故意忽视。**所谓故意忽视，是指家长将注意力从孩子的不良行为上移开。也就是说，当孩子试图通过"捣乱"来引起家长注意时，家长应学会"忽视"，不去关注孩子的"捣乱"行为。久而久之，孩子就会因为他的"捣乱"行为得不到家长的关注与回应而慢慢减少。

◆ **转移孩子的注意力。**转移孩子的注意力，是指当孩子企图通过"捣乱"来引起家长关注时，家长可以引导孩子去做一些其他的事情来转移他的注意力。案例中的米米妈妈并没有回应米米想要吃冰激凌的要求，而是和同学一起通过肯定米米是个很棒的孩子，进而引导米米把扔得到处都是的积木收拾好，以此转移米米想继续"捣乱"的注意力。

◆ **负强化。**家长可以通过负强化的方式来制止孩子的"捣乱"行为，即当孩子表现良好时，家长可以适时给孩子奖励；孩子一旦开始捣乱，就得不到奖励，或取消之前答应给孩子的奖励。这样，孩子的"捣乱"行为也会因得不到奖励而减少或终止。

◆ **奖励良好的替代行为。**奖励良好的替代行为，是指应用奖励来提高孩子良好替代行为的发生频率。比如：案例中，当米米收拾好积木后，米米妈妈不仅当场表扬了她，还买了她爱吃的冰激凌奖励她。这样，妈妈通过奖励收拾积木这一良好替代行为，可以促使米米减少到处扔积木这一不良行为的发生次数。

◆ **奖励要具体、及时。**当孩子出现良好行为时，家长应该及时地给予孩子奖励。如果奖励不及时，孩子可能会觉得，既然出现好的行为不能得到奖励，那么以后也没有必要再表现出好的行为来。家长奖励不及时，也可能会误导孩子。比如：当家长奖励时，孩子正出现一种不好的行为，这时，他会以为家长是在奖励他这一不良行为表现。此外，奖励还应具体，要让孩子明白家长是因什么而奖励他，因为奖励和表扬孩子的某种具体行为比奖励和表扬孩子本身更有效。例如，"你的袜子洗得真干净，你干得非常好"这种表扬比说"你是个好孩子"要更有效。案例中，当米米收拾好玩具坐在妈妈旁边不捣乱后，妈妈表扬了米米并给她买了冰激凌作为奖励，然后告诉她，是因为她把积木收拾好不再捣乱才奖励她的。因此，家长不仅要及时奖励孩子的良好行为，还要养成表扬孩子具体的良好行为的习惯。

（2）因好奇、喜欢探索而捣乱

案例

文文家买了新房子，爸爸妈妈带着文文去看正在装修的房子。到新家后，妈妈见墙壁刚被刷了油漆，就告诉文文千万不要用手去摸墙壁。话音未落，文文就举起双手，"啪"地打到了墙上……妈妈问他为什么捣乱，文文说："我想看看小手印在上面好不好看。"妈妈回家后，买了好几种印泥，和文文一起玩"印手花"的游戏。

分析

在某种程度上说，文文的"捣乱"行为是由其心理发展特点所致。幼儿期的孩子进入了自主探索阶段，他们不仅对周围的事物表现出极大的兴趣和好奇心，而且开始尝试克服身边遇到的困难。当看到物体在自己的操作下发生变化时，他们会从中意识到自己的力量，意识到自己和物体之间的关系，进而产生更强大的好奇心。在这种好奇心理的驱使下，同时也是为了证明自己的力量，他们就会不停地表现出"捣乱"行为。上述案例中的文文好奇心就很强，他遇到令自己感兴趣的事物，一定要去探个究竟。

错误应对

◆ **不分青红皂白地惩罚，如打骂、体罚等**。家长如果没弄清楚孩子这样做的原因就对孩子进行惩罚，其结果可能是：抹杀了孩子的好奇心，阻碍了孩子探究能力的发展，扼杀了孩子的创造性潜力；孩子和家长唱反调："妈妈为什么不让我做呢？肯定很好玩吧，那我一定要做做看。"

◆ **溺爱孩子，对孩子的捣乱行为视而不见**。老师和同伴不会像爸爸妈妈那样无底线地包容孩子。如果家长一味地无视孩子的捣乱行为，不对其加以引导，很可能会影响孩子与幼儿园老师和同伴的关系。

锦囊妙计

◆ **告诉孩子该怎样做**。对幼儿期的孩子来说，家长与其命令他"你不要……"，不如告诉他该如何做。如果一味让孩子"不要这样做""不要那样做"，只会让孩子感到困惑，更激起他的好奇心，从而做出在家长看来是"捣乱"的行为。所以，家长要明确、具体地告诉孩子该怎样做。

◆ **在家中建立人人遵守的行为规范**。国有国法，家有家规，凡是有人类群体的地方，总是要制定群体行为规范的。家里面也应该有基本的规矩，比如谁的东西谁负责收拾、晚上10点以后仍然乱摆在公共区域的东西就会被没收，这样能够很好地引导孩子管理自己的东西，遵守行为规范。

◆ **引导孩子通过其他方式进行探索**。如果孩子是因为好奇心强，想探究一些东西，家长可以为孩子提供一些材料，引导他通过恰当的方式进行探索。例如：案例中，文文妈妈给文文提供了一些印泥，以此满足文文想探究的愿望。

◆ **运用"自然后果惩罚法"**。这是法国教育家卢梭提出的一种教育方法，是指当孩子行为上发生了过失或者犯了错误时，家长不给予过多的批评，而是让孩子自己承受行为过失或者错误造成的直接后果，使孩子在承受后果的同时感受到不愉快或者痛苦情绪，从而引起孩子的自我悔恨，自觉弥补过失。当孩子"故意"捣乱时，家长可以试试这种方法。比如，在孩子故意打翻饮料后，他就没有饮料喝。

（3）因宣泄不良情绪而捣乱

> **案例**

妞妞很喜欢去"娃娃家"玩。平时去"娃娃家"玩，她不是扮演妈妈给布偶娃娃梳头发、编辫子、喂奶、洗澡、哄娃娃睡觉，就是扮演护士给娃娃把脉、量体温、打针等，每次都玩得不亦乐乎。可是这天，妞妞一到幼儿园，就气呼呼地放下书包跑到"娃娃家"，拿起平时玩的布偶娃娃往外面扔，一边扔，一边还气呼呼地说："我不喜欢你，走开！"接下来，她又把娃娃的小床、奶瓶、梳子推到一边，说："都不要了。"离园时，老师告诉妞妞妈妈妞妞在"娃娃家"的表现。妈妈说，妞妞早上不愿起床上幼儿园，是被妈妈硬叫起来的。因为这个原因，她才会发脾气。

> **分析**

弗洛伊德学派认为，幼儿的"捣乱"行为是幼儿宣泄消极情绪情感的一个重要途径。他们的一些"捣乱"行为是其内心情绪不安的一种表现。当幼儿缺少关爱，或对幼儿园有一种强烈的不安感，或觉得被周围的同伴排斥时，他们就会感到情绪不安、焦虑或者恐惧，这些不良的情绪有时会通过"捣乱"行为发泄出来，如大哭大叫、乱扔东西等。这些"捣乱"行为在第一次出现后，如果成人处理不当，就会影响孩子的心理健康发展。那么，家长都有哪些不适宜的应对方式呢？我们应该怎样对待孩子由于宣泄情绪而出现的"捣乱"行为呢？

> **错误应对**

◆**剥夺孩子宣泄不良情绪的机会。**当孩子通过"捣乱"行为来发泄不良情绪时，家长常常会制止他。例如："别再扔玩具了，快住手。""再扔就打你。"往往孩子还没发泄完自己的情绪，家长就给堵回去了。长期下去，只会让孩子积累更多的不良情绪，影响其心理的健康发展。

◆**不问孩子"捣乱"行为的原因**。孩子在宣泄委屈、不安、不快等情绪时，家长往往不关注孩子"捣乱"行为的原因，而是直接关注孩子"捣乱"行为的后果，忽视了孩子当时的感受。

◆**不愿听孩子解释**。用不恰当的途径发泄完情绪后，孩子有时也会觉得很内疚，于是想向家长解释缘由，可是家长经常会这样说："够了，不用解释了。你就是故意捣乱！"

锦囊妙计

◆**提供给孩子不良情绪发泄的时间和空间**。对于需要宣泄情绪的孩子，家长如果直接采取干预方式，虽然可以暂时制止他的捣乱行为，但是，久而久之，孩子感知情绪情感的能力就会逐渐减弱。能够产生愤怒、不安、忧伤的感受，是人心理健康的表现，家长不应该让孩子失去感受这些情绪的能力。因此，家长必须给孩子提供表达和发泄不良情绪的机会，同时也要让孩子学会自我控制和管理自己的情绪。

◆**教给孩子发泄情绪的适宜方法**。当孩子产生不良情绪时，家长可以告诉孩子一些适宜的方法来宣泄不良情绪，如劝孩子痛痛快快地哭出来，通过声音、眼泪和表情等将不良情绪释放出来，或引导孩子向父母、好朋友、老师、亲人尽情倾诉。

◆**目标转移法**。当孩子遇到不高兴的事情时，家长首先要带他离开产生不良情绪的事件和空间，然后，引导孩子将注意力转移到他感兴趣的事情上来。例如：在家中为孩子提供一方属于他自己的"快乐天地"，在"快乐天地"里放一些孩子喜欢的玩具、食物、书籍等，当孩子情绪不佳时，带他到"快乐天地"；也可以和孩子一起做游戏。

◆**学会倾听孩子的心声**。当孩子向家长宣泄不满情绪时，家长不要不理睬孩子或敷衍孩子，而要学会倾听孩子的心声。否则，不满情绪长期积累下来可能会引发孩子的一些心理或行为问题。

3 破坏

我们常常在幼儿园或家里看到孩子有这样一些行为表现：撕烂书本、拆毁玩具、打碎碗盆、踢翻茶几、揪掉花盆里的花……这些孩子就是老师和家长眼中的"破坏王"。他们的这些行为被称为破坏性行为。该行为给他人和幼儿自身都会带来不良影响。

一个完整的破坏性行为包括行为动机、行为过程和行为后果三个部分。同是破坏性行为，其行为动机和行为过程却不尽相同。研究表明，幼儿的破坏性行为，有的是无意识的，有的是有主观动机的；有的是由病理性原因引起的，还有的是由于家长不良的教养方式造成的。这就告诉家长，对于孩子的破坏性行为，首先要理智地分析其行为动机，然后再采取正确的措施。

（1）因好奇、喜欢探索而做出破坏性行为

案例

斌斌渐渐长大，在父母眼中，麻烦的事也越来越多。凡是爸爸妈妈给他买的玩具，如玩具汽车、船、飞机等，不超过一个星期，就会被他拆坏，然后反复摆弄，直到他觉得这个玩具再也没有玩的价值为止。在大人看来，斌斌是个十足的"破坏王"。为了让斌斌能按时起床上幼儿园，妈妈给他买了个闹钟，斌斌对这个"新玩具"很感兴趣。第二天，妈妈就见闹钟已经被斌斌拆得七零八落，零部件丢得到处都是。看到妈妈进来，斌斌还自豪地让妈妈看。妈妈只能摇着头叹息，因为她对斌斌的这些"破坏"行为毫无办法。

分析

幼儿某些行为所带来的破坏性后果并不是由破坏动机所支配的,而是因为幼儿尚处在神经发育旺盛期,好奇心强,喜欢独立探索,但同时认知缺乏、技能不足。这类行为被称为"后果性破坏行为"或"无意性破坏行为"。从一些研究结果中我们了解到,幼儿这类破坏性行为的出现率在77.4%以上,尤其是由于知识经验缺乏、机体发育欠完善而导致"好心办坏事"的行为出现率达95%以上。可见幼儿出现这类行为并不是幼儿的初衷,并非源于破坏性动机。

在这类行为实施过程中,孩子以一种主动的状态参与活动,积极地进行探索,尝试各种新奇的创造,他们的兴趣得到了满足,创造力得到了发展。因此,对幼儿的"后果性破坏行为",家长应持宽容的态度,做出积极的引导。

错误应对

◆**斥责、批评、威吓孩子**。例如:"你下次再干这些坏事的话,就不让你出去玩。""不准你去碰……"如果孩子做出了一些破坏性较为严重的行为,家长有时甚至会因此动手打孩子。

◆**限制孩子的活动,剥夺孩子探索的机会**。有的家长会没收孩子的玩具,限制孩子的活动,以此杜绝一切破坏性行为发生的可能性,这样反而剥夺了孩子继续探索的机会。

◆**错误认知**。有的家长觉得孩子有破坏性行为是很正常的,孩子长大了这些行为就会自行消失。

◆**不恰当地表扬**。有的家长对孩子的破坏性行为表示赞赏,觉得孩子这样做是孩子很聪明的表现。

锦囊妙计

◆**了解孩子的想法,倾听孩子的解释**。如果斌斌妈妈能停下来问问斌斌,他为什么要拆坏新闹钟,或许就会知道原因——"我想看看闹钟里的针是怎样动的。""我想看看闹钟发出声音的地方。"然后,她就会了解:"噢,原来我的孩子正在发展探究能力呢!"

◆**肯定孩子的想法,因势利导,培养孩子的创造力和兴趣**。孩子的这类行为中蕴含着可贵的探索欲望和不依常规的创新,反映了孩子有主见、有着异于常人的思维模式。因此,家长首先应肯定孩子的想法,然后教给孩子正确的操作方法,引导孩子将拆损的东西拼回原样,让孩子进一步了解物体的结构,并知道有些东西是一拆即坏的。

◆**为孩子创设良好的环境,给予孩子足够的活动空间**。如果家长鼓励孩子多动手搭建、多拼插组合玩具等,那么孩子有正当的事情来满足好奇心,做出破坏性行为的几率自然就能降低。

◆**充实孩子的生活内容**。家长要尽量把孩子的生活安排得丰富多彩,让他们有机会宣泄过剩的精力。比如,让他们参加适当的运动——走平衡木、跳床等,或以动制动,让孩子到郊外玩耍——踢球、爬山等,消耗他们多余的精力,满足他们探索的需要。

◆**制定基本的行为规范**。家长要让孩子知道,好奇好学是好事情,但是不能妨碍别人,不能不爱惜东西;让孩子从小养成对自己的行为负责任的意识,在基本行为规范之下进行学习和探索。

◆**提供完全、牢固、不易损坏的玩具**。

(2)因嫉妒和想吸引他人注意而做出破坏性行为

> **案例**

毛毛今年6岁,上幼儿园大班。他活泼好动,喜欢在大人面前表现自己,也很喜欢做一些破坏性行为。例如,早上上幼儿园的时候,班上的某个小朋友穿了件很漂亮的衣服来,老师夸奖说:"今天你穿得好漂亮啊。"这时,毛毛就会在一旁急着说:"老师,我的衣服也很漂亮。"但老师并没有夸他的衣服漂亮。于是,在中午休息的时候，毛毛就将这个小朋友的衣服弄脏或划破。在一些活动中，老师夸其他小朋友的画画得漂亮或积木搭得很高的时候，毛毛也会过去把人家的画抢过来撕碎，将人家搭好的积木弄倒。总之，看到别人做得比自己好，毛毛就会不高兴，并且会将别人的东西破坏掉。对此，家长和老师也想了很多办法，比如老师常夸奖毛毛，但是只要老师夸了别的孩子，毛毛就会生气，接着就会搞破坏。但老师不可能只夸奖毛毛一个人，老师和家长对毛毛的行为感到困惑……

分析

幼儿表现出的某些破坏性行为是带有动机的主观性的破坏，常见的是由情绪障碍引起的情绪发泄性破坏行为，如嫉妒性破坏。幼儿自我调控能力弱，通常以破坏性行为来宣泄情绪，尤其是小、中班的幼儿，情绪受压抑后易反弹形成较激烈的外部表现。例如：有的幼儿受到欺负，自己又缺乏辩解反驳的能力，便采取破坏性行为来报复；有的幼儿见别人的东西比自己的好，就会产生嫉妒心理，进而采取破坏性行为来获得心理平衡。

案例中，毛毛的破坏性行为主要是由于他有嫉妒心理和想引起老师的注意。一方面，当老师夸奖其他小朋友时，毛毛就会嫉妒其他小朋友，认为只要其他小朋友没有这些东西，老师就不会夸他们，所以他才会采取一些破坏性行为；另一方面，毛毛认为这样做老师就会注意到他，但是他并没有采取合理的方式。

幼儿的这些主观性破坏行为是有心理动机的。所谓"心病还需心药医"，一个较好的办法就是采用说理教育的方式。家长要让孩子从内心深处认识到自己的行为存在的问题，从而自发产生抑制破坏性行为的内源动力。要注意说理并非纯粹的说教，要引导孩子对别人产生正确的情感与尊重，以达到控制破坏性行为的目的。

错误应对

◆ **漠视孩子的破坏性行为。** 父母常常觉得工作很累，下班回到家，不愿参与孩子的教养工作，对孩子的破坏性行为也视而不见，任其发展。

◆ **采取不恰当的行为处理方式**。例如，父母责骂孩子或采取一些惩罚措施，并告诫孩子下次不准再犯，"下次你再犯这样的错误，就不要再和其他的小朋友一起做游戏了。"

◆ **忽视孩子的进步**。在一般情况下，当孩子可能出现破坏性行为却没有出现时，家长并没有给予奖励，孩子就会认为好的行为得不到关注，而不良行为则会得到关注，从而强化了孩子做出破坏性行为的心理。

锦囊妙计

◆ **关心孩子，满足孩子的合理需求**。家长要关注孩子的感受，并结合观察分析破坏性行为形成的原因。有的孩子是为了引起成人的注意而搞一些破坏，针对这种情况，家长就应抽时间多陪孩子，关心他的情感世界。亲密的亲子关系有利于促进孩子人格的健全发展。家长不能以工作忙为由忽视孩子。当然，对于孩子的一些不合理的要求，家长不可答应，否则会更加强化他的破坏性行为。

◆ **引导孩子面对竞争**。孩子会嫉妒别人是因为他怕失去自己所拥有的优越感。家长应鼓励孩子勇敢地面对竞争，加强自我意识，发现自身的长处，把嫉妒心理转化为积极进取的动力。

◆ **对孩子的破坏性行为进行惩罚**。当孩子出现破坏性行为时，家长要取消之前答应给孩子的奖励，给孩子适当的挫折教育，以此增强孩子对困难的心理承受能力和解决问题的能力。

◆ **奖励适宜的行为**。当孩子没有表现出破坏性行为的时候，家长要给予鼓励和肯定，以强化其良好表现。

（3）因病理性原因而做出破坏性行为

案例

多多，女孩，今年5岁，是个中班的孩子。她常常会有些破坏性行为，甚至比一些男孩还要调皮。有时候，她控制不住自己，把班上小朋友喝水的杯子全部扔在地上，还把被子也扔到地上。她很容易生气，自己表现不好的时候也会生气。在玩游戏时，她做不好时就不让其他小朋友玩，她画画不好时就撕别人的书和作业本。家长带多多去医院检查，医生告诉家长，多多患有多动症，但家长却不敢把结果告诉老师，怕老师歧视多多。对此，老师感到很棘手，家长也十分痛苦，不知该如何是好。

分析

儿童多动症是一种儿童行为异常问题，又称脑功能轻微失调、轻微脑功能障碍综合征或注意缺陷障碍。儿童多动症主要有以下特征：注意障碍；活动过多；冲动任性；自控能力差。多动症儿童虽然大多智力正常，却伴有学习困难或学习障碍。

由于这些特征，幼儿总是难以集中注意力，容易被外界刺激吸引而分心，注意力也易随环境的改变而转移。在家或在幼儿园，他们总是动来动去，不能持续地坐下来完成一定的任务。他们常常难以控制情绪，易急躁、易激动、好发脾气、冲动任性，想干什么就干什么，做事缺乏思考，不顾后果，没有耐心，而且随心所欲地进行捣乱，甚至破坏东西。

案例中，多多常常不受控制地把东西扔得到处都是，因难以控制自己的情绪而常常乱发脾气，甚至出现一些破坏性行为。多多的这些行为显然是由多动症引起的。

面对孩子因病理性原因而产生的破坏性行为，父母首先要理解孩子，千万不能责备、惩罚孩子，这样会增强孩子的挫败感，降低孩子的自信心。其次，家长发现孩子有上述特征时，要寻求医生的帮助，在医生做出诊断后，遵照医生的建议对孩子的行为进行矫正。最后，父母要及时与孩子的老师沟通，如实说明情况，以便孩子在幼儿园里出现破坏等不良行为时，老师能采取正确的策略，并做到与家长的策略一致，很好地控制孩子的行为。

错误应对

◆**对孩子的病理性破坏性行为认识不够**。对于孩子由于病理性原因而产生的破坏性行为,有的父母认识不够,从不去分析孩子破坏性行为的动机,以为孩子是故意的;还有些父母存在认识错误,认为孩子做出这种破坏性行为是正常的,长大了自然就好了,因此对这种行为置之不理,放任自流。

◆**指责与惩罚孩子**。有的父母面对孩子的破坏性行为,总是控制不住自己的情绪,立即指责与惩罚孩子。例如:"你成天就知道发脾气。""哭哭哭,大声点哭。""你怎么这么蠢啊,不到一天玩具就被你弄坏了,休想要我再给你买。"有的父母干脆把孩子拎到一边罚站,或冲孩子发脾气,自己发的脾气比孩子还大。

◆**不及时与老师沟通**。有些父母知道孩子患有多动症,却不敢就结果与孩子的表现及时与老师沟通,担心老师会歧视孩子,殊不知父母的这些行为对孩子的行为矫正是极为不利的。

◆**滥用药物**。有些父母一听到孩子有多动症,就寻求各种药物治疗,尤其是那些对孩子期望过高、希望孩子能马上表现正常的父母滥用药物的几率更高,如不遵医嘱、擅自加大药剂量或寻求处方以外的药方。

锦囊妙计

◆**善于分析孩子行为背后的原因**。孩子的每一个行为都有一定的原因,父母面对孩子的行为尤其是不良行为时,首先要分析孩子出现该行为的真正原因,找到原因才是对孩子的行为进行矫正的关键所在。

◆**不随意指责与惩罚孩子,帮助孩子表达不良情绪**。多动症孩子做出破坏性行为往往不是故意的,而是由他们不能控制自己的情绪、易急躁、易激动、好发脾气所引起的。因此,父母不要随意指责、批评与惩罚孩子,而要帮助孩子表达不良情绪。例如:"哦,你现在很生气,对不对?""你本来不想这样做的,对吗?那妈妈(爸爸)告诉你怎样做吧。"

◆**及时与老师如实沟通**。不要向老师隐瞒,而要将孩子的实际情况告诉老师,和老师认真地沟通。事实上，老师知道孩子患有多动症相比于不知情，所采取的行为矫正方法更有针对性，并能与家长采用的矫正方法保持一致，从而达到更好的矫正效果。

◆**谨遵医嘱让孩子服药**。对于孩子无法控制的多动行为，父母可选择药物让孩子服用，以缓解孩子的多动症。切记：必须是在医生的建议下服药，家长不可自作主张。

◆**安静调节法**。有多动问题行为的孩子往往较烦躁、情绪不稳定，父母可采用安静调节法对孩子进行早期干预。例如，父母可以带领孩子去大自然或公园，让孩子躺下，闭上眼睛，用耳朵听听大自然的声音，然后告诉父母听到了什么。

◆**自制力锻炼法**。针对有多动问题行为的孩子的特点，父母可以开展一系列有关自制力锻炼的游戏，如"我们学做木头人""请你照我这样做"等，游戏简单易玩，时间短，有利于孩子控制自己的行为，反复玩游戏，从而有效锻炼孩子的自制力。

◆**注意力培养法**。幼儿的注意主要是无意注意，有意识的注意还处在萌芽阶段。这时，游戏是培养孩子注意力的最好方法。在日常教育中，父母可以经常利用的方法有：弹琴数数、拍球数数、物品变位、数字变位、看几何图形数数等。这些游戏既可以训练多动症孩子的注意力，也可以训练其观察力，提高其思维能力。

（4）因家庭教育不当而引发破坏性行为

虎子6岁了，在一所幼儿园的大班学习，他虽然年龄小，但是脾气却不小。因为爱发脾气、乱扔东西、说脏话，虎子的"名气"很大，幼儿园的老师都认识他。他不高兴时，会把班上所有能扔的东西都扔了。对此，老师是万般无奈，和虎子的家长沟通，家长却不以为然，还说小孩子爱发脾气很正常。这下，老师真的不知道该怎么办了……

分析

一个孩子完全有可能从小受环境的影响，并在不知不觉中打上烙印。家长是最早对孩子施加影响的人，虎子的行为很可能与其家长在家中的行为有关，家长对虎子在幼儿园的这些行为如此不以为然，是因为家长在家中就经常有类似的行为，如生气就扔东西、喝了酒就发酒疯等。家长的情绪表现、言行举止等都会影响幼儿，这就是"心理暗示"，孩子很快就学会了家长乱发脾气的坏习惯。

在现代生活中，电视等媒体已经成为幼儿生活中不可或缺的娱乐。孩子在电视上也会学到一些不好的东西。孩子好模仿，却不知道什么是好的、什么是不好的。此外，独生子女易受到过度的溺爱。所谓过度溺爱是指家长无原则的教养态度，一味迁就的教养方式，缺乏一以贯之的良好教养要求。家长由于工作忙碌，漠视孩子的行为、不愿耐心引导，或采取妥协的方式，对孩子的任性破坏性行为迁就纵容，助长了孩子的不良行为。

不良表率作用。现在，家长由于各方面的压力，也常常会控制不住自己的情绪而大发脾气，甚至在孩子面前发脾气，给孩子做出负面的榜样，如心情不好时乱扔东西、说脏话等。

错误应对

◆**无意识地强化孩子的破坏性行为**。家长对孩子的破坏性行为不正视，觉得很正常，认为孩子长大后这些行为就会消失。久而久之，孩子认为这种行为是正确的、可以做的，就会经常出现这种行为。

◆**不适宜的行为应对方式**。对孩子的不合理行为，家长不管什么原因只是责备或打骂，不给孩子发泄的空间，也不分析孩子出现破坏性行为的原因。

锦囊妙计

◆**提供良好的正面榜样**。家长在日常生活中有情绪郁闷、烦躁的状况时，不要迁怒于周围的人和事物，不要在孩子面前说不文明的话。应借助于有益的活动分散注意力，调节情绪，为孩子提供良好的榜样示范，这有助于增强孩子对自我情绪以及行为的控制能力。

◆**采用自然后果法**。在人身安全没有危险的情况下，家长可让孩子经历自己行为的自然后果，让其"自食其果"：故意打翻饭碗就没饭吃；故意损坏玩具就没有玩具玩或只能玩破损的玩具；故意丢掉正在吃的食物，就没有吃的。

◆**暂时隔离**。"暂时隔离"是指在孩子有破坏性行为时，家长让孩子自觉地离开愉快的情境到乏味的隔离地点去，这样能立即终止孩子的各种破坏性行为。家长应选择安全、乏味、无趣的隔离地点，让孩子在乏味的空间思考以非破坏形式解决问题的方法，进而表现出良好的行为。

◆**在制止孩子的破坏性行为时，家长对孩子的要求必须明确、清楚**。家长在教育孩子时要避免发牢骚、唠叨、抱怨等，使孩子抓住重点，明白错在哪里。家长应只对孩子的行为而非本人表示不赞同，而不要批评其个性或性格，否则将伤害孩子的自尊，增强其破坏性冲动情绪。

◆**恰当运用关注**。在孩子任性赌气时，家长要转移孩子的注意力。不要在无意中关心孩子或向孩子做出妥协，妥协会在无形中强化孩子的破坏性行为。孩子终止破坏性行为，家长要及时给予孩子充分的关注、鼓励。家长要帮助孩子以非破坏性行为来代替破坏性行为解决问题，如孩子爱抢别人的玩具，家长可以帮助孩子练习以交换玩具代替抢夺玩具等方法进行正面强化。

◆**坚持教育的一致性**。家庭中的各个成员要以同样的标准要求孩子，以同样的处理方法处理孩子的破坏性行为。有必要的话，家长甚至要和幼儿园老师做好沟通工作，确保在幼儿园和家中，同一种破坏性行为会受到同样的处理，杜绝孩子钻空子的可能。

幼儿期是孩子个性形成的重要时期，家庭教育是基本的影响因素。面对孩子的破坏性行为，家长要理智分析、巧妙引导，以合理、温和、良好的教养方式关心孩子的健康成长。

4　乱发脾气

经常看见在商场、游乐场、餐厅，妈妈面对大吵大闹、乱发脾气的孩子手足无措。在众人面前，家长不能大声骂孩子，更不可以动手打，只好忍气吞声地满足孩子的要求。殊不知，一次得逞，聪明的宝宝会"总结经验"，知道在家闹不管用，在人少的地方也难以得逞，只有在人多的公共场合才能屡屡得手。于是，孩子变得越来越霸道，越来越难以控制，令爸爸妈妈越来越头痛。

乱发脾气行为是2—6岁儿童常见的一种问题行为。通常表现为，当要求被拒绝后孩子大吵大闹，直到要求被满足为止。严重时孩子会故意提出跟大人作对的要求，以大吵大闹要挟大人听从他的指令。

乱发脾气行为会严重伤害亲子关系，把亲子关系变成对立关系、"战斗"关系，亲子之间经常为了该听谁的话而发生矛盾冲突。父母可能因为这个不听话的孩子而感到沮丧，进而感到愤怒以至于经常情绪失控，用打骂甚至更加激烈的方式来对付孩子，孩子可能因此而习惯于提出各种各样不合理的要求，通过乱发脾气的行为来使别人服从自己，变成一个蛮不讲理的人。这样的孩子进入幼儿园后，会在群体交往中经常和别人发生冲突，并且同样想使用乱发脾气的手段来达到目的，于是变成大家的"敌人"，成为不受欢迎的人。随着孩子逐渐长大，这种不受欢迎的行为方式有可能引发交友障碍、社会适应障碍，甚至导致反社会行为，严重的可导致犯罪行为。所以，乱发脾气的行为不可以忽略，也不可以原谅和宽容，乱发脾气的行为不会随着年龄的增长而自然消失。如果没有被认真对待，它对孩子的人格、人际交往、社会适应都会造成严重后果。

那么，为什么孩子会乱发脾气？要怎样做才能避免孩子乱发脾气？如果孩子在公共场合大吵大闹怎么办？对于如何"收拾"乱发脾气的孩子，让我们来一起分析问题的根源，寻找解决问题的方法。

（1）因家长的错误应对而导致的乱发脾气

> **案例**

非非是个3岁的男孩，妈妈一直担心他的坏脾气。他想要的东西，如果不给他，他就哭闹；如果不理他，他就坐在地上大声地哭；如果还是不理他的话，他会抓起玩具往地上摔。通常都是妈妈斗不过他，只好让步。妈妈总是等事情过后再跟他讲道理，他好像懂得道理，但是妈妈发现，一到要东西的时候，非非还是会用他惯用的方法，先哭，再滚地，不奏效的话就乱摔东西，脾气越来越坏。为了不在公园、商场、餐厅等公共场合发生这种情况，妈妈只好满足他的各种要求，如要吃雪糕，要昂贵的玩具，要站起来玩餐桌上的饭菜……妈妈真的不知道该怎样对付这个坏脾气的小家伙。

> **分析**

非非妈妈的最后让步，使孩子乱发脾气的行为得到了"好结果"。根据华生的行为主义理论，这个"好结果"就成为孩子乱发脾气行为的"强化物"，每次乱发脾气最后都能得到想要的东西，非非就会越来越多地使用乱发脾气来达到自己的目的。当然，妈妈并不是在孩子开始乱发脾气时就马上满足他，但是非非会逐步"升级"，哭不行，滚地，还不行，摔东西，哭——滚地——摔东西，行为激烈的程度越来越高，最后妈妈撑不住了，满足非非的要求，非非因此又学会了一招——"升级"。既然升级能够达到自己的目的，孩子当然会一而再，再而三地使用。所以，妈妈虽然坚持了一会儿，但是没有坚持到底，这导致非非的乱发脾气行为愈演愈烈，甚至到了无法控制的地步。所以，是因为大人在孩子乱发脾气时的错误应对，导致孩子不断地使用乱发脾气的方法来达到目的。

> **错误应对**

◆**给乱发脾气的孩子帮忙**。比如，在社区活动中心，宝宝强抢别人的玩具，妈妈让他还给人家，他不干，妈妈把玩具夺走还给人家，他大哭，妈妈看见他发脾气，就乱了方寸，央求那个孩子："让他玩一会儿吧！"强抢加大哭能够达到目的，于是，宝宝总爱抢别人的东西，变得越来越霸道。

◆**因为觉得孩子可怜就满足他**。比如，妈妈正要出门去见朋友，3.5岁的茵茵冲出来抱住妈妈的腿，说："我也要去。""妈妈见朋友谈点事，很快就回来。""不行，我就是要去！""我就不让你去！"妈妈急了，于是茵茵大哭："我要去，我要去，我就是要去！"茵茵哭得泪水横流，鼻涕满脸，妈妈看她哭得伤心，说："茵茵乖，只要你不哭，妈妈就带你去。"于是茵茵得逞。"只要哭得死去活来，妈妈就会可怜我"，聪明的茵茵很容易就明白了这个道理。

◆**因为有别人在场就满足孩子的不合理要求了事**。比如，在商场，宝宝看见一辆遥控小汽车，很想要，跟妈妈说"我要买这个"。妈妈说："1000多块钱，太贵了。我们看看别的吧。"宝宝不乐意了，拉着妈妈的手不肯离开，妈妈还是不答应，宝宝开始抱住小汽车不放，妈妈硬是把小汽车拿走，于是宝宝大哭大闹，逼妈妈就范。妈妈碍于面子，最后只好给他买下小汽车了事。于是，孩子知道妈妈就怕他这一招，只要是在公共场合，"耍赖加哭闹"一定奏效。

锦囊妙计

◆**不要让孩子通过胡闹达到目的，得到好处**。遇到孩子想通过哭闹来"要挟"家长，买昂贵的玩具或一定要把别人的东西据为己有等，家长千万不能失去耐心草草满足他的不合理要求，一次得逞，孩子就会次次如法炮制。尤其是，家长要在孩子开始胡闹的时候就斩钉截铁地拒绝他，不要让他觉得可以争取，特别是不能在他把胡闹行为一再升级之后，实在招架不住才投降认输，比如哭不行，就滚地，滚地不行再扔东西，再不行就拿头撞妈妈，还是不行就用头撞墙，家长不想他把头撞破，于是只好满足他的要求。这样做的结果是，孩子由此掌握了降服家长的"法宝"，就是不断把胡闹行为升级，直到家长就范。在和孩子的较量中败下阵来的家长，就等着孩子变本加厉一次又一次的挑战吧！

◆**让孩子体会到，胡闹不仅不会得到好结果，还会给自己带来一堆的麻烦**。面对不讲道理的孩子，家长一定不要"放过"他：抢了别人的玩具，一定要无条件归还，无论他怎么装出很想玩的可怜样子，无论他使用什么激烈的手段，在保证他不会伤人和自伤的情况下,家长都要坚持让他归还,绝不让他"溜走"。孩子看家长态度坚决,没有可以争取的余地,通常只好作罢,灰溜溜地去玩别的东西。孩子打人推人,家长也要态度坚决地说"不可以",并且坚持让他认错和道歉,明确地告诉他,必须学会遵守规则——不打人、不推人、不撞人,才能带他出去玩。

◆ **要有一些必须坚守的原则**。比如,家长带孩子去商场买东西,每次只能为孩子买一件玩具,而且不能超过 300 元;不可以强抢别人的东西;任何时候乱发脾气妈妈都不会理睬。家长要让孩子明白有些事情无论怎么闹都不可能得逞。在幼儿园里不打人推人,不抢别人的东西,这些都是基本的原则,是不需要讲道理、不可以挑战的。

◆ **不要半途而废,让孩子溜走**。要求孩子退还抢来的玩具,一定坚持到退还为止,不要因为孩子跑掉了就作罢。孩子要求买昂贵的玩具,如果采取无理哭闹的方式,家长在保证孩子安全的情况下,一定不能满足,不能因为闹得太厉害影响脸面,就依了孩子;孩子大声哭闹,赖在地上不起来,就是不想上幼儿园,要去上班的家长,一定不可以让步,要坚持把他送到幼儿园;孩子乱扔东西,乱发脾气,不断升级胡闹的行为,想让父母就范满足他的无理要求,家长一定要坚持住;孩子打了人,想悄悄溜走,逃脱惩罚,家长一定要把他叫回来,认错道歉……让他明白违反了规则家长一定不会放过他。

◆ **保持一致**。爷爷奶奶和爸爸妈妈之间要保持教育的一致性。不要让爸爸妈妈要求的原则,到了爷爷奶奶那里就失效了。孩子有空子可钻,当然不愿意遵守规则。家长的态度前后一致也很重要,不要因为今天太忙,就任由孩子胡闹,哪天心情不好,就对孩子不管不问,身体好、心情好时才按规则要求孩子。

◆ **严重的情况下,家长可以使用减少或限制孩子喜欢的活动、隔离或惩罚的方式**。如果孩子乱发脾气的情况已经相当严重,家长可以告诉他自己打算使用一些特别的方法。比如,每天本来可以看一小时的电视,今天有乱发脾气的表现,所以,这一小时的看电视时间取消了,如果明天没有乱发脾气的行为,可以恢复这个待遇;更严重时,可以让孩子进入隔离区,隔离 10~15 分钟,隔离区的环境要绝对单调,没有任何好玩好看的东西。

（2）因得不到大人的关注而导致的乱发脾气

> **案例**

3岁的莎莎正在玩沙，妈妈在旁边和其他孩子的妈妈聊天，聊得热火朝天，莎莎几次过来，叫妈妈看她堆的城堡，让妈妈帮忙挖个坑，妈妈都应付着说，"你自己玩去吧。"觉得失宠的莎莎发现正常途径没能把妈妈的注意力吸引过来，于是她突然把别人的城堡摧毁，抢别人的工具，听到别人家的小孩大声哭泣，莎莎的妈妈这才过来，制止孩子。可是莎莎似乎发了疯，拉也拉不住，就是要毁人家的城堡，抢人家的东西。妈妈强行制止，于是她大哭大闹，大发脾气，弄得妈妈收不了场。

> **分析**

2—6岁的孩子都有一个共同的心理需要——需要大人时时刻刻的关注，也就是我们平时所说的自我中心。孩子在玩，一直要拽着妈妈一起玩；孩子在说话，一直要大人给出认真的回应，甚至在和别的孩子一起玩的时候，孩子也要家长一直关注他。所以，如果家长没有把注意力放在孩子的身上，孩子就开始着急，想着法子把家长的注意力吸引回来，如果孩子发现仍然不能把家长的注意力吸引过来，就莫名其妙地开始发脾气，甚至大吵大闹，失去控制。所以，家长就容易碰到上面例子中莎莎的情况。其他类似的情况也容易发生。

在商场：家长在购物，注意力都在货品上。妈妈试衣服，试化妆品，和爸爸有说有笑，有商有量，就是忘了4岁大的孩子。虽然家长拉着宝宝的手，但是没空儿跟宝宝说话。家长站在柜台前，矮矮的宝宝对着柜台，什么也看不见，家长正兴高采烈，宝宝却开始失去控制。家长正在付钱，宝宝一定要抱抱。家长要停下来看衣服，宝宝拽着家长的手使劲往别处拉。如果这些方法仍然没能把家长的关注点拉回到自己身上，宝宝就开始更猛烈的攻势，往地上一坐，哭闹、耍赖，不肯起来，家长越是拉，宝宝闹得越起劲，直到完全失去控制。

在餐厅：妈妈让孩子坐在婴儿椅上，以为万事大吉，自己可以吃顿安稳饭，或者可以和爸爸慢慢地聊聊天,结果发现自己错了。宝宝会在饭桌上使出浑身解数,如用手抓饭、把菜扔来扔去、吵着要喝果汁、要吃雪糕等,如果不能如愿把妈妈的注意力牢牢地拴在自己身上,宝宝就会大发脾气,大吵大闹,失去控制。

错误应对

◆ **威胁孩子**。"你再吵,我就不要你了!"孩子本来就担心妈妈只跟别人聊天,不想理他了,妈妈这样吓他,只会让他更担心,哭得更大声。

◆ **故意不满足孩子的要求**。宝宝本来是为了得到妈妈的关注,才不断地在饭桌上要果汁、要雪糕。如果妈妈故意说"偏不给你!你不是真的想要,你是捣乱、胡闹",这时的宝宝会觉得更委屈,不知道妈妈为什么不想理自己,于是可能哭得更大声、更伤心。

◆ **指责孩子**。"你没看见我正在跟阿姨聊天吗?你专门捣乱!""你就是个不讲理的孩子,妈妈试试衣服也不行!""捣蛋鬼!坏小孩!"这些指责对孩子来说并不客观,他只是想要妈妈理他而已,不是真的想要乱发脾气!

◆ **抱怨**。"你看我多惨,想跟别人说说话都不行。""我这孩子真不让人省心,逛逛街也不得安生!""有了这个孩子,把我烦死了,累死了!"经常听到妈妈抱怨的孩子,说不定会暗自高兴,"我就是要乱发脾气,把你累死,我就是这样的小孩。"这样恐怕只会让孩子越来越爱乱发脾气,以折磨妈妈为乐!

锦囊妙计

◆ **原则上,最重要的是要给予孩子充分和合理的关注**。孩子无论在哪里,在做什么,他都需要妈妈一直关注他,所以,要表现出家长一直都在关注他,可以通过适当地给予回应、帮帮忙、搭搭话、赞扬、鼓励等方式来表示家长很关注他。

◆ **直接告诉孩子,有时候家长除了关注他,还有别的事情要做**。比如,家长需要和别人聊天,或者需要同时照顾别人家的孩子,或者要安静地坐坐,打打电话,可以先跟孩子打个招呼。比如,"我要和星星的妈妈聊一会儿,你自己玩哦,有事可以来叫我。""妈妈要帮星星搭一个城堡,你自己玩一会儿吧!""妈妈很累,要在椅子上休息一下,别来吵醒我哦。""妈妈要打几个重要的电话,打完电话妈妈就会回来的。"这样,孩子就不会因为感觉"失宠"而乱发脾气。

◆**可以为将要发生的事情做些准备**。比如,告诉孩子今天你们要去商场,那里有很多人,你们要买很多东西,所以要走得快一点,而且爸爸妈妈需要看清楚要买的东西,可能不能总是跟他说话,也不能总拉着他的手,请他小心跟着爸爸妈妈,不要走丢了。上幼儿园以前,爸爸妈妈也要告诉孩子,在幼儿园里有很多小朋友,要分享老师的关注,分享设备和玩具,所以不可能都按自己的要求来。

(3)因不懂得正确的表达方式而导致的乱发脾气

> **案例**

2岁的旺旺是个急性子的男孩,自从1岁开始,他就表现出要什么就马上要得到什么的性格。要喝奶,等不及妈妈冲好拿过来,他就已经哇哇大哭;要玩积木,妈妈没搞懂他要什么,递给他玩具车,他也大哭;骑木马,别的孩子正在骑,要他等一下,他马上不干了,大哭大闹,直到那个小孩的妈妈看不过眼,让给他骑。家里人都习惯了立刻满足旺旺的要求,甚至在他还没有提要求前,就猜出他会要什么了,赶紧给他,免得他乱发脾气。

> **分析**

孩子从一出生就开始学习表达自己的需求:饿了,哭;不舒服了,哭;害怕了,也哭。因为表达能力有限,孩子最初只会用哭来表达需求,大人需要猜测他们的需求。随着孩子逐渐长大,尤其是语言能力迅速发展,他们很快就知道用语言来表达更加准确。但是,孩子最初的语言表达能力也不是很强,常常需要手势、表情来帮忙。一旦表达失败，大人无法理解自己的意图，孩子自然就会心急。如果急于表达自己需求的孩子发现大哭、发脾气会让大人更积极地做出反应，更快地行动，他们就会不断使用这些手段。2 岁的旺旺就是这样，说不清楚，他哭，没给他想要的，他发脾气，家里人的反应让旺旺觉得，发脾气很管用！于是他就经常发脾气，久而久之成为习惯。

错误应对

◆**忙着满足乱发脾气的孩子**。在家里，孩子是中心，三四个大人围着孩子团团转。孩子要吃东西，妈妈递上牛奶；不对，奶奶赶紧递上蛋糕；还不对，爷爷把鸡蛋送到跟前；这下对了，小家伙高兴地吃起鸡蛋来，一家人松了口气。长期在这种环境中长大的孩子，会认为知道他想要什么是所有人的义务，成为极端自我中心的人。

◆**在孩子说出来之前就想到孩子要什么**。有些老人觉得自己很有照顾孩子的经验，所以，孩子只要往哪里一指，就能猜到他要什么，赶紧递给他，以为这样就能把孩子照顾好。其实，这不利于孩子学习正确地表达需求。

◆**注重眼前的这一次**。孩子指着玩具堆，而大人几次拿的玩具都不对，孩子因此大发脾气。这本来没有多大事，让他哭会儿也没关系，或者鼓励他自己过去拿更好。但是旁边的老人却说："赶紧把整箱玩具拿给他吧，宝宝哭得好可怜！"家长以为只要搞定这一次就可以了，孩子却因此学会乱发脾气来代替有效表达，让他正确表达会变得越来越不容易。

锦囊妙计

◆**孩子急，家长不要急**。记住，稍微晚一点点给孩子喂食或给孩子玩具，对他并没有任何伤害。所以，当孩子大哭大闹的时候，家长一定要保持冷静，最好能够保持微笑，对孩子说："哭也没用啊，妈妈并不知道你要什么。""不如我抱你过去，你指给妈妈看吧！"直到孩子用了正确的表达方法，需求才能得到满足，这是孩子必须学习的社交第一课！

◆**鼓励孩子用语言表达**。遇到孩子大发脾气想要家长满足他的时候,家长可以告诉他:"你这样乱发脾气,妈妈更不懂你想要什么了!你是想要苹果吗?"鼓励孩子学习词汇,使用语言,语言是最直接有效的表达方式,家长有必要让孩子明白这一点。

◆**教给孩子一些正确的表达方法**。乱发脾气,并想由此达到自己的目的,这是一种不正确的表达。所以,制止孩子不正确表达方式的同时,要让孩子学会正确的表达方式。比如,让孩子好好说,直接说,或者说出几个理由。告诉孩子:"只要好好说,理由又充分,爸爸妈妈是可以满足你的要求的。"而且,要经常让孩子练习这些正确的表达技巧,想要妈妈的关注,可以说:"妈妈,抱抱我。""妈妈,陪我玩。"想要别人的玩具,可以用请求的方法:"可以让我玩一会儿吗?"也可以用商量的方法:"你不玩的时候让我玩会儿行吗?"或者用交换的方法:"我的小马给你玩,你把车让我玩会儿吧!"想要妈妈买玩具,可以用说服的方法:"妈妈,这个玩具是贵,可是我太喜欢了,买了这个,你可以很长时间不给我买别的,好不好?"只要孩子说得有道理,家长就可以满足他,孩子尝到了"好好说"的甜头,当然愿意继续使用这些技巧。

◆**大人要做正确表达的模范**。爸爸妈妈之间、爸爸妈妈和孩子之间、老师和老师之间、老师和小朋友之间,多点好好说,少发点脾气;多点商量,少点命令;多点礼貌,少点粗鲁;多点耐心的说服,少点烦躁和不耐烦。要求孩子做到的大人自己先做到,这样的示范作用胜过讲很多道理。

培养有正确的表达习惯、讲道理、性格开朗、心理健康、受人欢迎的孩子,是家长的艰巨任务。让孩子学会沟通,学会尊重别人,相互之间的相处才会更愉快,社会才会因此而更和谐。

5 说谎

每个幼儿都有说谎的时候，幼儿说谎的原因可谓五花八门，不同种类的说谎，性质也是不相同的。"治病必先寻因"，并不是所有的说谎行为都说明孩子存在品德的问题。

幼儿园里的孩子因为年龄小、认知水平和语言能力的局限以及理解问题的简单化，常常会混淆事实，把愿望和幻想当作已发生的事，而对已发生的事情却表达不准确。英国的理查德·伍尔森博士通过研究发现，幼儿说谎并不像成人说谎那样，是一种故意的欺骗行为。事实上，说谎是人类特有的行为，幼儿说的第一个谎（自己能意识到的）正是幼儿智力发育和社会化过程中的一个明显进步。所以，孩子撒一两次谎也不是很严重的问题，只需要做好相应的引导。

在以下的分析里，我们所指的说谎行为是幼儿有意或无意说假话。幼儿说谎的原因多种多样，家长应根据孩子说谎的情境和不同年龄的心理特点进行具体分析。大致来说，孩子说谎有以下两类：

- 无意说谎。儿童由于记忆、想象、联想、判断上出现错误而造成的"谎言"，说出与事实不相符合的话，这属于无意说谎。想象性说谎就属于这一类。这种"谎言"不是儿童有意编造的，而是受他们的心理发展水平所限而产生的。

- 有意说谎。说谎者为了达到某种目的而有意编织谎言并做出相应行为。有意说谎不一定是真正意义上的欺骗，但欺骗一定是有意的行为，并伴有个性化特征，特别是刚刚萌芽时的有意说谎与欺骗有着本质区别。真正的欺骗应该是出于利己的目的，是有计划的行为。幼儿的有意说谎则未必是利己的，而且缺乏计划性。

作为幼儿家长，我们有必要对孩子的"说谎"行为进行剖析和引导，循循善诱，既不能对孩子的说谎行为漠不关心，也不能一发现孩子说谎就暴跳如雷、威吓斥责，而要分析其说谎的原因，进行适当的教育，使幼儿逐步认识到说谎的负面影响，并及时地改正。以下通过个案分析，具体介绍一些妥善对待孩子撒谎的教育措施。

（1）因无法分清现实与想象而说谎

> **案例**

乐乐，5岁，最近妈妈发现他有一个说谎的毛病。他对小朋友说爸爸是警察，妈妈星期六带他去了动物园，还说他家的小乌龟下了许多蛋，可这些根本就不是事实。妈妈觉得乐乐只是想象力太丰富而已，也就没多加重视。后来情况越来越严重了，自从看了《喜羊羊与灰太狼》的动画片后，乐乐每天都会告诉别人自己是喜羊羊，描述自己家里就跟"羊村"一样。这时妈妈真犯愁了，觉得乐乐谎话说得太大了。

> **分析**

乐乐的撒谎行为属于无意撒谎。四五岁的孩子往往分不清想象与现实，这是幼儿这一时期的心理特点。天性好玩的孩子能凭借自己已有的知识经验，想象出妈妈讲的故事的人物及情节；他们能根据自己的想象作画、搭积木；他们能运用想象来玩各种游戏、表演节目。幼儿期孩子的想象异常活跃、大胆，由于受到故事书、电视等的影响，他们很容易混淆现实与想象。例如，幼儿崇拜警察，就会想象爸爸是一名警察；幼儿想成为聪明的喜羊羊，就会把自己想象成喜羊羊，并且乐在其中。

面对孩子的这类撒谎行为，家长不必过于紧张，只要及时纠正其错误即可。当然，家长也要注意培养孩子细致观察、精确表达事物的能力，让孩子在记忆和表达客观事物时，不随意插入自己的想象和幻想，从而避免孩子的表达与客观事实不相符合。

错误应对

◆ **完全忽视孩子的说谎行为。**很多家长认为孩子还小，撒谎不是什么严重的事情，可以在孩子长大以后再慢慢教。

◆ **嘲笑孩子，说孩子整天胡思乱想。**有些家长认为孩子异想天开，实在是过于幼稚，于是说一些伤害孩子自尊心的话，这样孩子会受到打击，而不愿意多说话、多想象。

◆ **把问题看得过于严重。**有些家长无法忍受孩子这么小就撒谎，于是责怪甚至打骂孩子，强迫孩子向他人道歉，无形中伤害了孩子的自尊心。

锦囊妙计

◆ **及时澄清事实。**当孩子说谎的时候，家长应实话实说，告诉孩子爸爸不是警察，妈妈上周没有带他去动物园，撒谎是不对的，应该对别人说实话。家长在说这些话的时候，千万不要情绪过于激动，不要带有指责的口吻，否则很容易引起孩子叛逆的情绪或让孩子感到紧张不安。

◆ **强化法。**孩子一旦说谎了，家长应马上纠正孩子的说法，并鼓励孩子把真话说给别人听。一旦孩子做到了，家长即刻给予口头赞扬或组织孩子玩他喜欢玩的游戏等对孩子进行奖励。家长多次采用这种方法之后，孩子就会觉得讲真话比讲假话好，并且越来越趋向于讲真话。

◆ **角色扮演法。**让孩子扮演自己喜欢的动画片中的角色，满足其对动画形象的崇拜感。一定要向孩子强调，这是在扮演"喜羊羊"，他不是真的"喜羊羊"。扮演结束后，呼唤孩子时，一定要呼唤其真名，切勿用代号"我的喜羊羊""可爱的喜羊羊"等。

◆ **使用替代物。**如果孩子很崇拜警察，可以送孩子一个警察玩偶；如果孩子很喜欢喜羊羊，可以送孩子一个喜羊羊公仔。这样孩子就会觉得爸爸和警察、自己和喜羊羊是两个独立的个体，而不会将两者混淆。

◆ **教孩子分清现实与想象。**经常让孩子客观地表达事物，如经常提问"爸爸是干什么的""我们什么时候去了动物园玩啊"等问题,并让孩子做出正确回答,万一孩子答错了,及时给予纠正。

(2) 因为想达到某种目的而说谎

案例

梅梅今年5岁了,会唱歌跳舞,一些简单的图画书也能看懂,是一个非常聪明的女孩。有一天,她从幼儿园回来,告诉妈妈:"这些五颜六色的塑料小球是我在幼儿园捡的,你看它们多漂亮。"然后,她把小球从口袋里拿出来给妈妈看,妈妈赞美她的小球的确很美。第二天,妈妈到幼儿园去接她时,发现幼儿园的玩具筐里有许多和她"捡"的小球一模一样的小球,便知道她昨天所谓"捡"的小球实际上是幼儿园的玩具。当妈妈再次问她那些小球是地上捡的还是幼儿园里的玩具时,她仍然坚持说是捡的。这让妈妈感到很生气。

分析

梅梅之所以撒谎,主要有两个原因:第一,说谎可以得到妈妈的赞扬,梅梅为了引起妈妈的注意力,便说谎话让妈妈赞扬自己;第二,说谎是为了逃避处罚和保护自己。这种情况多见于父母管教严厉的家庭。例如,孩子做错了事就会受到惩罚。于是,孩子慢慢地就会通过说谎来避免受到惩罚。对于像梅梅这样为了逃避惩罚而撒谎的孩子,父母一定要改变平时严厉的态度,尽量不要强迫孩子承认自己撒谎,而要以温和的态度告诉孩子,只要承认错误,就不会惩罚他。并且告诉他撒谎是不诚实的行为,以后不可以再犯。

错误应对

◆**大声指责孩子**。直接说"你怎么可以拿幼儿园的东西"或者"还敢对妈妈撒谎,再不承认,妈妈可要打你了",这样会让孩子感到恐惧,更加不敢承认错误。

◆**在公共场合指出孩子的错误**。在其他小朋友面前斥责孩子，这样做给孩子带来的羞辱感常常会使孩子下定决心用说谎或其他方法来逃避尴尬和受处罚的境地。

◆**抱着无所谓的态度**，认为孩子偶尔撒一两次谎没关系，于是放任不管。

锦囊妙计

◆**讲解法**。耐心地向孩子解释为什么不能拿幼儿园的东西，告诉孩子如果每个小朋友都把玩具拿回家，幼儿园里就没有玩具玩了。可用形象的事例来帮助孩子了解说谎是一种不良行为，会失去别人的信任，会失去朋友，并鼓励、帮助孩子改正。当孩子有了进步时，要及时表扬，给予信任。要激励孩子鼓足勇气，积极向上，争取做一个高尚的人。和孩子交朋友，循循善诱，做孩子的知心朋友。孩子犯了错误，不要一棍子打死，恶语相加，态度粗暴，而要和风细雨地讲道理。这样，孩子才会对家长有信任感，才肯讲真话。

◆**鼓励孩子说出实话**。温和地告诉孩子跟自己说真话，说了也不会惩罚他。并且告诉孩子为什么不应当撒谎，然后让孩子亲自跟幼儿园老师承认错误。一旦孩子讲出实话并承认错误，及时对其诚实行为给予奖励和称赞。家长要在不损害孩子自尊心的前提下进行教育，帮助孩子分辨是非。让孩子知道别人的东西就是别人的，使用别人的东西要征得别人同意，使用完毕后要归还、致谢，这才是个好孩子。重在教育孩子做错了事要勇于承认，让孩子懂得做错了事不承认是不诚实的表现，不是好孩子所为，逐步让他学会控制自我欲望。

◆**满足孩子的正当要求**。如果孩子真的很喜欢"小球"，告诉孩子只要他承认错误并把"小球"还给幼儿园，就去商店给他买一些"小球"。还要告诉他要通过正确的方式得到自己想要的东西。

◆**言传身教**。如果孩子平常总是看到爸爸妈妈跟别人说的事情与事实不符，如当爸爸在家看球赛的时候，却在电话中告诉别人他在外地开会，那么孩子自然而然就学会了用谎言达到目的。

(3) 因习惯性说谎而说谎

> **案例**

帆帆，6岁，上幼儿园大班。因为总爱说谎话而令家长和老师担忧。帆帆聪明伶俐，深得父母和爷爷奶奶的喜爱。进了幼儿园后，帆帆虽然也讨老师喜欢，但班上还有其他小朋友也很优秀。看到别的小朋友受到表扬，帆帆也不甘落后。她积极发言，尽量表现自己。同时，也喜欢向小朋友炫耀自己的家庭，慢慢地，帆帆开始说假话、大话了，她向别的小朋友吹嘘自己家的房子特别大，车子有好几辆，玩具有很多种，向老师说自己家里很有钱，向家长吹嘘自己在幼儿园里多受欢迎、得过多少表扬等。她每次说谎都得到了小朋友的赞叹和家人的奖励。后来与老师沟通后，家长才发现自己的孩子一直在撒谎，于是很生气地对帆帆教育了一番。但是，帆帆并没有因此而停止撒谎，为此，父母很着急。

> **分析**

帆帆以前深受家人疼爱，到了幼儿园也想受到老师和小朋友的关注。但是，事实上班上还有其他小朋友也很优秀，帆帆担心自己会得不到老师和小朋友的注意，所以利用撒谎来引起别人的注意，提高自己在同伴中的受欢迎度。我们应该知道，孩子们都有一种以自我为中心、受别人关注的要求，一旦这种要求得不到满足，孩子们就会使用在成人看来十分幼稚可笑的办法来争取。这种撒谎行为多出现在那些虚荣心强或有自卑感的儿童身上。幼儿的这类说谎，属于有意编造事实骗人，是幼儿说谎现象中错误性质较为严重的一种，多发生在5岁以上的幼儿身上。这种错误的产生，多与成人的教育不当有关。所以，家长在平时就要多加注意。

> **错误应对**

◆**惩罚过重**。对孩子进行严厉批评并且逼孩子认错，造成孩子的恐惧心理，就算说谎了以后也不会承认，最终会造成恶性循环。

◆**操之过急**。家长很急躁，把孩子拉到幼儿园，让小朋友和老师帮助孩子改正撒谎行为。将孩子的说谎行为传播到其同伴群体中，会严重地伤害孩子的自尊心，孩子会觉得自己比其他的孩子坏，在其他孩子面前会矮一截，最终会慢慢变得自卑。而且，其他孩子知道这件事后，很可能会集体排挤他，让孩子越来越觉得孤立无援。

◆**心灰意冷，放任自流**。家长觉得孩子已经养成这种习惯了，再让其改正过来比登天还难，在试用了几种方法却未有明显效果之后，觉得无计可施，只好放弃对孩子行为的矫正。

锦囊妙计

◆**语言讲解法**。坚定地告诉孩子，说谎是不对的，一定要改正，并且告诉孩子，说谎会产生很多不好的结果，会令人讨厌，小朋友们也不会和他玩等。

◆**榜样法**。身教胜于言传，榜样的力量是无穷的。家长要做到不说假话，说到做到，言行一致，表里如一。家长也可通过故事、电影及文学作品等为孩子树立榜样。家长切不可不负责任地对孩子轻易许愿，如，你要是乖，我就给你买，而后来又不兑现，久而久之，孩子也会跟着家长学说谎话。

◆**惩罚法**。孩子说谎严重时，应给予一定的惩罚。注意惩罚一定要及时并且讲明惩罚的原因，而且惩罚方式一定是孩子很害怕的、很不情愿接受的，如取消玩耍时间、拿走爱玩的玩具等。

◆**代币法**。一旦孩子撒谎问题严重，家长就需要制订相关计划并实施。首先跟孩子约定，如果他在一天中说谎的次数由10次减少到8次，就奖给他一张贴纸，等贴纸积累到一定数量就可以换取他喜欢的东西。实施一段时间后，若孩子连续几周都能达到要求，逐步把标准提高。依此类推，直到改善孩子的说谎现象。

◆**合作法**。与幼儿园老师沟通，让老师对孩子的谎言予以忽视，而对孩子本身所做的积极事情给予称赞和表扬。老师平时要多对幼儿进行教育，强调撒谎是不正确的行为。

◆**家长的教育方式一定要保持一致**。如果孩子吹嘘自己在幼儿园的表现，家长一定要忽视；如果孩子讲的是一些幼儿园的真实情况，家长要给予高度赞扬。这会让孩子知道自己撒谎并不能得到赞赏和注意，说真话反而能得到表扬，他自然而然就会慢慢地改掉这个习惯。不过这需要家长的耐心。

在父母眼中，孩子总是纯洁天真的，认为"偷窃"是品德败坏的"混混"做的事情，跟自己的孩子毫无关系。可是，幼儿园里常见一些小朋友拿了不属于自己的画笔、橡皮，并把它们放到自己的书包里；或者未经允许，就把别的小朋友带到幼儿园来玩的玩具拿走。当老师向家长反映这些事情的时候，做父母的往往表现出惊讶甚至愤怒："你从哪儿学的小偷行为?! 我们可没有教过！"

偷窃在法律上是指以非法占有为目的的秘密窃取行为。有时候，幼儿"偷拿"其他小朋友的东西算不上是严格意义上的偷窃。首先，他们可能并不是想据为己有，有可能只是喜欢某支画笔的颜色或某块橡皮的味道；其次，如果有的小朋友当着别人的面把东西拿走了，那是因为他们根本不懂得什么是"你的""我的"，只是觉得这个东西好玩。

当发现孩子有这种表现时，家长不能笼统地下结论说孩子的品德有问题，而要具体问题具体分析，弄清楚孩子偷拿别的小朋友东西的真实原因，是主观原因还是客观原因，是有意识的还是无意识的，然后根据具体的原因来进行引导，使孩子改掉"偷窃"的习惯。以下我们通过介绍一些具体的案例，来帮助有"偷窃"行为的幼儿走出误区。

（1）因需要得不到满足而引发的"无意偷窃"行为

> 案例

李女士是一位大学老师，她有一个非常聪明听话的女儿灵灵。有一次李女士带着4岁的灵灵去逛超市，当母女俩推着购物车到付款台时，李女士发现灵灵的两个上衣口袋被塞得鼓鼓囊囊的，用手一掏，竟然掏出许多女儿喜欢吃的棒棒糖，这令李女士非常吃惊。女儿在短短的几分钟之内干出这种事情来，这让李女士顿时感到自己对女儿教育的失败，没想到自己竟然培养出一个"小偷"来。

分析

2—7岁的儿童正处在"自我中心"阶段。这时的儿童常常认为世界跟自己是一体的。他们还分不清什么东西是"自己的"，什么东西是"别人的"，所以只要是自己喜欢的，他们就会顺理成章地将喜欢的东西据为己有。年龄越小，这种现象越普遍。在他们的眼中，这个世界上没有任何理由能阻止他们拥有它，但幼儿的这种"偷"和成人观念中的偷有着本质的区别。

所以，在上述事例中，灵灵分不清棒棒糖是自己的还是别人的，因为想吃，所以就拿了，原因很简单，她并没有别的目的，所以，李女士不必对女儿的这种"偷拿"行为小题大做，只要抓住这次机会，适时培养孩子的物品归属观念，使孩子知道自己的东西和别人的东西的区别就行了，然后再耐心地向孩子解释，别人的东西不管多么喜欢都不能不问自取，使女儿形成良好的物品所有权观念。

错误应对

◆**打骂孩子，急于给孩子贴上"偷窃"的标签。**有些家长一旦发现孩子有"偷窃"行为就大惊小怪，以为孩子做了什么伤天害理的事情；更有些家长不问青红皂白，先把孩子打骂一顿，再将"偷窃"的标签牢牢贴在孩子身上，以期能够震慑住孩子，使其不再"偷窃"。

◆**袒护，对孩子的"偷窃"行为视而不见。**有些家长在发现孩子有"偷窃"行为时，或出于面子的考虑，或由于不知道应该如何应对，于是干脆认为这种"偷窃"行为是孩子成长过程中的暂时现象，随着年龄的增长会自然而然消失，因而对孩子的"偷窃"行为采取袒护、视而不见的应对策略。

◆**让孩子当众认错。**有些家长在发现自己的孩子有"偷窃"行为时，态度比较明确，能够向孩子讲明这种行为的害处，并要求孩子归还所拿物品，但在归还方式上却要求孩子当众认错，家长以为这样的方式可以给孩子留下更深刻的印象。事实上，对于一些比较敏感、自尊心较强的孩子来说，当众认错非但达不到教育的目的，还可能使孩子觉得受到了羞辱，在人前抬不起头来，从而产生自卑的心理。

锦囊妙计

◆**对于年幼的孩子，家长不应使用打骂的方法**。家长应以冷静和蔼的态度，不带威胁色彩地与孩子交谈、问明东西的来源，告诉孩子他想要的东西，那是属于别人的，并带孩子把"偷"来的东西当面还给别人。这样，既不伤害孩子的自尊心，又使孩子逐步认识到东西有"他的"和"我的"之分。

◆**在家中建立物品归属的规则**。孩子在家时就应该明白哪些东西是爸爸妈妈的，哪些东西是自己的。不要因为是在家，就纵容孩子爱喝哪个杯子里的水就喝哪个杯子里的水，爱翻谁的抽屉就翻谁的抽屉。

◆**满足孩子合理的要求**。当孩子向家长提出合理的要求时，家长一定不要表面上答应孩子，实际上却没有采取行动来满足孩子的要求。如果孩子的要求一时满足不了，要向孩子说明情况，千万不能哄骗孩子。当孩子的要求是不正当的需要时，不管怎样家长都不要去满足他，而要耐心地向他解释，帮他克制情绪，让孩子学会控制自己的欲望。

◆**培养孩子对"偷窃"行为的厌恶感**。给孩子看一些专题片，教育孩子只要有偷窃的行为就会受人指责，没有好的下场，强化孩子的自尊心。

◆**帮助孩子形成物权所有的观念**。让孩子分清什么东西是自己的，什么东西是别人的，当想要玩别的小朋友的玩具时，应该先征求小朋友的意见，别人同意以后再拿过来玩，而且用完以后要及时地还给小朋友。

◆**家长做好榜样**。家长首先要严于律己，不贪小便宜，不随便拿别人的东西。如果发现孩子把别人的东西拿回家，应耐心说服，让他及时归还，并告诉孩子不是自己的东西不应该拿。但家长千万不能当着孩子的面，津津乐道地谈论自己在外面占了什么小便宜，这样孩子就会潜移默化地学到家长的这些坏举动，从而形成"偷窃"的意识，进而引发"偷窃"的行为。

（2）因外界压力而引发的"有意偷窃"行为

案例 1

佳佳今年6岁，在林女士眼中一向是一个乖巧聪明的小男孩。有一天，林女士发现自己钱包里的钱少了50元，以为自己不小心丢了。次日下午，当她推门进卧室时，正好看见佳佳从自己的钱包里往外拿钱，一股怒火涌上心头，她抓住佳佳狠揍了一顿，吓得佳佳一直求饶，甚至惊动了周围的邻居。冷静下来后，林女士问了佳佳偷拿钱的原因，原来小区里比佳佳大的孩子威胁佳佳定期给他们钱，不给钱或是告诉大人就得挨打。佳佳不敢告诉老师和妈妈，只能从妈妈钱包里拿钱了。

案例 2

曹先生无意之中发现儿子偷拿了自己的钱，每次不是5元就是10元，数目并不大。有一次曹先生正好碰见儿子偷拿钱，于是抓住机会，对儿子进行说服教育，问儿子拿钱都去干什么了。儿子乖乖地告诉爸爸，拿钱是为了买零食分给其他小朋友，因为小朋友们都嫌自己小气，从来不给他们买零食吃。

分析

当物质条件很容易就得到满足时，学前期的儿童很少知道钱的作用。但是，当迫于外界的压力时，他们却学会了偷钱。所以，即使是他们偷偷拿到了钱，也未必明白钱有什么用。我们看到案例1中的佳佳偷拿妈妈的钱，一方面是出于无奈——如果不给那些大孩子钱，自己就要挨打；另一方面，佳佳知道偷拿妈妈的钱是不对的，但面对比自己大得多的强势孩子时，佳佳只得屈服。如果林女士一直没有发现的话，受敲诈对佳佳来说是非常苦恼的，既不敢跟老师和妈妈说，还得受自己良心的谴责，整天提心吊胆地活在矛盾之中，这样不利于孩子良好性格的培养，而且容易使孩子变得内向、孤僻，甚至形成抑郁。学前期的孩子还小，他们缺乏自我保护的意识和自信，当遇到外界威胁时，他们根本不知道也很少会主动寻求家长的帮助,不敢反抗,大都会妥协。所以,家长要善于观察孩子的言行举止,及时洞察孩子不对劲的情况,善于跟孩子沟通,帮助孩子用正确的方式解决问题。

案例2是孩子间的一种攀比行为,现在生活水平高了,孩子的消费水平往往和家里的收入成正比,因此家长一定要严格控制给孩子的零用钱,养成孩子良好的消费习惯,使他们懂得钱来之不易,一定要珍惜,不要因为其他小朋友的几句嘲讽就做出"偷窃"等不良行为。这就要求家长要适时、合理地引导孩子,转变孩子的思想,培养其健康的消费观念。

错误应对

◆**对孩子的行为不管不顾**。有的家长认为孩子还小,拿了钱以后也不会花,过低地估计孩子的接受能力。

◆**怂恿孩子占便宜**。有些爱占便宜的家长,怂恿自己的孩子去占别的小朋友的便宜,培养孩子贪心的心理,走到哪里都爱占便宜。

◆**盲目引导孩子攀比**。时时处处都要求自己的孩子比别的孩子强,不管是在学习还是在生活方面,以为零用钱给得多就代表着家里富裕,不会正确引导孩子消费。

◆**应对孩子被敲诈的方式不当**。帮助孩子寻找敲诈者出气,不让自己的孩子受到欺负,至于自己的孩子去不去欺负别的孩子就不管了。

◆**把教育的责任推给幼儿园教师**。家长认为,把孩子送到幼儿园里,教育孩子就是老师的事情了,自己不必去操心孩子的教育问题,教育不好就拿老师来问罪。

锦囊妙计

◆**做好家—园的沟通工作**。家长要定期和幼儿园取得联系,和幼儿园老师进行沟通,了解孩子在幼儿园里的生活、学习、游戏的环境是否有利于孩子成长,了解孩子在幼儿园里的表现,是否有异于平常的一些举动。适当给幼儿园提出一些建议和意见,让孩子在一个和谐、宽松、没有压力的环境中自由成长。

◆**适时与孩子沟通，及时关注小群体的存在**。在幼儿园里，每个孩子都有和自己要好的、在一起做游戏的小伙伴，家长要经常与孩子沟通，问问他在幼儿园里和谁玩，都玩了些什么，一旦发现那种以某种利益聚在一起的小朋友，要及时通知老师给予制止，甚至要通知和联合其他孩子的家长一起处理。

◆**培养孩子克制过分需求的能力**。家长要教育孩子，使他明白任何人都不可能得到自己希望得到的一切东西，满足自己的各种欲望。从根本上讲，家长要让孩子从小养成节俭环保的习惯，不要放纵物欲。

◆**不要轻易地放过"第一次"**。发现孩子第一次拿别人或家里的钱、东西时，家长不必打骂孩子，但不能不管。家长要耐心地告诉他：别人的东西，无论如何也不应去拿，拿别人的东西是错误的，是会被别人说、被人看不起的。

◆**让孩子多参加有益的活动**。引导孩子积极参加游戏、体育、音乐、美工等活动，让他把兴趣和精力放到有益的活动上去，收到以正除邪的效果。丰富多彩的幼儿园生活及家庭生活会吸引孩子放弃不良行为，而加入到有趣的、健康的集体生活和家庭生活的活动中。

◆**培养孩子的自我保护意识**。从小就要给孩子上安全课，教会孩子认识身边可能出现的各种威胁——坏人坏事、触电失火等情况——以及如何应对。但是，不要让孩子形成消极的价值观，以为家门以外的人都存有坏心。

◆**消除"偷窃"行为的诱发因素**。在家庭中，家长要把钱管理好，不要随手乱放，一般的孩子就不会养成顺手"拿"钱的坏习惯。

（3）因不懂交流而引发的偷窃行为

小强是一个患有多动症的孩子，在生活和学习上与其他的小朋友都有差异，如果让他看见一面镜子，他就会一直对着镜子扮鬼脸，而且发出一系列恐怖的声音。在学校上课时，他会不断地摇晃桌子和椅子，严重时会冲出教室。有一天，妈妈忽然看见小强从自己的钱包里往外拿钱，妈妈当场制止了小强的这种行为，并且对小强进行了教育，告诉他自己对他的期望，他有什么要求可以向妈妈提，不能私自"拿"妈妈的钱。小强说拿钱的原因是班上组织为灾区捐款。妈妈听后表扬了小强有爱心，但是教育他不能不跟妈妈说就私自拿钱，只要有正当的理由，妈妈会理解的。

分析

由于小强是一个患有多动症的孩子，家长对他的要求自然不会像其他的家长对孩子那样严格。在大多数情况下，家长会宽容对待自己存在特殊问题的孩子，毕竟他异于其他的小朋友，但是家长绝对不能放纵孩子。家长要搞清楚小强拿钱的原因，以及拿了钱之后去干什么。有的孩子是出于一时的好奇去拿的，并没有乱花；有的孩子是为了引起家长的注意才去拿的，拿了之后父母才会关注自己；也不排除有的特殊儿童是为了和别的小朋友进行攀比的情况。所以，家长要找出孩子拿钱的真正原因，合理地进行教育，问题严重者还可以去看一下心理医生，让专家引导孩子走出误区。

错误应对

◆**对孩子采取消极的态度**。有的家长认为，反正孩子已经是特殊儿童了，不用去管他干什么，即使是管了孩子也不会听的。

◆**把孩子关在家里，只要外人不知道、自己不丢脸就行**。

◆**家长持有侥幸心理**。有的家长认为，也许孩子只是玩玩而已，下次孩子就不会拿了。家长没有抓住机会对孩子进行教育。

锦囊妙计

◆**更新传统的家庭教育观念和教育方法**。家长不要以为孩子拿别人的东西或者"偷"家里的钱就是品德有问题，就应该进行训斥，也许还有其他原因，如拿钱是为了帮助家庭有困难的孩子等。

◆**对孩子有信任的态度**。要相信孩子不会撒谎,如果毫无根据地乱怀疑,只会伤害孩子脆弱的心灵,使孩子更加孤独和无助。

◆**给予特殊儿童更多的关注**。家长要定期与孩子进行沟通,了解孩子的需要是否得到满足,必要时给孩子找一个特教助理,可以随时陪同孩子。

◆**对特殊儿童采取奖惩的方法**。对于说服教育以后改正的孩子,家长要给予满足其适当要求的奖励;对于屡教不改的孩子要给予适当的惩罚,让他知道那样做不对。

◆**求助于心理医生**。对于屡次沟通教育都毫无起色的特殊儿童,家长可以带孩子去看心理医生,让专家对孩子进行合理的引导,家长要学会用一些科学的方法来适当鼓励孩子。

7 不服从

教师和家长都会感慨：孩子是什么时候开始变得反叛、不听话的呢？让孩子睡觉前刷牙，孩子会把头一扭，大声说"不"；平时喂孩子吃饭，孩子会安安静静地等着，但是某天孩子却非要自己吃，又不肯好好吃，搞得满地都是；孩子不愿意将玩具让给他人，软硬兼施，孩子都置之不理……这些就是所谓的不服从行为。

家长们对孩子这样的表现十分担心，孩子现在就这么不听话，他们长大以后会怎么样呢？能够适应这个社会吗？家长们有这样的担心是很正常的。俗话说："不听老人言，吃亏在眼前。"因为服从是一种素质，有助于孩子生活习惯的养成和生活技能的快速提高；也可以使孩子长大以后尽快融入集体，广结好友和得到上级的喜爱。

但是，事事服从的孩子也可能会思维不够活跃，创新能力的发展受到阻碍，独立性发展也会受到抑制。由于事事受到大人的压制，容易引发孩子的心理问题。所以，我们在要求孩子服从的时候，首先要明确的是：孩子有必要一定按照我们说的去做吗？不按照我们说的做可以吗？

我们要有一个准则——当孩子的不服从已经影响到了孩子正常的生活、学习和发展时，家长就要重视起来。我们要留心观察，分析孩子不服从的原因，帮助孩子克服不正当的不服从。以下通过对个案的分析，从孩子不服从的原因入手，具体介绍一些帮助孩子克服不正当的不服从的方法。

（1）因自我意识的萌发而引发的不服从

案例

安安2.5岁了，他聪明可爱，很招人喜爱。在此之前，他一直是一个听话的孩子，爸爸妈妈逢人就会夸奖他听话、不淘气。可是最近爸爸妈妈却一直抱怨："这个孩子越大越不听话了。早上，我刚帮他穿上鞋子，他趁我不注意就给脱了下来，还光着脚满屋子跑；我洗了水果给他吃，他却把牙签全部倒在桌子上；我刚把玩具收拾到盒子里，他一股脑儿又给全部倒在地上，任玩具满屋子乱滚；他还经常坐在地上打滚，弄得衣服上脏兮兮的……面对我的批评，他非但没有停下来，还看着我笑，我真的是拿他没有办法了，只有时时刻刻盯住他才行。"

分析

孩子从出生到两岁前是很乖、很听话的。那个时候，大人让孩子做什么孩子就会做什么，孩子做得开心，大人看着也高兴。但是，孩子长到两岁左右的时候，情况就变了，就会出现类似于上面的情况，家长也会因为孩子不听话而心烦不已。其实，孩子由服从到不服从的转变是很正常的现象，是孩子成长的正常表现。这表明孩子已经进入人生的第一个"心理断乳期"，也有学者将之称为第一次反抗期。处于这一时期的孩子由于身体的发育，开始进一步通过自己的肢体活动来感知世界，扩展自己的活动空间，孩子对家长也从完全依赖发展到不完全依赖。与此同时，孩子的自我意识在逐步增强，再加上对这个世界充满了好奇，就必然会出现上面的情况。

作为孩子的家长，首先要认识到这一阶段是孩子成长过程的必经阶段，没有必要过多地忧虑；然后通过和孩子商量或约定等方式来满足孩子自己动手探索事物的需求。

错误应对

◆**处处监视孩子，阻止孩子的某些活动。**家长越是阻止孩子的某些活动，孩子的好奇心越强，越要尝试，甚至会发生危险。

◆**一味地指责或打骂孩子**。例如，"我不是说过了不要这样做吗？你怎么还这样做啊？""谁让你把玩具又倒在地上的？"家长这样做只能使孩子感到不知所措，因为他不知道自己要怎样做，同时也会打击孩子的自信心。

◆**不给孩子尝试的机会**。看孩子慢腾腾的、不服从，干脆自己动手帮孩子穿衣服和鞋子等，不给孩子尝试的机会。

锦囊妙计

◆**在保证孩子安全的前提下为孩子的探索提供时间和空间**。家长为孩子的探索提供安全的玩具和其他物品，也可以抽取特定的时间陪伴孩子一同进行探索实验，这样既能满足孩子的好奇心，又能满足孩子动手的愿望。例如：孩子每天早上都哭闹着自己穿衣服和鞋子，家长可以这样向孩子说明："每天早上由于爸爸妈妈要急着上班，所以没有时间等你自己穿衣服和鞋子，但是爸爸妈妈和你约定，星期六和星期天的早上，我们可以教你或让你学着自己穿衣服和穿鞋子。这样可以吗？"

◆**告诉孩子应该做什么、怎么做**。家长可以把每一个步骤和动作拆分之后教给孩子，以此代替之前的"你不能这样""不是告诉你别这样做了吗""谁让你把玩具又倒在地上的"等。

◆**理解和尊重孩子**。家长洗好葡萄给孩子吃，孩子却将牙签倒得满桌子都是的时候，家长可以蹲下来低声问孩子"你为什么要这样啊"或者静观其变，这时候令我们意想不到的事情可能就会发生——孩子可能会拿起牙签，用牙签戳起葡萄笑呵呵地吃。家长可能会觉得用手更快。其实孩子戳葡萄的行为使得他的精细动作能力得到了很好的锻炼。能把牙签倒出来，能用牙签戳葡萄，完成这些动作本身已经让孩子很开心满足了。

◆**换个角度思考**。例如：在孩子把玩具丢得到处都是的时候，这是锻炼他的责任感的大好机会。家长可以就此引导孩子将玩具收好，让他从小学会对自己的行为负责。只有这样，孩子长大了才能对自己的行为负责。

◆**巧妙转移孩子的注意力**。家长可以用其他游戏、玩具或话题来吸引孩子的注意力，使孩子的注意力发生转移。例如：孩子哭闹着一定要自己切水果的时候，因为孩子实在太小不合适做这件事，家长可以建议孩子去玩自己的玩具或是让他观看喜欢的电视节目来转移他的注意力。

◆**让孩子关注谈话**。孩子在玩的时候通常是全神贯注的，我们若是说话，他就很难听到或听清。此时，家长要做的不是加大音量，而是走到孩子身边蹲下来拉住孩子的手，让孩子的眼睛注视着你，然后慢慢道来。

（2）因教养方式不当而引发的不服从

> **案例**

杰杰的父母平时都很忙，4岁的杰杰由爷爷奶奶照顾，爷爷奶奶对他宠爱有加。再加上爸爸妈妈平时很少有时间陪他，所以对他在物质上是有求必应。但是，杰杰经常把东西乱扔乱放，几次差点绊倒爷爷奶奶，谁讲都没用，而且吃饭挑食，爱哭，经常发脾气，一不顺心就爱摔东西……所以有时候，爸爸很想对他严加管教，但是这个时候爷爷奶奶会护着他，弄得爸爸不知道怎么办才好。

> **分析**

这主要是由成人的教养方式不当所致。教养不当有二：一是过度溺爱，由于父母对孩子感觉到亏欠，所以对孩子过于仁慈和宠爱。加上爷爷奶奶"隔代亲"，对杰杰百依百顺，所以杰杰才会什么事情都以自我为中心，不能站在他人的立场来考虑问题，不顾及他人的感受。二是教育方法不一致，当父母已经意识到这种状况对杰杰发展不利，想要对杰杰严加管教时，爷爷奶奶却舍不得。由于家庭教育方式不一致，使得孩子很会钻大人的空子，经常向爷爷奶奶求助。这样几番下来，家长通常会无功而返。经研究表明：在与同伴交往的过程中，能够站在他人立场上考虑问题的孩子会得到其他小朋友的喜欢和认可。所以，家长对孩子进行教育和引导，使其克服自我中心是很重要的。

错误应对

◆ **打骂了事**。家长劳累一天，回家已经身心俱疲，看到孩子将玩具扔了一地，而孩子又拒不收拾时，怒火难抑，动辄打骂孩子。

◆ **唠叨**。家长对孩子的错误行为喋喋不休，总是说："你怎么能够这样呢？不是说了不要这样吗？"这只会让孩子厌恶，不会因此而改变自己的做法。

◆ **妥协**。在老人的袒护下，父母对孩子的不服从进行妥协或不了了之。

◆ **总是请求孩子做什么事情**。例如："你可不可以帮妈妈将垃圾倒了啊？"这样的请求孩子是可以选择的，可以照办，也可以不照办。孩子就会顶回来："不行，我还要玩呢！"家长如果这时觉得孩子一点都不知道为大人着想，而且大发雷霆，后果就更严重了。

锦囊妙计

◆ **冷静下来之后与孩子进行平等对话，注意倾听孩子的心声**。家长的要求有时会损害孩子的利益，在听到孩子拒绝之后，家长不要忙着生气，要静下心来问问孩子为什么不。这时孩子就会说出理由。家长可以跟孩子商量解决的办法，在满足孩子利益的同时，孩子自然会按照家长的要求去做了。

◆ **让孩子参与简单的家务劳动，培养孩子作为家庭一分子的责任感**。在简单的家务劳动中，让孩子体验劳动的艰辛与快乐。

◆ **抽出时间与孩子交流沟通，建立良好的亲子关系**。不少孩子的行为问题是由平时家长对其关注不够所导致的。孩子可能会故意做坏事来引起家长的注意，这时家长该怎么办呢？此时，家长不应过于关注孩子的不当行为，应该在孩子表现出好行为的时候关注、表扬他。

◆ **统一家庭内部的教育理念**。家庭内部不妨召开一次家庭会议，阐明孩子的行为已经严重影响到家庭和睦和孩子自身的发展，家庭内部就这一难题制定解决方案，要求大家都执行。爷爷奶奶如果忍受不了孩子的请求和哭闹，应该适时回避。

◆**在要求孩子做事情之前，家长应先考虑说话的语气是要求还是请求，请求应该突出孩子行为的后果。** 例如，家长可以这样说："你这样做可以让爸爸妈妈轻松一些，我们也会因此而很高兴。"家长还可以这样说："宝贝儿，爸爸妈妈今天已经很累了，但是爸爸还要修理水管，妈妈要洗衣服，你看咱们家的垃圾桶都满了，谁来倒呢？"这时孩子通常会主动请缨，然后家长再给予适当表扬，孩子以后就会更加积极主动了。

◆**家长要以身作则。** 家长自己的事情要自己做，不推诿，不拖拉，不然就会成为孩子的话柄，在让他做事情的时候，他就会反驳："你不是都让爸爸做吗？""我等会儿再做吧！"

◆**给孩子一个心理预期。** 在吃饭之前，家长不妨对孩子说："你再玩5分钟，我们就要回家吃饭了。"这样孩子就会有心理预期："要吃饭了，但是我还可以玩5分钟。"5分钟之后，家长再叫孩子吃饭，他们通常会乖乖地回来吃饭。这样就可以有效地避免和孩子的一些冲突。

（3）因家长和孩子沟通不当而引发的不服从

天天快5岁了，爸爸妈妈最近很烦恼，因为前些天老师反映天天在幼儿园里欺负别的孩子，惹得别的孩子家长找到幼儿园，还打电话找到天天的爸爸妈妈，要求他们严加管教自己的孩子。天天的爸爸一听到孩子在幼儿园表现这么差，顿时火气就来了："不是跟你说了不要打人吗？你怎么可以打人啊？""不是我不对，是他不对。"爸爸一听，冒火了："你打人了，还说是别人不对。你明天必须向人家道歉。"……吵了一阵子，见天天拒不认错，爸爸再也按捺不住，动手打了天天。天天哭了起来。从此以后，天天从幼儿园回来，爸爸问他什么都是闭口不言，再也不跟爸爸说幼儿园的事情了。

分析

天天是一个很懂事的孩子,在家很听爸爸妈妈的话,从前在幼儿园从没有与别的孩子发生打闹的事情。爸爸在天天不认错的情况下打了天天,造成天天对爸爸的疏远和不信任,不愿意再告诉他幼儿园的事情。如果爸爸没有打他,而是先问清楚事情的原委,了解孩子内心的想法,针对此次孩子打人事件教会孩子如何表达自己的不满和如何寻求帮助,最后让孩子意识到自己的错误,想办法弥补,结果就有可能是良性的。

错误应对

◆**威胁和命令孩子**。"如果你不……我就……""你必须……否则……"这种方式只能让孩子因家长的强势而暂时做出家长希望的行为,而他并没有真正感觉到自己有必要这么做,也没有体验到这样做的快乐。

◆**贿赂孩子**。"你去做……然后我就给你买那个玩具。"孩子服从仅仅是因为可以从中得到好处。长此以往,以后只要家长要求他做事情,他就会讲条件。例如:"妈妈,你给我吃糖,我就去把这个丢到垃圾箱里。"

◆**一味指责孩子**。"你这都做不好,真笨!""你竟然敢打同学,太不像话了。"

锦囊妙计

◆**在与孩子交谈时,请先放下手中的事情**。家长对孩子的话不但要听,还要进行思考,要从谈话中找到孩子话语中的发光点。例如:"你讲得真不错,可以去当演讲家了。""你这个做法很有新意。""嗯,值得一试。"这样孩子就会知道家长是尊重和重视他的,而那些鼓励性的话语也可以保护孩子的自尊心,激发孩子与家长交流的兴趣。

◆**"孩子,我们来谈一下好吗?"** 与孩子发生矛盾或是孩子做错事情了,家长不要过多地指责。批评和指责会影响孩子的沟通欲望。家长不妨先鼓励孩子将事情的经过和自己内心的看法或感受说出来,然后帮助他分析"为什么你会这样做，别人会那样做"，找到问题的症结所在之后，再引导孩子找出解决问题的办法。

◆**让孩子参与规则的制定**。孩子自己制定的规则比别人制定的规则对他更具有约束力。例如：要改正孩子不良的作息习惯，家长完全可以和孩子一起来制定作息制度，这样做，孩子的意见得到了考虑，家长也说出了自己的看法。然后，在双方协商之后，让孩子自己写下作息表。

◆**自然后果法——让孩子体会由自己的行为带来的不良后果**。孩子是在犯错误中学会成长的，所以在与孩子进行沟通交流之后，如果他还是固执己见，那么家长不妨放手，让他自己试试看。在尝到失败的滋味之后，他就会体会得更加深刻。

8 不分享

无论是在家里还是在幼儿园里,总有一些孩子不能和别人进行物品或情感的分享。当别人要玩他们的玩具时,他们通常说"不",即使在大人的要求之下,他们还是拒绝;在家里,好吃的他们会通通霸占,想看什么电视节目就把遥控器拿在手里;有了高兴或伤心的事情,不会和他人诉说,只会一个人孤零零地待着;要跟着妈妈,不要别的小孩将她抢走……这些孩子的家长很伤脑筋:孩子这么小就这么"自私",能有好朋友吗?长大以后会怎么样,能被社会接受吗?

分享包括物品的分享和情感的分享两种。物品的分享不难理解,那么什么是情感的分享呢?对小朋友而言,情感的分享就是能够将自己的情感用语言或行动展示给他人。

调查显示,幼儿阶段,懂得分享的孩子能够得到同伴的接纳和喜欢,更容易交到好朋友。不懂得分享的孩子,长时间一个人玩,不与他人交流合作,体验不到交流的快乐,长期生活在封闭的环境中,很容易出现社会退缩和心理问题,对今后的学习和生活会产生不可估量的影响。很多家长在担心的同时,也表现出十分的无助,因为他们不知道如何应对孩子的不分享行为,所以采取了一些错误的方式,使孩子的行为没有丝毫改变,反而造成亲子关系的紧张。下面我们通过案例分析,具体介绍一些有效的小方法和小技巧。

(1) 因年龄小、心理理论水平低而导致不分享物品

案例

笑笑两岁了,别的小朋友来她家里玩,她总是霸占着所有玩具不肯让别人玩,好像别人拿了玩具就不还了一样;看电视节目也只顾自己,不管他人。在幼

儿园里她总是同时拿很多玩具，或是拿在手里，或是放在自己周围，总是警告企图拿走她玩具的小朋友；即使自己不玩了，也要藏起来；从家里带来的玩具不许任何人碰；别人拿了她喜欢的玩具，她就会打人，并把玩具抢回来；有好吃的东西，她吃完自己那份就去抢别人的……

分析

心理理论，简单来说就是幼儿站在他人的立场上来思考问题和理解他人感受的一种能力。一般来说，3岁之前的幼儿基本上还没有具备心理理论，也就是说，他们没有办法站在他人的立场来考虑他人的想法和感受，没有办法体会他人想玩自己玩具的迫切心情。笑笑不和别人分享并不是因为"自私"，而是情有可原。但是，有些孩子即使不具备心理理论也会分享。他们此时的分享是一种功利性的分享，如可以得到老师的表扬、妈妈会给糖果等。

错误应对

◆**责骂孩子不懂事。**"你是大哥哥，怎么能够不让着小弟弟呢？""你有这么多玩具，给别人玩一件都不可以，真小气！"

◆**强迫孩子或代替孩子向别人道歉。**如果孩子没有意识到自己不分享是错的，这时家长强迫孩子道歉，无非是两种后果：一是孩子碍于家长的权威，勉强道歉，这种道歉起不到丝毫的作用；二是孩子坚决不道歉，家长此时就会感到很尴尬，代替孩子道歉。

◆**强行将玩具从孩子手中拿走。**这样，孩子不但体验不到分享的快乐，反而会因为失去了心爱之物而伤心不已，进而更加害怕和别人分享。

锦囊妙计

◆**运用孩子对家长的信赖。**家长向孩子保证玩具借出去了，会还回来的；如果小朋友没有还回来，妈妈会向他要回来。此时，孩子的顾虑就会减少，更容易和别人分享。

◆**交换式分享和轮换式分享**。要孩子把东西给别人,孩子心里就会想:"玩具给别人了,我就不能玩了,不是吗?"这时,家长不妨采用其他的分享方式,如大家相互交换玩具、食物,或者大家轮流来玩。这样的方式更容易让孩子接受,也会让孩子体验到大家在一起分享的快乐。

◆**进行移情训练**。家长可以采用讲故事的方法,如给孩子讲《金色的房子》《孔融让梨》《玩具大家玩》等故事,也可以将孩子的行为编成小故事,在故事的情境中对孩子进行正面的引导和激发孩子的反思。

◆**及时鼓励和强化孩子的分享行为**。在孩子出现分享行为的时候,家长一定要及时给予表扬和奖励。实验证明,强化出现得越及时,强化的效果就越好,最好是在事情发生的0.5秒内就给予语言强化或肢体强化。语言强化就是口头表扬,但是在表扬时要注意,不要简简单单地说"你真棒""你真是个好孩子"等,而要尽量说明为什么表扬孩子,如"你能把自己心爱的玩具借给别人玩,你真的好棒",表扬越具体,效果就越好。

◆**设置情景让孩子体验分享的快乐**。例如,今天是笑笑的生日,我们来给她举办一个生日会。在生日会上,不妨让孩子自己来切蛋糕和水果,让她知道其实和他人分享是一件很快乐的事情。

◆**把握时机,让孩子体验他人的愿望和心情**。如果孩子把玩具抢回来了,不妨对他说:"你看别的小朋友是多么想玩啊!""你看看他都哭了,看来他很喜欢你的玩具哦。"

(2)因家长溺爱而引发的不分享物品行为

> **案例**

一个炎热的盛夏,孩子闹着要吃西瓜,妈妈在街上转了很长时间,终于买回一个大西瓜。切开西瓜,妈妈情不自禁地先尝了一口,立即听到一声严厉刺耳的童音:"谁让你吃,给我吐出来!"妈妈怔在那儿,两行热泪止不住流了下来。随即又听到孩子说:"算了,算了,下次不可以自己先吃了!"可能"天良未泯",孩子总算"原谅"妈妈的"过失"了。

分析

受中国传统的"再穷不能穷教育,再苦不能苦孩子"这一观念的影响,加上如今的家庭大多只有一个孩子,两个大人围着一个孩子转,而在"四二一"家庭(四位老人、爸爸妈妈和一个孩子组成的家庭)中,则有更多的家长环绕在孩子的周围。这种家庭里的孩子没有兄弟姐妹和他分享,一切都是以他为中心,这样往往让他只会考虑自己,不会考虑到其他人。在和别的孩子交往的过程中,他也是以自我为中心。只要自己有需要,谁说都没有用。

错误应对

◆**娇惯孩子**。好吃的端上来了,家长就对孩子说:"宝宝,来,先吃一个。""慢慢吃,这些都是你的。"

◆**一味满足孩子的要求,不理会要求是否合理。**

◆**当孩子将好吃的给家长时,家长仅仅假装吃一口,又塞回孩子嘴里。**

◆**贿赂孩子**。"你把苹果给妈妈咬一口,妈妈就把这个玩具送给你。"此时孩子不会体验到分享的快乐,久而久之,他会认为自己的分享行为就应该得到奖励,从而跟家长讨价还价。

锦囊妙计

◆**取消孩子的特殊地位**。买了水果,平均分成几份;做了好吃的大家要一起吃。家长要让孩子知道家里人的待遇是一样的,自己并没有什么特权。

◆**慷慨,从最亲的人开始**。孩子最先学会的是和自己亲近的人进行分享,孩子如果不能和家人分享食物和玩具,那么就不可能和别人进行分享。在孩子把食物给家长吃或是拿玩具给家长玩的时候,请家长说"谢谢",然后欣然接受,并及时表扬孩子的分享行为。

◆**自然后果法**。孩子之前拒绝了别人，但是当他需要别人帮助的时候，别人由于孩子之前的拒绝自然不会帮他。让他体验到不分享的后果就是别人不帮他，也不借东西给他。

◆**角色扮演法**。在玩"娃娃家"的游戏中，让孩子扮演不同的角色，体会不同人物的心理和想法，让孩子知道分享是可以使双方都很快乐的事情。

◆**家长要以身作则**。家长是孩子天然的榜样，不要以为孩子小就什么也不懂，他知道的东西很多，只是不知道怎样表达出来。当别人来借东西时，家长敷衍塞责，那么家长又怎么能指望孩子将自己的东西与他人分享呢？

◆**教育一致性原则**。当家长要改正孩子自私的行为时，祖辈和父辈的处理方式一定要一致。如果家人的做法不一致，孩子就会钻家长的空子。孩子会以哭闹的方式找到心软的人来庇护自己，如果这时家里有人庇护孩子，那么孩子的目的就达到了。所以，家长在做出某项决定时，一定要在家庭会议上通过，征得所有人的同意。如果真的有家庭成员不忍心看到孩子哭闹，那么他就要暂时离开。

◆**巧妙设计分享游戏**。跷跷板、传球、娃娃家等游戏都是至少需要两个人才能玩的。如果孩子霸占着玩具，他自己也玩不成。家长可以在这样的游戏中鼓励孩子和同伴一起玩耍，体验分享的快乐。

◆**邀请小伙伴来家里做客**。在小伙伴来的前一天，家长一定要和孩子商量他要和其他小朋友分享什么玩具或是食物。如果孩子不愿意和其他小朋友分享一些玩具，那么家长也不要强迫孩子，建议孩子将玩具提前收好。

（3）因语言表达能力差或家长的不当应对而引发的不分享情感行为

> **案例**

国庆节当天，爸爸妈妈在家看电视台转播的国庆60周年庆典阅兵仪式，女儿与同院的孩子在楼下玩。两个小时后女儿回家来了，一脸的不高兴。问她发生了什么事，她就是不说，一个人躺在床上很伤心的样子。由于她是独自和两个男孩玩，回家又是一脸的不高兴，父母真的很担心，可是问女儿怎么了，她就是不说话。一直到了下午才再次看到女儿的笑脸，但是直到这时候家长也不清楚到底发生了什么事。现在女儿还小，如果再大些，遇到什么心理问题却不和家长说，该怎么办呢？

分析

孩子为什么不跟家长进行情感上的分享呢？首先要知道什么是情感分享。情感分享是指将自己的情感用语言或行动展示给他人。分享情感对孩子的社交和良好性格的形成都有重要作用，家长们的担心是可以理解和非常必要的。我们通过探究孩子为什么不与家长进行情感分享，总结出以下原因：孩子在情感方面的表达能力差，害怕自己被否定；孩子在诉说时家长心不在焉，导致孩子受挫。怎样使孩子说出自己的心里话呢？

错误应对

◆ **不放在心上**。家长对孩子的种种表现不放在心上，认为孩子还小，就是爱哭爱笑，不对孩子的行为进行关注。

◆ **总是猜测孩子的心思，剥夺孩子情感表达的权利**。"你是不是因为奶奶把你的东西放错了而不开心啊？""是不是妈妈弄疼你了？""是不是××欺负你了你才哭啊？"如果不用说话别人就能猜到自己的心思，孩子自然习惯不用语言来表达情感。

◆ **不问缘由，遇事就罚**。一般的孩子做了错事，自然就会感到内疚自责，父母应该问清楚来龙去脉再做处理，切忌不由分说地打骂一顿，这样孩子自然不敢把心里话说出来。

◆ **对孩子的情感表露漠不关心或简单回应**。"爸爸，我跑了第一名。"孩子迫不及待的分享换来的是"哦""知道了""嗯，好棒"等简单敷衍的答复。

锦囊妙计

◆ **耐心倾听**。孩子的表达能力不强，说的都是一些断断续续的、不完整的话，家长对孩子的谈话要表现出很高的积极性，并在孩子诉说的过程中，向孩子提问或给予提示，让孩子将思绪理顺，并引导孩子用话语将事情完整地叙述出来。不要以忙碌为由，不给孩子说话的时间和重复的时间。

◆**请蹲下来**。家长试过蹲下来看其他成人吗？你会发现别人真的很高很大。家长站着跟孩子说话，孩子是看不到家长的面部表情的，而且会造成心理上的不平等。家长不妨蹲下来，打破这种不平衡，让孩子在轻松平等的环境中表达。

◆**孩子有了新的发明或发现，请让他带到幼儿园和他人分享快乐**。例如："媛媛，你找到了一个小贝壳，要不要拿到幼儿园给你的好朋友看看呢？"这样，孩子和他人交往和沟通的机会就增加了，也会促使孩子组织语言表达意愿和情感。

◆**孩子遇到挫折，鼓励他说出来**。宝宝哭了，家长问什么他都不回答，只是哇哇大哭。这时，家长不要急于去猜想孩子到底怎么了、出了什么问题，不妨等孩子冷静下来之后，让孩子自己说清楚。如果一直去猜孩子的想法，孩子的语言表达能力就会受到限制，孩子同家长的情感交流也会受到影响。

◆**玩一些表情游戏**。家长可以和孩子一起玩一些表情游戏，也就是和宝宝一起模仿一些夸张的表情。如果孩子已经可以认识到不同表情所表达的情绪，家长就要进行更高难度的训练——根据故事情节让孩子做出正确的表情。

◆**与孩子分享自己的情绪**。家长可以利用每天的空闲时间，和宝宝一起分享一天之中快乐的事、令人心烦的事、伤心的事等。年幼的孩子没有时间概念，对曾经发生的事情可能记忆不深刻，所以家长可以有意识地描述事情发生的时间。例如："今天爸爸上班迟到了，结果爸爸就受到了上司的批评，爸爸很伤心。""宝宝今天学了一首歌曲，唱给我们听好吗？"

◆**鼓励孩子**。当孩子表达自己的情感时，家长要鼓励孩子的进步。"今天老师表扬你了，为什么啊？你做什么了？老师表扬你了，你高兴吗？""你这次说得比上次好了，妈妈完全明白了。""你能够告诉妈妈这件事情，妈妈真的很开心。"家长对孩子的表扬越具体越有效，越能够激励孩子。

9 社交退缩

有些孩子特别活泼开朗，老师问问题，他们总是第一时间高高举起小手；到了游戏时间，找他们一起玩的小朋友最多；在外面见到陌生的叔叔阿姨，他们也大大方方地问好，让家长特别自豪。有些孩子，即使老师点名问他们问题，他们也不是每次都能开口回答；在游戏时间，他们更是孤零零的，既让人同情，又让人担心：这么小就不会跟人打交道，长大了可怎么在社会上生存啊?!

家长这样的担心是可以理解的。人类天生是社会性的动物，人类社会是一个高度分工、高度合作的系统，没有人能够一辈子与外界完全隔绝。但是，俗语说："一种米养百种人。"每个孩子一生下来就有气质上的差异，有的婴儿一饿就哇哇大哭，一晚上折腾好几回；有的婴儿饿了也不闹，全靠妈妈记得定时喂养。每个人都有不同的性格，无论是外向活泼还是内向含蓄都是正常的，家长不能简单地出于"不能让孩子吃哑巴亏"的理由，非把孩子培养得伶牙俐齿、左右逢源不可，这样做违反了"因材施教"的教育原则，结果只会让孩子以为你并不喜欢他，所以要改造他，从而打击孩子的自信。

可是，如果孩子总是独自一人，从不与他人来往，这就是"社交退缩"的表现。父母和老师要留心观察，分析原因，帮助孩子走出困境。在教育孩子的时候，要注意给予孩子充分的尊重和理解，切忌以生硬粗暴的方式让孩子因恐惧而备加孤僻。要找到引导孩子学会愉快地跟外界交往的办法，首先要分析孩子退缩的原因，对症下药。

（1）因性格内向而表现出社交退缩

> **案例**

苹苹是一个上中班的小姑娘，因为搬家的缘故，她上个月刚换了一所新的幼儿园。苹苹在新的幼儿园觉得不开心，因为其他小朋友都互相认识，只有她一个人是"新生，从外面来的"。她本来就是一个安静的孩子，这下子变得更加缄默无言，总是坐在班级的角落里自己玩。老师有时会特意组织其他小朋友和苹苹一起玩，但是总是玩不起来。一个月过去了，她没有交到一个新朋友。

> **分析**

性格内向的原因，包括先天的气质因素和后天的教养方式的影响，通常是两者共同作用的结果。有的孩子天生气质敏感、腼腆，生活上遇到一些变化或者刺激，需要更长的时间以及适当的帮助才能适应。如果平时家长照顾得无微不至，怕孩子摔着、碰着，总把孩子关在家里、紧紧拉在手里，久而久之孩子就会变得谨小慎微，害怕受伤和失败，缺乏尝试的勇气。在成长的过程中，孩子需要学习如何用一种合适的方式说出自己的要求，争取自己想要的东西，包括新朋友，不能事事等待父母安排和满足。像案例中的苹苹这样，过去的伙伴一下子全都不在一起了，本来就够难过一阵子的，再加上到了一个陌生的新环境中当"插班生"，别的同学都相处了一年，互相已经很熟悉了，她更加觉得难以合群。

孩子性格内向，并不等于他不想和其他孩子一起玩。相反，他可能在孤僻退缩的外表下，隐藏了一颗渴望友谊却又害怕受伤的幼小心灵。如果家长能够给予充分的支持和鼓励，特别是教孩子学会一些具体可行的社交技巧，孩子就能一步一步地走出孤僻的角落，愉快地融入到伙伴群体中，与其他孩子一起健康成长。

> **错误应对**

◆ **责备**。将退缩的行为归咎于孩子，责怪孩子"胆小鬼"或者"一点用都没有"。对于因缺乏自信或性格内向而表现出不合群的孩子，严厉的责备只能导致孩子更加退缩消极。

◆ **生硬地提出目标**。有的家长心太急，往往不由分说地向孩子提出难以达到的要求："去吧，过去跟宁宁打个招呼，你们就会成为好朋友。"事实上，要成为"好朋友"，仅仅打个招呼明显是不够的。

◆ **当众教育**。许多家长知道，当着别人的面批评孩子不是一个好的做法。但是很少有家长意识到，当众教孩子怎样社交，催促孩子去"交朋友"，也会引起孩子的尴尬和抗拒，即使孩子能按家长说的去做，那也仅仅意味着孩子"听话"，而不意味着他明白这样做的道理，也不意味着下次他能够独立做到。家长教育孩子可以留在家里完成，当孩子面对外界时，应该留出让他独立应对的空间。特别是面对细心、敏感的孩子时，家长更要注意尊重孩子。

锦囊妙计

◆ **把教育重点放在介绍具体事件或步骤上**。例如，在玩"老鹰捉小鸡"游戏前，告诉孩子具体的做法："你只需要跟在鸡妈妈后面，如果老鹰捉到你，就站到我这边来。"让孩子明白虽然表面上看来这个游戏很让人害怕，但实际上没有一点危险。

◆ **教孩子一些认识新朋友的具体办法**。例如，有礼貌地加入别人的游戏时应该说什么话、怎样邀请别人分享自己的玩具等，并先在家练习，以提高成功率。

◆ **讲述自己没有获得成功的经历**。给孩子讲讲自己没有获得成功的一段经历，让孩子明白挫败是常见的、人人都会遇到的情况，没有人能够永远成功，并且耐心地听孩子倾诉他不成功的经历和感受，保证孩子表达感受的权利。

◆ **邀请其他小朋友到家里来玩**。帮助孩子作为小主人，邀请一两位同学或邻居家的小朋友到家里玩，让其他孩子分享自己最喜欢的玩具、食物等，并展示自己的长处。

◆ **和孩子一起为他的好朋友准备节日或生日礼物**。礼物最好是动手做的而不是用钱买的，以表达诚挚的友谊。

◆ **给孩子打"预防针"**。在帮助孩子做小主人、和孩子一起准备礼物等社交活动的准备工作中，要注意给孩子打"预防针"，即让孩子考虑到失败的可能性，如可能有的同学家里有事不能赴约、有的小朋友可能不喜欢他准备的礼物，这时候他应该怎样有礼貌地回应，还要让他明白不是每件事都注定会成功。

◆**做孩子的榜样**。害羞的孩子往往很敏感，当家长面临困难或遇到打击时，要让孩子看到家长是如何处理这些问题、如何排解情绪的。

（2）因遭受情绪刺激而表现出社交退缩

案例

彤彤本来是一个活泼的小姑娘。两个月之前的一天，妈妈开车来幼儿园接她的时候，遭遇了歹徒抢手提包的事件，彤彤不仅目睹了全过程，而且在妈妈为了追歹徒把她一个人留在原地时，吓得哭都哭不出来。事后，彤彤变得异常沉默，很少说话，总是孤零零地坐在教室的角落里，晚上也不敢一个人睡，一定要妈妈陪着。妈妈试着和彤彤一起回忆当天的情况，想了解孩子的感受，可是刚开始说"那天妈妈开车去接彤彤"，她就"哇"地大哭起来。爸爸、外婆、舅舅轮番安慰她，保证"爸爸在，彤彤很安全"，也没有什么效果。

分析

因情绪刺激导致退缩、孤僻的孩子需要时间来平复刺激，严重时甚至需要专家的治疗。情绪的刺激是多种多样的，有突发性的，也有长期的，有意外、自然灾害引起的，也有人为因素引起的。孩子在成长过程中可能遇到的、导致社交退缩的情绪刺激主要有以下几类：

第一类，突发性的意外事件。如地震突然降临，夺走了家人、朋友的生命，扰乱了日常生活秩序，可能会导致某些幼儿无所适从，出现突发性的社交退缩。

第二类，突发性的暴力事件。如案例中彤彤目睹的抢劫事件，或家庭暴力事件，或遭遇性侵犯。这些人为性质的暴力事件将给幼儿的社交发展造成深远影响，因为肇事者是人（甚至是幼儿熟悉的家人、朋友），人对人的伤害会让幼儿形成消极的价值观，认为他人是不值得信任的。

第三类，长期的变故。如父母长期不和，陷入离婚的拉锯战，没有考虑到孩子的感受，导致孩子内疚自责，越来越孤僻，最终形成社交退缩。

当发现孩子表现出社交退缩的行为时，家长要深入分析背后的成因，全面评估孩子的周围环境和日常生活，看看是否存在一些无形的心理压力。家长如果忽视了孩子种种退缩、消极的表现，不去及时帮助和支持孩子，可能会导致孩子的情绪问题越积越严重，演变成儿童抑郁症或其他情绪障碍，对孩子的一生都会产生不利的影响。

错误应对

◆ **刻意隐瞒**。如果家庭正在发生重大变故，如父母离异或者家庭中有成员患病、去世等，家长想方设法地瞒住孩子，觉得是"为了孩子好""免得孩子受伤"。有时候，并不是事件的本身伤害了孩子，而是父母的欺骗隐瞒让孩子不再信任父母，破坏了亲子关系。

◆ **认为只要不旧事重提，孩子自然就会淡忘**。孩子不幸遭到抢劫、车祸或性侵犯等伤害，情绪会受到重大刺激，心灵会受到极大创伤。即使肇事者、侵犯者最终被绳之以法，受到了应有的制裁，家长也不能认为孩子的心理就得到了足够的安慰和补偿。法律制裁是一回事，心理痊愈是另一回事。就算孩子当时年龄还小，过几年的确会忘掉具体的事情，但是那种创伤始终会留在心里，一遇到合适的时机就会旧创复发，对孩子造成二次、三次的伤害。

◆ **转移负面情绪到孩子身上**。当家庭面临一些变化或遭遇到突发事件之时，父母自己也会产生情绪变化，感到失望、悲伤甚至愤怒、怨恨等。有时候，可能不知不觉就把自己的情绪转移到孩子身上，本来是对配偶的失望和怨恨，却导致自己平白无故地对孩子大发脾气。负面情绪的转移只会加深孩子对他人的不信任和对社交的畏惧。

◆ **过分同情和保护**。当家庭或孩子遭遇到危机时，作为家长，总是本能地希望保护孩子。有时候却因过度保护而造成孩子更加害怕外界，不敢踏出家门半步。

> **锦囊妙计**

◆**同情和支持孩子**。家长要反复向孩子强调，这些事情都不是他的过错，他仍然是个好孩子，不要内疚。特别是在危机事件发生之前，孩子的确做了不应该做的事情，如案例中的彤彤，妈妈接她的时候，本来在车上就招手让她上车，但是她当时正在操场上玩得欢，说什么也不上车，妈妈只好下车来，结果一下车就遭遇了抢劫，彤彤很容易会认为，就是因为自己不乖、不听话，妈妈才会被抢劫的。

◆**及时寻找专业的心理咨询资源，获得专业人士的帮助**。

◆**选择适当的时机，和孩子一起回顾创伤事件**。这个适当的时机，可以通过主动向孩子发起谈话来判断。如果孩子仍然很害怕，不想谈论这件事，家长应该及时停止，另择时机。家长如果不能肯定时机是否成熟，可以通过提及类似事件或关键词来试探，一定要充分尊重孩子痊愈的速度。

◆**肯定孩子的勇气**。如果孩子已经可以开始谈论创伤事件，家长应该充分表扬孩子在当时表现出的勇气，并且耐心地引导孩子想出一些鼓起勇气的办法，这样孩子对运用自己提出的办法会更有积极性。鼓励孩子试试运用这些办法，就像防火演习那样。

◆**保持高度的耐心**。表扬孩子的每一次努力，包括回忆和讲述创伤事件的努力，以及一步一步重新开始社会交往的努力。

（3）因发展障碍而表现出社交退缩

> **案例**

贝贝3岁以前一直在乡下由奶奶抚养。半年前爸爸妈妈把他接到城里，准备让他上幼儿园时，却发现贝贝过于安静，偶尔说的话常常是成分残缺的短语而不是完整的句子，如"喝水""累了"，在陌生人面前从不说话，到了幼儿园也只是坐在远离人群的地方简单地摆弄玩具。妈妈带他去医院，医生怀疑他患有孤独症，但经过仔细的评估后，发现贝贝是因早期剥夺导致的发展迟缓。

分析

当孩子不只在陌生人面前表现得害羞、退缩，在熟悉的家庭环境中也表现得沉默和孤僻时，家长就要格外注意，考虑是不是某些事件引起孩子的情绪问题（正如前面案例中的彤彤）。如果找不到一个可以解释的转折点，那就要寻求专家的评估，尽早确认孩子是否患有某方面的发展障碍，如因早期剥夺而导致的发展迟缓、先天性发育迟缓或儿童孤独症。这几种常见的儿童发展障碍可以通过以下特点来甄别。

因早期剥夺而导致的发展迟缓：可以找到明显的后天成因，这样的孩子一般是长时间（6个月以上）处于缺乏照顾和缺乏信息刺激的环境中。比如，在孩子每天的醒觉时间内，很少有人逗他，和他说话，跟他玩耍。但是一旦转移到正常环境中，短时间内发展迅速，很快就恢复语言和社交，因此，它并非终身障碍。

先天性发育迟缓：从出生到长大的每个阶段都明显达不到同龄人的发展水平，如10个月还不能坐起来、2岁才开始说话；虽然发展落后，但与其他孩子一样有社交的兴趣和行为，如别人看着他笑，他也会以笑来回应，不会在社交方面有明显的缺陷，而是整体发展水平落后。

儿童孤独症：孤独症儿童普遍存在语言障碍。有的不能用语言表达，而有语言能力的患者则多存在分不清"你""我""他"的问题，或者喜欢重复别人的说话，或者经常自言自语。孤独症儿童存在严重的社交障碍。他们很少与人对视，甚至刻意避开目光接触。既不表现出对陌生人的害怕，也不表现出舍不得离开爸爸妈妈。不愿意或不知道怎样参与小朋友的游戏；存在刻板行为问题，经常毫无意义地坚持某种做事顺序和方法，或者不断重复某个简单动作。孤独症儿童不可能在短时间内迅速提高能力。事实上，即使接受最有效的训练，进步也是一个缓慢的过程。

儿童发展障碍需要通过医院的儿科专家进行详细观察、评估后才能确诊。如果孩子并不属于发展障碍，那就应该查找是否存在强烈的情绪刺激因素，就像前面案例中的彤彤那样经历过抢劫、打斗等暴力事件，或经历了父母离婚前后的长时间争吵，或者受到虚构的恐怖所困扰（如对某个鬼故事很投入）。如果孩子从前上幼儿园都是高高兴兴的，和小朋友玩得也挺好，最近突然变得孤僻和不合群了，通常情况下应该存在情绪上的刺激因素。

错误应对

◆**讳疾忌医**。发展障碍是不会随着孩子的成长自然而然消失的。家长不要自己心理上难以接受就耽误孩子的最佳康复训练机会。

◆**盲目乐观**。孩子3岁还不说话，家长觉得"贵人语迟"，长大一些就好了。孩子跟别的小朋友没有任何社会互动，家长也能找到各种原因自我安慰，总觉得孩子看起来漂亮健康，一定不会有什么问题。事实上，包括自闭症在内的很多具有发展障碍的孩子，表面上一点都看不出来，需要专业的诊断。

◆**不加分辨地尝试各种"特效药""特效疗法"，想让孩子一夜之间恢复正常**。目前世界上还没有可以治疗"发展障碍"的药物，也没有短时间内可让孩子恢复正常的方法。

◆**把孩子关在家里**。有的家长由于自己无法面对孩子的障碍，认为带孩子出门很"丢人"，或者出于过度保护的心理，怕孩子在外面受欺负，所以干脆尽量不让孩子跟家庭以外的人接触。这样做只能让有先天障碍的孩子更加缺乏社交练习的机会，很难获得进步。

◆**认为这样的孩子教了也白教**。存在发展障碍的孩子的确在学习上可能会比普通孩子速度慢一些，需要更多的复习。但是无论障碍程度有多严重，孩子总是有学习能力的，如果教育得法，是可以一步一步地获得进步的。

◆**不给予康复训练，仅仅带着孩子往其他小朋友群体中"扎堆"**。有的家长觉得，不就是不搭理人吗，我成天让他跟别人在一起，刺激多了就学会搭理人了。事实上，存在发展障碍的孩子需要专门的训练，包括语言训练、社交训练；只有教会孩子基本的技巧，孩子才能在群体中有回应、有互动，仅仅把孩子放在儿童堆里是没用的。

> 锦囊妙计

◆**求助于专业训练机构**。一旦孩子被确诊为发展障碍，家长就应该尽快寻求专业训练机构的帮助，对孩子实施个别化的、有针对性的训练。

◆**在家进行特殊教育训练**。家长要养成学习的习惯，从学习理解孩子的障碍开始，逐步学习特殊教育的各种方法技巧，在家中配合开展教育训练，促进孩子的发展。

◆**不要当着孩子的面谈论他的缺陷和短处**。承认和面对孩子患有发展障碍的事实，应该像承认和面对孩子患了感冒一样平常。但是，这并不意味着可以在孩子面前向别人指出他的短处，如说"他就是比较笨"或"他说话说得不好"，别以为孩子听不懂。

◆**为了让班级同学、邻居充分了解孩子的情况，给予适当的支持和帮助**。家长可以自编自制一些关于孩子的简介，派发给常见的人，让他们知道怎样跟孩子相处，以免因不了解而引起隔阂和歧视。

◆**引导孩子与小朋友一起做游戏**。如果孩子对参与同龄人的游戏缺乏兴趣，可以先组织一些比孩子年龄小的小朋友与他一起做游戏。低龄儿童的游戏比较简单，对社交能力的要求也不那么高，容易让孩子接受。

◆**在家让孩子练习游戏技巧，熟悉游戏规则**。在鼓励孩子参与其他孩子的活动之前，最好让孩子先在家反复练习需要用到的技巧和游戏规则，让孩子充满自信地加入游戏。

10 不守规则

这些年，随着我国经济的快速发展，国人迅速地富裕起来，出国旅游的人逐年增多。国人留给外国人的突出印象，除了出手阔绰、爱买名牌商品之外，恐怕就是不守规矩了。在美国拉斯维加斯禁止18岁以下未成年人进入的赌场，孩子硬闯乱跑，被赌场驱逐离开；还有女博士因为自己的原因误机却在机场对航空公司工作人员大打出手，被多家国内外航空公司永久禁飞。国人的不守规矩可谓丑态百出。在中国自己的土地上，国人不守规矩、无法无天的行为更是层出不穷。要培养国人守规则的习惯，唯一的希望是从小开始注重规则教育。

小朋友在公共场合大声喧哗，在电影院里走来走去影响别人观影，在商场里不顾他人到处乱跑，在公园里没人看见的地方随地小便，往公园的池塘里乱扔垃圾，这些就是不守规则的行为。不守规则的行为主要是指孩子不遵守幼儿园、学校所制定的行为规则，不遵守公共场合的规则，缺乏公共道德的行为。

家长常常会认为不守规则的行为是小事、小节，不用管教，孩子长大后自然就能学会守规则。结果就是，由于从小没有规则意识，没有遵守规则的习惯，孩子长大后便成为不守规矩、缺乏教养的人，被人嫌弃、瞧不起。所以，教育孩子遵守规则真的不是小事。

（1）因为不听从指引而导致的不守规则

案例1

4岁的强强是个令大人头疼不已的孩子。大人叫他吃饭，他玩玩具不肯停下；大人叫他洗澡，简直是像打架一般才能把他放进澡盆，然后洗好了又要一番战斗才能把他弄起来穿好衣服。外出一趟也不容易，做任何一件事强强总是拧着，完全不听指挥。

案例 2

6岁的米乐参观博物馆,大人说不可以做的事情,米乐偏要做。妈妈不准他乱跑,他偏要乱跑,妈妈在后面追个不停;妈妈不准他大声说话,他偏要吵吵嚷嚷;妈妈不准他到处乱摸,他偏要挑衅,碰碰展品,摸摸画架。最后,妈妈只好把他强行带走,博物馆之行彻底以失败而告终。

案例 3

6岁的星星外出旅游,参加一个有趣的浮潜活动。导游叔叔向大家讲解规则,要求大家文明对待海洋生物,爱护海洋中的一切,不要去追逐触碰鱼儿,不要采摘海草,不要带走海里的石头和贝壳。星星说:"我偏要抓鱼,我就要它死。"导游叔叔只好劝说爸爸妈妈不要让星星下水浮潜。妈妈只好陪着被禁止下水的星星。真是高兴而去,扫兴而回。

分析

听从指引是基本的社交技能,也是人类最基本的教养。只有听从指引,相互之间的沟通才能成功。不听从指引,各干各的,就不可能有成功的社交,也就不可能有我们有组织的人类社会。所以,从孩子初学语言,学习和别人打交道开始,父母就要有意识地教会孩子听从指引。"张开嘴,吃苹果啦""把杯子递给妈妈吧""帮爸爸找一找鞋子",不要以为这样支使孩子好像委屈了孩子,其实这些就是最初的"听从指引",也是人最初的教养!

错误应对

◆**怂恿放纵**。面对上面的这些情况,有些爸爸妈妈会护着孩子,或者替孩子求情,或者直接和别人起争端和冲突,这些都会助长孩子不守规则的行为,令孩子变得更加无法无天,无法管教。

◆**制定太多的规则却不执行**。有些父母总是不停地给孩子讲道理，要遵守这样那样的规则，但是当孩子违反了规则的时候，却不能下狠心让孩子承担后果。比如，对于不肯好好吃饭的强强，父母一直苦口婆心地劝他吃，觉得他没有吃饱，就给他吃零食；强强不肯洗澡，父母就一直给他讲要讲究卫生，否则会有细菌，会生病，他洗着澡不肯起来，父母又费了不少工夫跟他讲泡太久会感冒之类的道理；强强外出不听从指挥，父母就一直追在他后面讲这不可以那不可以的道理。父母这样做反倒让孩子过足了不守规矩能让大人忙得团团转的"瘾"，无意之中强化了他的坏行为。

◆**规则的制定本身不合理**。父母定下的规则太多，而且规则本身不合理也是难于执行的原因。我们常常见到家长一直对孩子说"不"：不许乱跑，不准坐在地上，不要弄脏衣服，不准顶嘴，不许吃炸鸡，不许吃冰冻的东西……家长定下了那么多不合理的规则，孩子要做到其实是不可能的。所以，父母为孩子定下的规则一定得是必要的而且是可行的。"不许乱跑"改为"不要在人多的地方乱跑"就更合理些。不准坐在地上、不要弄脏衣服、不准顶嘴、不许吃炸鸡、不许吃冰冻的东西，改成"不做危险的事情""少吃油炸食品""不要过量吃冰冻的东西"就更合理些。

◆**制定的规则没有得到孩子的认同**。家长制定规则的目的是约束孩子的行为，所以规则一定要得到孩子的认可，他愿意执行规则才有用。很多父母只是单方面认为孩子应该这样那样，不可以怎样怎样，却没有花时间和孩子讨论这些规则，让孩子理解并且愿意执行这些规则，结果就是规则变成了父母和孩子之间起冲突的根源，亲子冲突多了，孩子却没有遵守规则。

锦囊妙计

◆**父母要成为主导者，指引孩子的正确行为**。比如："我们来吃香喷喷的蛋炒饭啦""来来来，把自己洗得干干净净可舒服了""我们来做一个安安静静的参观者吧""爱护动物的孩子最棒了"。父母给出非常明确的指引，孩子很自然地就会跟从父母的指引，相处愉快，而且不会给自己带来任何麻烦，孩子体会到服从指引其实是对自己有利的事情后，慢慢地就会形成服从指引的行为习惯。

◆**奖励孩子服从安排的行为**。父母常常在孩子不好好听从指引的时候发飙，但是孩子大部分时候都能听从指引，父母却没有任何意识，这就难怪孩子要搞点事来引起父母的注意了。所以，父母要在孩子表现好的时候适当地做出回应：一个赞许的微笑，竖起大拇指，悄悄地告诉他"我喜欢你今天这么懂事"。当然，适当的赞许就可以了，切忌过于夸张的表扬，比如，在一大堆客人面前夸他，在大庭广众之下又搂又亲表扬他，这些做法会极大地满足孩子的虚荣心，导致孩子是为了表扬而不是真的喜欢自己遵守规则的行为。

◆**遇到孩子反抗不顺从时要冷静，切忌自己先发火**。事情进展不顺利时，可以等一等孩子，他稍稍冷静一段时间也许就想通了。如果父母失去耐心发火，冲突就会愈演愈烈。父母也不要在孩子闹情绪的时候讲道理，因为这个时候孩子听不进去道理。等他冷静下来后，父母可用主导性的语言，如"我们现在可以高高兴兴地去吃饭啰""不哭不闹的宝宝可以去坐缆车啦"，很自然地把孩子引回"正道"。

（2）因为没有公共道德的概念而导致的不守规则

案例 1

爸爸妈妈认为 5 岁的青青难教极了。去到哪里她都好像在家一样，摸摸这儿碰碰那儿，喜欢的东西顺手拿走，好玩的东西占着不放，公共汽车上要求妈妈讲故事，火车上拿着爸爸的手机放音乐，在公园里蹲下去就把路边的花摘了下来，一下没看住她就把面包扔到池塘里喂鱼。父母一遍一遍地给她讲道理，青青好像完全没有听进去。

案例 2

晓晓 6 岁了，由于从小都是爷爷奶奶带他，爷爷奶奶总是不分场合地什么都满足他，所以晓晓变得很任性。比如，在公园里，晓晓突然说要尿尿，爷爷奶奶早有准备，拿出备好的塑料袋就让他尿尿。晓晓吃东西也是不分场合，在商场里、公车上、上兴趣班时，爷爷奶奶都有备好的水果等食物，随时随地给晓晓喂几口。晓晓的爸爸妈妈觉得很无奈。

案例 3

4岁的豆豆总是不能理解大人的要求，比如：在家可以大声地和爸爸妈妈说话，为什么在剧院里就不可以呢？在家里可以捞鱼池里的金鱼玩，为什么公园里的鱼就不可以玩呢？爸爸妈妈说话时可以问为什么，可是博物馆里的阿姨说话时为什么就不可以随便插嘴呢？

分析

遵守公共道德是一个人融入社会最基本的条件。如果不能正确地区分公共空间和自己的家，孩子就容易出现上述行为。教给孩子公共道德是父母最基本的责任，每个人都有责任和义务维护公共环境，遵守公共道德。"子不教，父之过"，很大程度上指的是父母要教孩子遵守公共道德，遵守规则，成为有教养的人。

错误应对

◆ **没有教给孩子公共道德的概念**。家里和公共场合是完全不一样的两个场合，一个是家里人共同拥有的、不受别人打扰也不会打扰到别人的私密空间，一个是要和很多人共享的、大家需要相互照顾才不会互相干扰的公共空间。家长要通过言传身教让孩子从小就明白这两个不同空间的不同规则。很多家长并没有意识到这件事情的重要性，所以，他们自己也没有太注重遵守两种不同场合的规则，更没有在孩子逐渐长大，可以带他外出的时候有意识地给他讲解要去的这个地方和家里的不同。在家长既没有言传也没有身教的情况下，孩子是无法自己形成公共道德的概念的。

◆ **认为这是小事**。孩子在公共场合不遵守规则，很多家长认为这是小事："在地铁上吃点东西而已，至于有什么错吗？""不就是摘了几朵花嘛，有什么大不了的！""带孩子看电影时孩子问几个问题很正常啊，谁都有孩子！"如果家长不当一回事，孩子当然也就不可能有对自己遵守公共道德的要求。

◆ **总是给自己找借口，认为自己有理就可以不遵守公共道德**。"孩子尿急找不到厕所，我这也是没办法，再说我已经用了塑料袋，并没有危害公共卫生嘛！""我们着急赶路才不排队呀！谁都有急的时候嘛！""他只是习惯了在家里的金鱼池里捞金鱼玩而已。"如果谁都这样找借口证明自己可以例外，公共道德就根本不可能有人遵守了！

锦囊妙计

◆ **言传身教**。家长要做遵守公共道德的模范：在公共场合不训斥孩子，不大声说话；爱护公共财物，不占小便宜；吃东西要在合适的场合；如厕要尽早安排；该排队的时候绝不耍小聪明插队；垃圾绝不随地扔；在带孩子出门之前就给孩子做好公共道德教育。

◆ **有错必改**。一次做错了就要求孩子改过来，孩子就不会第二次犯错。要求孩子遵守公共道德的态度要非常坚决，让孩子明白每个人都必须遵守公共道德。

◆ **没有借口**。不要给孩子犯错找借口，这是一个习惯。只要有一次可以找借口，聪明的孩子就马上明白这是可以挑战规则的机会。只有"永远不找借口"，孩子才能明白这是不可以挑战的规则。

（3）因为不理解规则的含义而导致的不守规则

案例 1

阳阳 3.5 岁了，正在上幼儿园小班。老师跟家长沟通说阳阳喜欢跟着女孩进女生的厕所，让家长做好孩子的性别教育。爸爸妈妈有点蒙了，觉得才 3.5 岁的孩子根本分不清男生女生，更别说男厕女厕了，平时在家大家都用同一个卫生间，去商场等地方都是妈妈带着他去女厕，完全没有意识到要让孩子学习"女生上女厕,男生上男厕"的重要性。

案例 2

东东刚上幼儿园不久,看见墙上贴的动物图案很好看,就一张一张地撕下来,摆在自己的桌上玩。老师看见之后非常生气,说这孩子怎么这么不懂规矩,向东东的父母"投诉"了东东的行为,并且对全班小朋友说大家不要像东东那样做,这是损害公物的行为。东东第二天说什么也不肯上幼儿园了。

案例 3

妈妈约了好朋友一起带上两个4岁的孩子然然和彤彤到小区的图书馆去看书,鼓励小朋友们自己挑选自己喜欢的图书看,两个妈妈也各自挑了一本喜欢的书在安静地看。不一会儿,图书馆管理员过来了,提醒两个妈妈看管好自己的孩子,因为孩子们直接就把图书上喜欢的图案撕下来了!两个妈妈大吃一惊,要制止孩子已经来不及了,就问她们为什么这样做。她们说:"这个撕下来做练习贴到对应的位置上去啊!"妈妈们说:"这是图书馆的书,不可以直接做练习用,只能看!"两个孩子受到了惊吓几乎要哭了,图书馆管理员只好安慰她们不要怕,说只要妈妈们留下电话并买回同样的书赔给图书馆就可以了。

分析

上面这三个案例,都是因为孩子分不清私人场合和公共场合,分不清私人物品和公共物品,不明白在公共场合使用公共物品有特别的规则而造成的失当行为。规则意识并不是孩子一出生就有的,是需要后天的教育才能形成的。规则的含义有的简单,有的复杂。简单的规则,孩子首先会从父母和老师的态度和回应中学习,知道哪些事情做了爸爸妈妈和老师会不高兴,所以不要去做。在这个阶段,成人应该允许孩子犯错,因为孩子在犯错中往往能够学到更多,严厉惩罚他的犯错,反而会把他吓坏,导致他再也不敢做一些新的尝试。复杂一点的规则,则需要父母耐心讲解,反复提醒,这样孩子才能理解并执行。遵守规则是一个人的基本教养。如果孩子不守规则，甚至明知规则禁止，还故意为之，父母却不以为意，从根本上讲，父母就是在培养一个没有教养的孩子。

错误应对

◆**大发脾气，大声打骂孩子**。家长以为这样才能表现出自己的素质，不让别人以为自己的家庭没有教养。这都是家长爱面子的表现，家长觉得孩子的行为很丢脸，所以，越是严厉惩罚越能捡回一点面子。但其实孩子只是不懂得公共道德，需要学习遵守公共规则而已。

◆**要孩子当众认错**。家长认为大家都已看见了孩子违反规则的行为，所以孩子必须当着大家的面认个错。

◆**要孩子当场改正**。家长认为，孩子的违规行为已经造成了后果，所以要他当场改正才能以示教育。

上述做法起到的是吓唬孩子的作用，孩子也许以后真的不敢再犯，但是他却会以为规则都是让人不开心的，他是害怕惩罚而不是真的愿意遵守规则。而且，过于严厉的惩罚对孩子还会造成伤害。真的把他吓坏了，会留下心理阴影，以后都不肯上幼儿园、不敢去图书馆了，并不是我们想要的教育结果。

锦囊妙计

◆**用形象具体的讲述告诉孩子公共场合和私人场合的区别**。比如，给孩子出示图片并告诉他：幼儿园、商场、公园、图书馆、博物馆、公共卫生间、电影院、公共汽车、飞机、火车、客船，等等，都是公共场合，因为有很多人共享这样的场合，而且大多数人都是陌生人；私人场合就是只有家里人或者全部都认识的人在一起的地方，如自己的家、爷爷奶奶的家、好朋友的家、私人聚会场所等。在私人场合可以做的事情，在公共场合做就可能不合适了。所以，要分清楚场合。

◆**告诉他在公共场合合适的行为和不合适的行为**。因为公共场合是很多人共享尤其是很多陌生人共享的地方，所以，在公共场合应该注意自己的行为。保持安静，保持清洁卫生，照顾好自己和自己的物品，爱护公共物品，不离开家人，这些都是合适的行为。大声吵闹，乱扔垃圾，损坏公共物品，追逐打闹，擅自离开家人，这些都是不合适的行为。

◆**讲解在公共场合有那么多规则，是为了给大家都提供方便。**孩子很容易认为那么多规则是不好玩的，大人一定要耐心地讲解每一个规则都是为大家的利益而制定的，比如：公共厕所之所以要分男厕女厕，是因为上厕所是非常私密的事情，是不可以让陌生人看见的，更不可以让异性看见。所以，女孩要去女厕，男孩要去男厕，男厕的标志是这样的（给他看多几种男厕标志图），女厕的标志是那样的（也多出示一些女厕标志图），不可以弄错。再比如：电影院里不能大声说话就是为了让大家都能好好看电影。地铁上不能吃东西，因为吃东西的气味很大，会让别人不舒服。幼儿园墙上的图画不能撕下来据为己有，因为大家都要看。图书馆里的书要爱护，这样下一个人才能看到这本书。这些规则都是为了让大家更方便、更开心。孩子只有明白了公共道德的道理，才能自觉自愿地遵守规则，行为才能持久！

第二部分

情绪情感方面的问题行为

孩子一天一天在长大。刚出生时只会哭的孩子，学会了为了讨好大人而笑，因为高兴而笑，因为和小朋友一起玩而笑。接着，又学会了害怕——怕黑、怕高、怕生人；然后，孩子学会了焦虑和担心，担心妈妈不要他，担心离开家去陌生的地方，担心自己不够漂亮，担心自己做错事；进一步地，孩子还会学会嫉妒，嫉妒别人比自己好，嫉妒老师表扬别人，嫉妒妈妈对别人好。孩子的情绪一天天丰富和复杂，这些就是情绪情感的学习。

在情绪情感的学习过程中，因为各种各样的原因，如因为家庭成员的疏忽、因为环境的突然变化、因为一些意料之外的事情的发生，孩子会出现情绪情感发展的偏差。比如，因为妈妈经常要上班，见不到妈妈的婴儿便会产生情绪上的不满足，于是常常靠吮吸手指来安慰自己；因为经常听到"天黑了，狼就出来了，专门抓不听话的小朋友"的故事，于是恐惧天黑；因为总是说错话，被嘲笑，于是由恐惧说话变成口吃；因为大人过于照顾、过度保护，变得依赖、任性、缺乏自主；因为总是被过度地赞扬而不懂得分享别人的成功；因为被过多地关注而变得自私、容易嫉妒；因为总是被宠着、让着，而缺乏对失败的承受力，容易感到挫败和沮丧；因为遭遇家庭的突然变故而不知所措，变得对周遭的一切冷漠和焦虑……这些就成为孩子情绪情感发展中的问题行为。孩子出现这些行为，父母当然非常担心。如果只是担心而不懂得用适当的方法来应对，孩子的情况就有可能进一步恶化，演变成情绪情感健康问题，甚至发展成心理障碍。根据卫生部有关研究提供的信息，我国儿童青少年心理健康问题检出率高达12.97%，根据我国目前有4亿～5亿儿童青少年计算，其中，3000万～6000万儿童有精神健康问题。这么严重的问题其实都是从小时候的小问题积累而来的。所以，是时候提醒家长注意孩子的情绪情感问题了！

在这个部分，我们选择了吮吸手指、任性、依赖、过度焦虑、冷漠、妒忌、口吃、特异性恐惧行为、安全感缺失、情感表达障碍这些具有指标性意义的情绪情感问题行为来进行阐述。通过案例、分析、错误应对、锦囊妙计四个部分的论述，给家长提供具体有效的信息，希望能够帮助遇到这些问题的家庭。

1 吮吸手指

吮吸手指，是指儿童将手指放入口中进行吮吸的习惯性行为。对于较小的婴儿来说，吮吸手指是一种常见的行为，也属正常现象。奥地利著名心理学家弗洛伊德认为，0—1岁的幼儿处于"口唇期"，即通过口部（即吸吮、吃喝、吃手等）来满足欲望。所以，我们会见到婴儿喜欢把手或是抓到的物体放进嘴里，其实这是他们感知、认识外在事物的一种途径。因此，婴儿吮吸手指是一种正常现象。如果成人强行制止，婴儿的口腔刺激得不到满足，轻则会让他们产生暴躁、消沉的负面情绪，重则会影响其身心发展。有研究表明，婴儿长大后喜欢啃笔头、吃书、咬指甲、吮吸手指、贪吃、抽烟、喝酒、饶舌、唠叨等一些难改的坏习惯，都可能和1岁以内没能很好地度过口唇期有关。随着婴儿年龄的增长，到了两岁以后，这一行为会逐渐地自行消失，但如果在幼儿期仍保留着吮吸手指的习惯，则应该视为一种心理问题。

吮吸手指会给幼儿带来许多不利的影响。例如，会引起同伴的嘲笑，致使幼儿产生胆怯、紧张、自卑等心理问题；同时也会将手指上的细菌、病毒、寄生虫卵等通过口腔带入体内，引起肠炎、肠道寄生虫病等疾病；会导致手指肿胀、脱皮、发炎甚至变形等；会引起下颌部发育不良，导致牙齿排列不整，影响面部的美观。

（1）因教养方式不当而导致的吮吸手指

案例

东东，男，4岁，目前读幼儿园中班。东东出生后由于母乳不足，采用人工喂养。东东半岁时父母外出打工，把他交给外婆抚养。直到上幼儿园，父母才把他接到身边。进入幼儿园以后,老师很快就发现东东有吮吸手指的习惯,特别是安静下来一个人的时候,东东都会不自觉地把手指放进嘴里。但是妈妈没怎么在意,认为东东长大一点后这种行为自然就会消失的。直到最近妈妈发现东东的手指肿胀得厉害,才意识到问题的严重性。为了改变东东吮吸手指的坏毛病,妈妈甚至打过他的手。结果是,东东吮吸手指的行为非但没有消失,频率反而越来越高了。现在,周围的小朋友经常嘲笑他。

分析

父母的教养方式是父母的教养观念、教养行为以及由此而产生的对儿童的情感表现的一种综合反映。上述案例描述的东东的不良习惯主要应归因于家长教养方式的不当:第一,家长的教养观念不正确。家长对孩子的成长抱着"树大自然直"的态度,对孩子不良行为的忽视,在一定程度上强化了孩子吮吸手指的行为。第二,家长的教养行为不当。首先,家长忽视了婴儿口唇期的需要。弗洛伊德曾提出,对于0—1岁儿童而言,饮食、吸吮等口唇需要成为支配儿童行为的主导性力量,口腔的经验成为儿童最基本的快乐源,而母亲能够满足这种需要,为儿童提供快乐。显然,东东在该阶段的成长缺少妈妈的陪伴。研究表明,口唇期若没有得到良好的发展,长大后,面对压力、挫折,儿童会重返口唇期。更值得注意的是,东东半岁起就一直由外婆抚养,缺少父母的关爱。有研究表明,从小缺乏母爱的孩子,因为缺乏安全感很容易形成以吮吸手指来自我安慰或自我娱乐的习惯。其次,家长教育方法粗暴。为什么孩子会吮吸手指呢?家长似乎都没有意识到这个问题,只是将关注的焦点放在改变吮吸手指的行为上,还粗暴地打孩子。如果不能做到对症下药,其结果是可想而知的。习惯一旦形成,要想改变就很难,对孩子来说更是如此。粗暴制止的态度只会增加孩子的压力、焦虑感,所以东东吮吸手指的频率不仅没有降低,反而增加了。

错误应对

◆**教育不及时。**家长认为孩子还小,吮吸手指的行为以后慢慢会消失的。家长应分清吮吸手指的行为在什么年龄段是正常的，在什么年龄段是非正常的。

◆**只关注表面存在的问题，忽视问题背后的原因。**家长盲目地想改变孩子吮吸手指的行为，却不思考孩子为什么会有吮吸手指的习惯。

◆**不停地说教。**"你看看，你的手指多脏啊，上面满是细菌，你经常这样会生病的，知不知道啊？"对于幼儿来说，空洞的说教是没有说服力的。

◆**粗暴制止。**"妈妈都跟你说过很多次了，你怎么就不长记性呢？"然后强迫孩子把手指拿出来。这种做法只会让孩子更加紧张、更加没有安全感。

锦囊妙计

◆**关爱教育。**在对孩子进行矫治时，家长要多给予孩子爱护和同情，态度要亲切，不要轻易呵斥、恐吓和打骂。

◆**采用儿童行为观察记录法找出孩子吮吸手指的背后原因。**日记法、逸事记录法、样本描述法、事件取样法、时间取样法等都可以在一定程度上反映儿童的真实生活。比如，样本描述法可以帮助家长留意孩子在发展上或行为上的细小改变，能掌握到不同背景下的行为意义、过程与关键点，了解孩子在特定情境中可能出现的行为模式。比如，通过样本描述可以总结出东东一般在什么时候会吮吸手指，什么时候吮吸手指的频率会增加，以此推断出背后的原因，然后针对这些原因做出有针对性的改善。

◆**通过多种途径把空洞的说教生动形象化。**家长可以在家里开展"看看我们的手有多脏"的家庭会议，借助于影像资料调动孩子的积极性，让孩子在观看、讨论的过程中认识到原来手上真的有很多细菌，吮吸手指真的很不卫生。相信这种积极的氛围会感染到孩子，提高孩子的认知能力以及克制能力。在此过程中，家长切忌把家庭会议演变成针对孩子的批评会。

◆**取得老师的帮助。**老师要号召同班小朋友帮助这类孩子，而不是嘲笑他们。教育其他幼儿："如果课间见到东东吮吸手指，就主动走过去邀请他一起玩游戏。"通过转移注意力的做法可减少这类孩子吮吸手指行为的发生。

◆**当孩子在矫治过程中有所进步时，应及时予以表扬和鼓励。**

（2）因压力过大而导致的吮吸手指

> **案例**

聪聪，男，6岁，自幼与父母生活在一起。爸爸妈妈都是高级知识分子，他们坚信拥有优良基因的聪聪一定会成为人中之龙。所以，在他还很小的时候，爸爸妈妈就开始对他进行"全面教育"，立志要把聪聪培养成天才儿童。为了实现这个宏伟的计划，聪聪的生活被安排得满满当当，每天基本上都是在培训班度过，回到家爸爸妈妈还负责验收。有时候，聪聪想要出去玩一会儿，爸爸妈妈都会严厉制止。半年前，聪聪偷偷跑出去玩被妈妈发现后，作为惩罚，爸爸妈妈一整天都没有跟他说话。自此，聪聪开始出现吮吸手指的行为，尤其是在上培训班或是弹琴的时候。为了矫正这一行为，妈妈甚至把他的手指用胶布缠起来，但是聪聪吮吸手指的行为依然存在。

> **分析**

研究表明：儿童时期是身体生长发育的关键阶段，其骨骼、肌肉特别是大脑皮层高级神经活动中枢都在迅速发育，而身体各个器官的发育是以儿童接受足够的刺激为基础的。究竟什么样的刺激对儿童的发展最有利呢？有研究者认为：游戏是为儿童提供充分刺激的最有效的活动。儿童教育家克莱珀（Clepper）在《在游戏中成长》一书中说道："游戏是儿童长期的工作，是儿童发展自己的头脑和肌肉，发现自我和自己能力的方法。"著名教育家马卡连柯说过，培养未来的活动家从游戏开始。众多实证研究也表明，游戏既可促进幼儿的身心健康发展，也可促进幼儿的智力发展，还可促进幼儿非智力因素的发展。由此可见，游戏是对幼儿进行全面发展教育的重要形式。

但是，很多家长片面地认为，儿童的发展只有通过专门的学习才能达成。聪聪的父母就属于这一类家长。通过案例描述，我们可以看出聪聪的父母对孩子的要求很高，用较为绝对的标准来塑造、控制和评价孩子的行为（在"非娱乐"时间就不能出去玩），强调孩子要无条件地顺从。有研究表明，如果家长对孩子的活动限制过多，期望过高、要求过严，会造成孩子压力过大，内心焦虑。长此以往，不仅会让孩子学习、生活的主动性慢慢减弱，严重的还会迫使孩子退回到婴儿状态，让他们在吮吸手指中寻求安慰，进而养成吮吸手指的不良习惯，聪聪就属于这种情况。

错误应对

◆**情感忽视**。有调查发现，造成情感忽视的根本原因在于家长对孩子的不尊重，觉得孩子必须无条件地听从家长。就如同聪聪一样，因为违反了爸爸妈妈制定的规则，结果遭到一天的冷落。相比身体虐待，情感忽视对幼儿身心健康所带来的影响更为严重。

◆**过分关注，"错误强化"**。看到孩子吮吸手指，家长就严厉批评："如果你再这样，你就别想出去玩了……"也许刚开始的时候，孩子吮吸手指是因为压力大，如果家长经常这样，无形中就让孩子产生这样的概念："只要我吮吸手指，我就不用练习钢琴、绘画……"以后在相同的情况下，孩子只要想逃避，就会采取吮吸手指的方式。所以，家长的过分关注反而强化了孩子吮吸手指的行为。

◆**在孩子的手指上涂抹苦味剂等有异味的东西，使孩子在吮吸时产生厌恶感**。这样做只能暂时制止孩子吮吸手指的行为，并不能从根本上解决问题。

◆**给孩子的手指上贴胶布、给孩子戴上手套等**。这些也是治标不治本的方法。

锦囊妙计

◆**给予孩子更多的可以自由支配的空间、时间**。让孩子走出培训室、走出家门，多与同伴接触，使之在游戏过程中释放内心的压力。

◆**转移注意力**。家长可以为孩子提供合适的替代性玩具，如小口哨、橡皮泥。和孩子一起进行一些游戏和活动，用玩具、游戏等方法让孩子的手忙碌起来；或者设计一些孩子感兴趣的活动去吸引其注意力，分散对这一固有行为习惯的注意，从而达到纠正的目的。

◆**适当"忽视"孩子吮吸手指的行为**。如果孩子在学习或活动的过程中出现吮吸手指的行为，家长可以暂时不予关注，等到孩子再次投入到学习或活动中时，马上给予表扬，作为奖励可以让孩子先休息一会儿或是跟他一起玩个游戏。这种适当的"忽视"可以让孩子明白吮吸手指并不能成为逃避的手段，能够休息或者玩游戏不是因为自己吮吸手指，而是因为自己能坚持学习和参与活动。

◆**采用厌恶疗法（行为治疗的一种）进行治疗**。规定孩子在一段时间内反复不停地吮吸手指，直至感到不舒服、厌倦为止，这样可有效地减少这种不良行为。

（3）因社会适应不良而引起的吮吸手指

案例

蓓蓓，女，3岁。爸爸妈妈、爷爷奶奶一直视其为掌上明珠，放在手里怕摔了，含在嘴里怕化了。一个月前，蓓蓓上幼儿园了，刚开始的几天蓓蓓还是挺高兴的，可是没过两个星期，蓓蓓的态度就发生了大的转变，老是说"妈妈，我明天不去幼儿园了"，而且每天回到家情绪都很低落，还动不动就大发脾气。更糟糕的是，蓓蓓有了吮吸手指的行为，刚开始妈妈也没怎么在意，但是，她最近吮吸手指的次数越来越多。通过与老师沟通，妈妈才知道蓓蓓在幼儿园也是如此。

分析

造成孩子入园适应困难的原因是多方面的，孩子自身的能力（认知、言语沟通等）、家庭教养方式以及幼儿园的社会支持系统都会影响孩子适应幼儿园的生活。接下来，我们将从家庭的角度探讨究竟哪些因素影响着孩子在幼儿园的适应性。

家庭是孩子生活的最初场所，父母是孩子的第一任教师，父母注意对孩子进行早期教育，有利于孩子身心的健康成长，并能为孩子的发展奠定良好的基础。但是，并不是所有的家长都能做好第一任教师，比如蓓蓓的家人就没能很好地承担起第一任教师的职责。下面所述就是一些普遍存在的家庭教育问题。

过分包办，阻碍幼儿生活自理能力的发展。蓓蓓自小过着娇生惯养的生活，什么事情都不用自己动手，只要挥挥手、哼哼两声家人就会提供最好的服务，满足她的需要。但是，进入幼儿园以后，生活环境发生了巨大变化，对于一些基本的事情，如穿衣服、穿鞋、吃饭等，老师会有意识地培养孩子的自理能力。习惯了衣来伸手、饭来张口的孩子，突然要做到这些，显然有点难。

缺少规则，养成以自我为中心的个性。许多孩子和蓓蓓一样，家里的一切都以他们为中心，玩具可以随便玩，东西可以随便吃，没有规则可以约束他们。但是，幼儿园不同于家庭，作为一个集体，它有很多规则来约束这个集体中的成员，如要求幼儿学会等待、学会分享、学会轮流、学会合作等。老师也不同于家长，他们不仅是照顾者，更是教育者、管理者。除了教给幼儿一定的知识，他们还要培养幼儿完善的人格。

所以，生活环境的改变，让蓓蓓很难适应：因为不会穿衣服，所以每次都被小朋友嘲笑；因为"拿"了同伴正在玩的玩具，所以被老师批评。蓓蓓或许很难理解：以前在家也是这样，怎么现在就不可以了呢？所以，这样的氛围让蓓蓓很焦虑，没有自信，觉得自己怎么样都是错的。所以，她开始变得退缩，开始吮吸手指。

错误应对

◆**盲目归因**。"宝贝儿，是不是老师批评你了？是不是有小朋友欺负你了？"有的家长盲目认为孩子是被人欺负了，才导致他对幼儿园产生恐惧，不想去上学；或者认为幼儿吮吸手指的行为是在模仿其他幼儿。"吮吸手指的孩子都不是好孩子，我们的宝贝儿以后可不能再跟幼儿园的那些小朋友学了。"

◆**威胁孩子**。"你要是再吮吸手指，爸爸妈妈可就不喜欢你了。"

◆**迁就孩子**。多数溺爱孩子的家长在面对孩子发脾气的时候，采用迁就的态度，只要孩子能安静下来，什么都答应。孩子不愿意上幼儿园，那就不去了。或许孩子不上幼儿园真的就没有吮吸手指的行为出现，但是问题的关键不在于孩子上不上幼儿园，而在于孩子能否适应外面（如幼儿园、学校）的生活。就算孩子能逃避今天、明天、后天，但他终究是要离开家独自生活、独自进入社会的，那个时候可没有人能像家人一样迁就他。

◆**不认为吮吸手指是个问题**。部分家长没有意识到问题的严重性,认为孩子吮吸手指是很正常的,长大后自然就不会这样了。

锦囊妙计

◆**改变教养观念**。家长应该主动与老师沟通,找出问题所在。通过与老师沟通,共同分析、讨论孩子出现这种行为的原因。在此过程中,家长要意识到娇宠、迁就、包办的教养方式是不利于孩子成长的。

◆**培养孩子的生活自理能力**。孩子之所以出现吮吸手指的行为,主要是因为难以适应幼儿园的生活,表现之一就是生活自理能力太差。所以,家长应该有意识地培养孩子的生活自理能力,如与孩子一起玩"看看谁穿得快""比比谁的脸洗得干净"等游戏,在玩的过程中培养他的穿衣、洗脸等生活自理能力。

◆**帮助孩子建立规则意识,去自我中心**。家长可以与孩子一起讨论一些话题,比如:"如果我想玩别人的玩具,应该怎么办?""如果别人想和我一起玩,我该怎么做?""好吃的东西是不是应该跟小朋友一起分享?"然后,家庭制定出相应的行为规则,如跟小朋友分享食物和玩具、不能抢别人的玩具、要学会等待等。

◆**家长应坚持原则,培养孩子良好的行为习惯**。俗话说,培养一种好的行为,远比矫正一种不良行为要容易得多。的确如此,孩子一旦养成自我中心的性格特点,要想改变是有一定难度的。这就要求家长有耐心、有决心,做到奖罚分明。最好是与孩子一起讨论,制定出一份奖罚列表,列表要详细记录哪些行为值得奖励,可以奖什么(如奖励出去玩的机会、奖励一套玩具等);哪些行为要受到惩罚,惩罚些什么(如取消游玩的机会、取消看电视的机会等)。然后,家长对照奖罚列表逐一检验孩子的行为,对孩子好的行为表现要及时表扬、鼓励以及奖励。对于违规行为,除了要严厉批评,还要执行相应的惩罚条例。通过这样的过程,既可以帮助孩子养成良好的行为习惯,还可以让孩子意识到自己应该对自己的行为负责。

2 任性

在幼儿园里，有的孩子性格开朗随和，很乐意和别的小朋友交朋友，而且能够按照老师的要求顺利地进行各项活动，如做游戏、学数数等。同时，幼儿园里也存在一些调皮捣蛋任性的孩子，他们不听指挥，爱和老师对着干，老师说东他们做西，老师的劝告和阻拦都难以发挥作用，长期如此就会形成想说什么就说什么、想做什么就做什么、想怎么做就怎么做等无法无天的行为，从而引发老师的反感甚至直接的忽视。

任性是指孩子放任自己的性子，不加约束。每个人都是社会的一分子，是整个社会的一个组成部分，人人都得参与这样或者那样的社会活动，在活动中相互影响、相互关联。对于以自我为中心、为所欲为、不分情况随意放任自己、毫无约束的孩子，家长应该及时发现，并帮助他矫正，否则就会使孩子交不到朋友，在社交上遭到排挤，受到冷落，使他难以顺利地适应社会，融入社会，从而产生不同程度的心理压力。以下通过个案的分析，提出一些帮助孩子改掉任性的毛病、融入群体的方法。

（1）因家庭的教养方式不一致而引发的任性行为

案例

林林5岁，他出生在一个三代单传的家庭，母亲是大学教师，父亲是主治医师。家人对林林的期望很高，因此要求很严格，每个周末都带林林到各种兴趣培训班学钢琴、奥数和书法，而林林经常是哭着喊着不想学，但还是被妈妈硬拉过去学。爸爸、爷爷和奶奶对林林是有求必应。有一次，他一定要妈妈给他买"哈根达斯"的雪糕，雪糕买来了，他又不吃，还把雪糕盒子都拆开来，并且不许放在冰箱里。爸爸怎么哄他都不行，妈妈生气地训斥他，他便嚎啕大哭起来。这时候爷爷奶奶回来了，看到林林在哭，赶快把林林抱过来："乖，不哭，奶奶给你都拆开来，化了以后，咱再买新的……"

> **分析**

学龄前儿童正处在长身体、增才智的年龄阶段。随着体力、活动范围和活动量的增加，他们的好奇心、求知欲日益增强，对新鲜事物也很敏感，而他们的道德认识和道德感还处在较低的水平，判断是与非往往以自己的愉快或满足为标准，以自我为中心，情绪化严重，因此容易与社会、集体、成人发生冲突，表现为任性。

由于林林生活在三代单传的家庭中，自然全家人的目光都集中在他的身上，妈妈对他很严厉，管束得让林林喘不过气，更不用说去实现自己的愿望，他就用任性、执拗甚至愤怒来加以反抗。爸爸、爷爷和奶奶觉得孩子小，不懂事，就一味地迁就他，林林一哭，年迈的爷爷奶奶就会哄他，这个方法林林百试不爽。林林的这种任性性格的形成，不仅会影响他将来的人际交往，还会影响成人、同伴对他的评价，并由此影响他自我价值的实现。因此，家长应该有意识地在生活中帮助孩子改正任性的行为，培养孩子随和的性格，以便孩子将来很好地融入社会。

> **错误应对**

◆**家长对孩子的教育态度不一致**。尤其是在孩子任性时，家长态度不一，有的严、有的宠，这样孩子的任性会愈演愈烈，以至于很难得到改正。

◆**家长不尊重孩子，把自己的想法强加给孩子**。有的家长不了解儿童独立性发展的特点，规定孩子的愿望，限制孩子的行动；有的家长对孩子包办代替，替孩子实现一切愿望，完成所有想做的事情，使孩子的独立性和主体性得不到满足，这样孩子就会随便发脾气，以任性行为来反抗家长。

> 锦囊妙计

◆**家长对孩子的教育方法要一致**。不要一个训、一个护，尤其是隔代的祖父母。如果是这样的话，孩子的任性行为不但不会得到改善，反而会因为有袒护人而愈演愈烈。当一位家长在教育孩子的时候，其他的家长最好是忙自己的事、不参与，或者附和那位家长，从心理上孤立孩子，让孩子真正感受到是自己的错，以后遇到类似的情况时就知道该怎么做了。这样做不但能改变孩子任性的行为，也能养成孩子讲道理的好习惯。

◆**慎重提出要求**。在对孩子提出要求之前，家长要考虑到这种要求对孩子的身体和心理是否合适，有没有不合理的地方。

◆**对孩子无理的要求不予理睬**。孩子提出无理的要求没有得到满足而发脾气或打滚撒泼时，大人可暂时不予理睬，给孩子造成一个无人相助的环境，不要露出心疼、怜悯或迁就的表情，更不能和孩子讨价还价。当无人理睬时，孩子自己会感到无趣而做出让步。事后，家长对孩子简单而认真地说明这件事不能做的原因，并对孩子说"相信你以后会听话的"之类的话来鼓励孩子。

◆**启发诱导**。当孩子的任性行为发作时，家长不能简单地用命令、威吓手段遏制和惩罚孩子，因为这种"硬碰硬"的做法常常只能取得一些暂时的、表面的效果，并不能真正起到教育孩子的作用，孩子很可能会在其他场合把当时的任性、不满都爆发出来。

◆**利用转移注意力的方法，避免和孩子发生直接冲突**。学龄前儿童的年龄还小，思维以直观、形象思维为主，事物不在眼前，就会很容易忘记。因此，当孩子发脾气时，他的神经系统处在高度的兴奋状态，容易爆发，所以不应火上浇油。这时，家长可以让孩子做能够吸引他注意力的事情（如看动画片），以此来稳定孩子的情绪。

◆**运用适当惩罚的手段**。对于年龄小的孩子，只靠正面教育是不够的，适当惩罚也是一种极为有效的教育手段。运用惩罚的手段要注意：首先，惩罚的行为必须具体、明确；其次，惩罚要及时；最后，惩罚物和惩罚力度要恰当。

◆**使用激将法**。利用孩子自尊心和好胜心强的特点，机智地将他一军。"你不是最懂事、最能干的宝宝吗？不乱发脾气，你也一定做得到的！"

◆**注意家庭物品的合理摆设，不要让孩子动辄得手，造成不必要的损坏**。比如，电视机、录音机、玻璃杯、糖缸、钟表等物品不要放在孩子，特别是两三岁的孩子容易拿到的地方。因为这个年龄阶段的儿童好动，对什么都好奇，大人越不让他们动的东西，他们越要动。家长可以多注意一下，这样完全可以避免一些不必要的冲突。

（2）因过分溺爱而出现的任性行为

阳阳是爸爸在年近半百时才得来的"老来宝"，全家人的视线自然都集中在阳阳一个人身上，阳阳想要什么就有什么。爸爸妈妈恨不得把天上的星星摘下来给阳阳。阳阳现在上幼儿园大班，有一次下午活动时，全班玩美术游戏——接力画。游戏中，只见阳阳懒懒地接过笔，迟迟不从座位上站起来。这下可让同学们心急了，大家齐声吼："快跑，去画！"他接过粉笔，一摇三晃地来到黑板前，看着黑板上的形象，茫然地问："画什么呀？""画猪。"大家又齐声喊。他说："怎么画？我不画了。"他转身往回跑。

分析

现代社会，由于人们思想意识的提高和计划生育政策的实施，绝大多数家庭的生儿育女观已经大大地改变了，已经由过去的"多子多福"、孩子越多越好，改变为只生一个或两个。以前儿女众多的家庭，容易形成团结互助的团队意识，孩子没那么娇气。现在生活条件提高了，有些家庭把独生子女视为珍宝，"有爱无教"或"重爱轻教"，一味娇惯溺爱，把孩子摆的地位过高，使之处于特殊化的地位，成为家庭的"中心"，让孩子的自我中心意识过度膨胀。家长一切由着孩子，迁就放任；一切服从孩子，让孩子指挥一切。独生子女的这个问题在隔代教育中尤为明显。所以，独生子女有着得天独厚的优势。但研究也发现，独生子女的确表现出一些消极的个性和心理问题，其中较为突出的问题就是任性。

案例中的阳阳是家里的独生子，家人对他百依百顺，所以他就潜意识地形成了以"自己"为中心的观念，这种观念也被他带到了幼儿园，以前，在小班和中班时幼儿老师由于带的学生比较少，对每个幼儿给予的关注比大班至少多出两倍。所以，到了大班的阳阳因为得不到老师足够的关注，缺乏参与活动的热情，甚至是扯其他同伴的后腿，破坏了团体的合作。因此，家长对这种任性的孩子不能忽略，应给予更多的关注，找出任性的原因，及时处理好与孩子的关系，逐步引导孩子和其他小朋友愉快地相处。

错误应对

◆ **有求必应**。平时在家庭生活中，家长不分情况地满足孩子提出的任何要求，助长了孩子的任性。

◆ **说好话**。当孩子任性发脾气的时候，家长在旁边劝慰，说尽各种好话，满足各种要求来劝阻孩子。

◆ **缺乏与孩子的沟通**。家长由于工作等原因，没时间与孩子沟通，不了解孩子真正的心理，而是一味地从物质上来满足孩子的需求，没人理解就造成孩子变本加厉的任性。

锦囊妙计

◆ **改变教育观念，意识到并不是满足孩子所有的要求就是对孩子好**。家长要适当地满足孩子提出的合理要求，不要一味地满足孩子的物质需求。家长工作再忙也要抽出一定的时间来陪孩子，要知道孩子的任性大多是因为他的心理需求没有得到满足而引起的。

◆ **及时奖励孩子的积极行为，以削弱其消极的任性行为**。在家庭生活中，家长应该善于使用表扬的方法，即使是孩子做出微不足道的有益的事情，如帮妈妈倒垃圾，也应给予目光接触、微笑、拍肩、口头表扬等精神性奖励，或者给予小红星、粘贴纸、手工纸、糖果以及飞翔玩具等物质奖励，以强化孩子正面的、积极的、良好的行为，使其任性行为逐渐消退。

◆**角色转换，削弱孩子自我中心的意识。**幼儿的任性在很大程度上源于自我中心意识。通过游戏让孩子扮演各种角色，如家长和孩子互换角色，对削弱孩子的自我中心意识有一定的作用。家长可以将孩子平时的任性行为表现出来，让幼儿认识到自己的无理，削弱和淡化孩子的自我中心意识。

◆**家长要让孩子体会到任性行为带来的恶果。**任性的孩子有时为了随心所欲地达到目的，会无休止地纠缠、抱怨、喊叫、哭闹。这时，家长就可以采用"自然惩罚"方法。比如，孩子不爱护图书，乱扔图书，就不买新书，只许他看旧的图书。

◆**加强家—园合作。**家长要定期参加学校的家长会，不要找借口不去参加。在家长会上，家长可以了解到自己孩子在学校中的生活和学习上的表现，还可以与教师经常沟通，参考教师的意见来纠正孩子不良和任性的习惯，相互探讨找到适合孩子的教育方法。家长还应向教师学一些基本的教育方法，特别要杜绝孩子一任性就迁就、满足他的错误做法。

（3）因特殊情况而产生的任性行为

案例

亮亮一出生的时候就高烧不退，烧了很长一段时间，结果造成耳朵失聪。现在，不管是在家里还是在幼儿园里，4岁的亮亮都意识到自己与别人的不同，即使他懂得别人跟他讲话的内容，他也不去理会别人，久而久之，就没有小朋友愿意跟他一起玩了。所以，在幼儿园里常常会看到他孤独的身影。

分析

任性是个性偏执、意志薄弱和缺乏自我约束能力的表现。由于听力障碍，幼儿无法全面接收、正确理解周围人的语言信息，从而表现出的任性，更显突出。在亮亮的成长过程中，由于家人怜爱这个从小就有残疾的孩子，一般都由着他的性子，他想干什么就干什么，没人去干预他，所以就造成他一味按照自己的意愿做事，不听从指令或他人劝告。当别人稍微指正他的缺点时，他就会以乱发脾气、大哭大闹等来坚持自己的立场。学龄前期是儿童健全人格的发展形成时期，家长应帮助孩子形成健全的人格、良好的自我形象。任性这一人格特点，如不加以正确干预，就会影响幼儿健全人格的发展。

错误应对

◆**有些父母因为孩子残疾，怕委屈孩子，对孩子百依百顺**。比如，当孩子摔玩具时不加阻止，时间久了就造成孩子不辨是非，无规可循，养成由着自己性子做事情的不良习惯。

◆**家长的教育方法不一致**。父母严格要求，但祖父母却溺爱孩子，这样就教会孩子怎样达到他的目的了。

◆**家长的要求前后不一致**。对于开始不允许做的事，家长因受不了残疾孩子的哭闹而随之迁就，孩子便认为这是可以要挟父母的方式，以后会更加为所欲为、蛮横无理。

◆**家长对任性的残疾孩子不予理睬，不予关心，根本不在意他的想法。**

锦囊妙计

◆**帮助残疾孩子从小树立正确的是非观念**。要帮助他从小树立是非观念，家长虽然不能用复杂的语言告诉他，但可以用爱憎分明的情绪告诉他，做哪些事长辈是喜欢的，做哪些事长辈是不喜欢的，家长的坚持无形中告诉孩子生活中必须遵守的规则。

◆**采用各种方法巧妙应对**。家长可抓住残疾孩子的心理特点，用前面提到过的适当惩罚、磨炼、不予理睬法、转移注意力、激将法等来巧妙应对残疾孩子的任性。

◆**家长要鼓励孩子用语言表达愿望,提高孩子的语言理解能力**。当孩子与别人发生矛盾、冲突时,家长应鼓励孩子用语言表达自己的愿望,正面强化语言交流的作用。

◆**家长要用心关注孩子,不放弃任何一个与孩子沟通的机会**。通过与正常儿童长期结对,让残疾孩子有可以沟通的好伙伴。有条件者可以带孩子去专门的心理咨询门诊,开展随班就读,促进孩子心理健康的发展。

◆**具备博大的胸怀,理解孩子的情绪**。当残疾孩子任性时,家长切记不可以打骂孩子,要学会控制自己的情绪,以免造成孩子的逆反心理。同时,家长的情绪对残疾孩子有着潜移默化的影响。家长要站在孩子的角度理解孩子的情绪,当孩子任性时要了解发作的原因,帮助孩子克服心理上的问题。

3 依赖

幼儿依赖，是指幼儿对某个人或某些人所抱有的时时处处祈求帮助照顾的心理倾向。具体表现为：幼儿要求依赖对象随时出现，帮助自己解决各种问题。如果依赖对象在幼儿身旁并能满足其要求，幼儿就能顺利解决问题，产生愉悦体验；如果依赖对象不出现或没有给予帮助，幼儿就没有信心解决问题，继而产生愤怒、不满的情绪体验。在日常生活中，幼儿那种把父母呼来唤去、依靠父母解决问题、不愿动手动脑的行为便是幼儿依赖心理的表现。

幼儿依赖心理是在父母不正确的养育过程中逐渐养成的，它对幼儿心理发展的作用是消极的。它阻碍幼儿能力的发展，影响幼儿独立性和克服困难的习惯的养成。幼儿依赖心理形成的客观原因是幼儿人小、能力弱，不可避免地在成人的帮助和照顾下生活；主观原因是成人让幼儿独立活动的意识模糊。家长应根据孩子的不同年龄安排他做力所能及的事情，放手让孩子自己解决生活中遇到的问题，培养他克服困难的习惯，对他的独立行为多给予鼓励和表扬。

为了孩子能更好地立足于社会，做家长的不要仅满足于眼前的"对孩子好"，这种好和爱恰恰是有害的。哪个家长愿意看着自己的孩子已到了入学的年龄还不会自己穿衣、吃饭？哪个家长愿意看着自己的孩子没有主见，总跟在别的孩子屁股后面跑？哪个家长愿意自己的孩子成人后仍不懂得如何做选择，事事都依靠父母来制订计划？我们相信，无论哪位家长都不愿自己的孩子成为上面所说的那样，可有些家长的溺爱和纵容恰恰在培养这样的孩子，等到孩子表现出这些行为的时候却只会生气和责怪孩子。为了"防患未然"，现在，就让我们着手培养不再事事依赖家长、有独立精神的孩子吧！

（1）因能力不足而依赖他人

> **案例**

午点吃饼干时，很多小班幼儿撕不开包装袋，纷纷请求老师帮忙。开始老师非常热心地一一给予帮助，后来老师认识到这样做不利于幼儿独立能力的发展，再发饼干时，老师就告诉幼儿："饼干袋上有个神奇的小口，小朋友只要找到小口轻轻一撕，饼干袋的门就打开了。"幼儿纷纷打开了饼干袋，他们吃着自己打开的饼干别提有多开心了。只有元元撕不开，他请求老师帮忙，老师又教了他一遍，但元元找了一圈仍没能撕开饼干袋。一会儿他又找老师帮忙，老师告诉他："你看别的小朋友都把饼干袋撕开了，你也一定能撕开的。"元元一脸的无奈。老师用手指着饼干袋上的小口告诉他："你把手捏在这里一撕就开了。"最后，元元终于在老师的帮助下撕开了饼干袋。

> **分析**

现在的独生子女都是家中的"小太阳"，几个大人围绕在他们的身边关怀备至，受到父辈、祖父辈们精心的呵护，可是他们的意志慢慢地变得脆弱了，依赖性也变得很强。不仅在家里"饭来张口，衣来伸手"，在幼儿园里也对老师非常依赖，吃饭、穿衣、睡觉都想让老师帮忙，甚至在活动中也希望老师能帮助其完成。上面这个例子是幼儿在生活方面对老师的依赖，案例中的老师做得非常好，并不是简单地帮助幼儿达到目标，而是教他们解决的方法，鼓励他们自己去完成。正如俗语所说，"授之以鱼，不如授之以渔"。

> **错误应对**

◆**纵容孩子**。只是按照孩子的要求，简单地帮助他做他达不到甚至是不愿意做的事情。这只会助长孩子的依赖性，一遇到事情，他还会不加思考地寻求帮助。

◆**生气地拒绝孩子**。这会打击孩子做事的积极性，伤害他脆弱的自尊心。

◆**当众批评**。其实我们都是爱面子的，孩子也不例外。所以，千万不能当着别的小朋友或大人的面批评孩子，否则会严重伤害孩子的自尊心，让孩子觉得低人一等，产生抵抗和孤独的情绪。

锦囊妙计

◆**把简单问题程式化**。在成人看来很简单的一件事情，如"撕开饼干袋"，幼儿由于自身的能力发展有限，却很难做到。家长就需要把步骤一一分解，一步一步地教孩子，这样，孩子就能比较容易接受和掌握。

◆**运用语言或者眼神鼓励**。当孩子怕做不好时，家长一句鼓励的话语、一个温柔的眼神，就可以激发孩子的信心，让他不再害怕，有勇气做下去。

◆**把生活能力培养寓于易读易记的儿歌中，寓于有趣的情景中**。比如：穿脱鞋子时，让孩子边读儿歌《小鞋子》边自己学穿鞋。"小鞋子是小屋，小脚丫进小屋，进了小屋暖乎乎"，通过儿歌激发孩子穿鞋的兴趣。又以"左边鞋是爸爸，右边鞋是妈妈，他俩睡一头，在说悄悄话。千万不能穿反了，反了生气会吵架"，教孩子正确的穿鞋方法。

◆**让孩子学会互帮互助**。班级里的孩子比较多，老师有时难免手忙脚乱。老师可以要求自理能力比较强的孩子去帮助一些自理能力不怎么好的孩子，这样不仅培养了孩子乐于助人的习惯，还让孩子在一对一中更快地学到本领。在家里，家长可以让孩子帮助爸爸妈妈做些力所能及的事情，这样不仅可以锻炼孩子的能力，还可以让孩子体会到助人的乐趣。

（2）因家长教养方式不当而依赖他人

案例1

果果其实很能干，什么都会，不过，果果在家懒得出奇，给他喝的奶他伸手够不着，他就懒得去拿，宁可不喝，非要保姆喂到嘴边才肯喝。平时家人只敢嘱咐保姆给他吃流质或者半流质食物，因为他的咀嚼功能比较差，难嚼一点的食物，嚼几下就吐出来，根本不往下咽。到了3岁，果果快上幼儿园了，一家人紧逼慢赶的，他总算在吃的方面稍微好一点了，不过还是吃得很慢。早上起床，刷牙、洗脸、穿鞋、穿衣，全是保姆的事，他连配合一下的动作都没有。

案例2

日本的正男写了一篇作文，题目叫作"懒爸爸"。为什么称为"懒"爸爸呢？他列举了这么几件事：

"记得小时候，我走路不稳，摔倒在地上，哭着要爸爸把我扶起来。可爸爸却用鼓励的眼光看着我，不紧不慢地说：'你自己爬起来吧。'我只好自己爬起来。"

"我的校服脏了，妈妈要替我洗，爸爸却说：'让他自己洗！'"

"爸爸不替我洗还不让妈妈帮助，我只好硬着头皮自己去洗衣服。"

"家里的一切东西坏了，爸爸不但不管，还找来工具逼着我去修理。就这样，爸爸'懒'得做的一些事情，我自己都学会了……"最后，正男以发自内心的感激之意，无限深情地写道："'懒'爸爸，您的良苦用心，我深刻体会到了……"

分析

两个截然不同的故事，两种截然不同的家庭环境，两种截然不同的教子观，孰优孰劣，不言而喻，留给我们的是深深的反思。这使人想起了，曾经风靡一时的文章《夏令营中的较量》。在夏令营中，日本孩子表现出了集体合作意识、知难而上、自立顽强的品质，中国的孩子却自由散漫、懦弱胆小、怕苦怕累、依赖性强。中国孩子与日本孩子的表现形成了鲜明的对比，引发了教育界的大思考、大讨论。我敢说，上面案例1中培养出来的孩子长大后，不会有什么成就，甚至可能会成为一个令人憎恨的"啃老族"；案例2中的"懒爸爸"实则不是"懒"，而是一位深深懂得教子原则和教子艺术的好爸爸。他"懒"的艺术在于对孩子"藏起了一半爱"。

错误应对

◆ **一味地满足孩子的要求。**有些家长不管孩子提出的要求是对或是错，也不管自己的能力是否能达到，都想尽一切办法满足孩子。这看似是家长在表达对孩子的爱，却在无形中助长了孩子的依赖性和任性。

◆ **家长之间缺乏教育孩子的一致性。**通常，在家里妈妈或者老人都会对孩子溺爱一些，而爸爸往往扮演着严厉的角色。不管怎样，家长对孩子的要求要一致，否则会让孩子无所适从，不知道听谁的。等孩子出现了问题，家长也不要只顾着相互抱怨，推卸责任，而要想办法帮助孩子改正依赖的坏习惯。

◆ **对孩子心灰意冷，用打骂的方式应对或不管不问。**一些家长看到孩子的依赖性很严重，失去了信心，便采用极端的方式，如打骂或不管不问，这样做不仅不能改正孩子的依赖性，反而会让孩子出现严重的心理问题。

◆ **盲目地运用不适合自己孩子的方法。**一些家长意识到了依赖这种坏习惯的严重性，便"病急乱投医"，想尽快地让孩子改正这个坏习惯。要知道"世界上没有两片相同的树叶"，每个孩子都是与众不同的，家长不能"病急乱投医"，要慎重选择适合自己孩子的方法，对症下药。

锦囊妙计

◆ **家长要"有所为，有所不为"。**什么事情要"替"孩子干，什么事情要"帮"孩子干，什么事情要"让"孩子干，都得界限分明，家长千万不要包办一切。

◆ **家长的能力要"弱"一些，这样孩子才会强起来。**家长在孩子面前不要样样都行，适当的时候，要把能力藏一点，而让孩子参与和表现。家长把孩子当大人，从小时候和小事做起，孩子就"大"起来，"强"起来了。

◆ **不要嘲笑孩子。**孩子在学习新事情或遇到新问题时，难免表现得有些笨拙，家长要相信孩子，鼓励孩子。当孩子有些许的进步时，家长不要吝啬自己赞美的语言，因为家长的赞美会让孩子表现得更好。

◆ **培养孩子的决策力。**决策能力是独立性的重要内容，需要从小培养。我国传统的家教往往不注意尊重孩子，什么事情都是大人说了算，孩子大多只有服从的份儿，没有做决定的机会。1岁的孩子就已有了自己的主意，在与家长意见不同时会说"不"。所以，家长应尽可能让孩子自己拿主意、做决定或让孩子参与决策，而自身则做好"调整"和"把关"的工作。

◆ **循序渐进**。父母不要强求孩子做能力不及的事情，应根据孩子的能力发展，让孩子做每个年龄阶段应该做的事情。

◆ **注重家—园联系**。家长应及时、经常与幼儿园老师联系、交流，看孩子在幼儿园和家里的表现是否一致，或许从中可以发现一些问题。比如：孩子是不是在家里依赖性强，而在幼儿园里就表现得特别好？

（3）因胆小害羞以及安全感不足而引发的恋物依赖

> **案例**

嘉嘉今年已经3岁了，家里有各式各样的新玩具，可不知道为什么，她一直对那个1岁时爸爸买给她的玩具熊情有独钟，吃饭拿着，睡觉抱着，连去上幼儿园也要带着。只要发现玩具熊脱离了自己的视线，她肯定要大哭大闹一场。妈妈看那个熊已经又脏又破了，再这么玩下去会很不卫生，就想给她买一个一模一样的换下那个旧的，可结果还是一样。她就要那个旧的，面对"诱惑"无动于衷。最让妈妈头疼的是，嘉嘉在幼儿园里也只喜欢那个旧玩具熊，总是抱着它躲在角落里自言自语，根本不喜欢和小朋友们玩，老师上课提问她，她也总是抱着那个玩具熊小声嘟囔，根本不敢大声说话。

> **分析**

嘉嘉的情况属于典型的"恋物癖"。恋物癖绝大多数会发生在6个月至3岁大的宝宝身上，其具体表现就是孩子离开某一样陪伴惯了的东西就忐忑不安，怕见生人，回避集体活动，不敢与人说话和交往，胆怯退缩，表情淡漠。这种

"恋物癖"，大多是由缺乏安全感引起的。所以，要想让孩子摆脱对物品的过分依恋，就要从增强孩子的安全感入手，争取为孩子创造一个开放式的家庭环境，培养孩子的独立性格。

错误应对

◆**强烈地批评责罚孩子或强行夺走"慰藉物"**。家长要尊重孩子的感情，孩子也只是做了他们喜欢做的事情，如果仅考虑家长自己的感受——觉得孩子这样做让自己很没面子，便强烈地批评或强行夺走孩子的"慰藉物"，会伤害到孩子的自尊心。

◆**当着别人的面批评孩子**。家长这样做会让孩子感到难为情并坚持错误的做法，如拼命抓着毛巾不放、吮吸着奶嘴、抱着小熊或是不肯更换被单。有的孩子在好不容易改掉一个坏习惯后又形成了一个新的坏习惯。

◆**对孩子出现的恋物行为听之任之**。当家长发现孩子对某些物品特别依恋的时候，应引起重视，弄清楚原因，看看孩子最近有没有遇到特别难过的事情，或者特别沉重的压力，及时关心孩子的心理健康。

锦囊妙计

◆**增加孩子的安全感**。父母要多陪伴孩子，接近孩子，多与孩子沟通交流，给予孩子更多的关爱，满足他们对安全的需要。父母与孩子一起做游戏、一起看某一本书或看某一部电影，激发孩子的兴趣，然后与孩子谈体会，这些有质量的陪伴能够极大地增加孩子的安全感和幸福感。有了安全感，父母就可以鼓励孩子适当地与他人交往。

◆**增加孩子的社会交往，特别是孩子与年龄相仿的同伴间的交往**。这样孩子的注意力就会投向其他方面而不再仅仅依靠物品了。

◆**采用代币法，逐步减少孩子的恋物行为**。当孩子表现出正确的行为时，家长给予一个或一些代币，代币可以是实际的物件如五角星，也可以是打钩、积分，通过这些"代币物"的积累，孩子可以换取真正喜欢的实物奖励。这种方法有利于提高孩子合理行为出现的频率，并且通过日常微小进步的积累使孩子的行为发生本质性的改变。

◆**选择合适的时机做矫正**。三四岁的孩子，要比两岁前的孩子较易改善。家长应选择在孩子压力较小的年龄阶段来矫正，比如，孩子第一次上幼儿园，就不是处理问题的好时机。

◆**鼓励比责罚更有效**。鼓励孩子、赞赏孩子不吸奶嘴、自己睡觉，比责备或处罚来得有效，父母须耐心地处理孩子的问题。有些父母会使用一些过激的方式，如把辣椒涂在奶嘴上。涂辣椒具有惩罚的意味，对孩子的负面影响值得深思。惩罚会给予孩子太大的压力，可能会令孩子养成其他更不好的习惯。

4 过度焦虑

焦虑，是人们在面对某些处境或问题时的一种正常的反应，它是一种对将来的不确定后果的担忧和烦恼。美国精神病联合会将焦虑定义为"由紧张的烦躁不安或身体症状所伴随的、对未来危险和不幸的忧虑预期。"适度的焦虑是有益的，而过度的焦虑则是有害的。过度、不可控的焦虑将削弱孩子的身体机能。比如，有的幼儿与妈妈分离时会哭闹不休，平常表现出对父母关注的过度需求，寸步不离地跟着他们，晚上会爬到爸爸妈妈的床上不肯离去。这些影响儿童生活的情绪反应则为过度焦虑。

儿童过度焦虑的症状判断标准为：过分或不切实际地担心至少存在6个月以上，且经常出现下述症状中的至少四条：

- 过分地或不现实地担心将会发生什么事情；
- 对自己过去的行为是否得当，过分地或不现实地放心不下；
- 对自己是否具有某一个或几个方面的能力，如体育、学业或社交等，表现出过分或不切实际的担心；
- 存在头痛或胃痛之类的躯体主诉，躯体检查无所发现；
- 自我意识过强；
- 过分需要劝慰与担保；
- 具有明显的紧张感或不能放松感。

（1）因环境适应不良而产生分离焦虑

北北上幼儿园已经快一个月了，可是每次去幼儿园之前都哭闹着不肯去。刚

开始妈妈也没怎么在意，以为北北是因为换了环境不习惯，过几天就会好的。结果一个月都快过去了，北北并没有适应幼儿园的生活，仍旧哭闹着不肯上幼儿园。妈妈每每见状也是不忍离去，常常是三步一回头，五步一转身。更糟糕的是，妈妈最近发现北北的脾气变得越来越坏，回家之后稍有不顺心，就哭个没完，食欲也大不如以前，晚上睡觉老是惊醒。

分析

焦虑与环境因素有密切关系。初入园以及家庭遭遇的变故，如父母离婚、生病或死亡等，这些外在环境的变化都可能诱发孩子产生过度焦虑的情绪。以上案例中的北北属于典型的分离焦虑。分离焦虑是幼儿与父母或其他依恋对象分离后对陌生环境和陌生人所产生的不安全感和害怕的反应。实际上，分离焦虑在某个年龄阶段对儿童的生存是重要的，也是正常的。从7个月到学龄前，几乎所有儿童都曾因与父母或其他亲近的人分离而焦躁不安。但不幸的是，有一些像北北一样的孩子，在此年龄段后依然持续地表现出这种焦虑，当焦虑持续时间超过4周，并影响日常生活或娱乐活动时，幼儿就有可能是患上了分离焦虑症。每个孩子因为亲子依恋关系的质量、个性和习惯的差异，分离焦虑的具体表现也各不相同。有些孩子只是表现为情绪不稳定、哭泣，有些孩子会饮食减少、睡眠不安、少言寡语，更严重的甚至会出现拒绝进食、身体不适等症状。现代医学研究表明，不良的情绪对人体健康十分有害，会降低幼儿的智力，甚至会影响他们将来的创造力以及社会的适应能力，还会诱发和加重许多疾病。因此，我们有必要对幼儿分离焦虑引起足够的重视。

错误应对

◆ **强行分离**。家长不管孩子哭得多伤心，放下孩子就走，完全不管孩子的感受。

◆ **找借口欺骗孩子**。家长骗孩子，"宝贝儿，妈妈去一下洗手间就来，你要乖乖的哦！"然后离开幼儿园。其实，家长的这些做法只能让孩子产生被遗弃的感觉，加剧了分离焦虑的程度。

◆**拖泥带水，容易妥协**。孩子一哭闹有的家长就慌了，离开幼儿园的时候三步一回头，五步一转身，或者孩子一发脾气就不送孩子入园。

◆**不理解孩子的感受**。每次孩子哭闹时，家长都大声地批评孩子："幼儿园里面有那么多好玩的玩具，还有那么多的小朋友跟你一起玩，你怎么就是不愿意待在幼儿园？"

锦囊妙计

◆**提前与幼儿园的生活习惯接轨**。陈帼眉教授曾指出：幼儿在家的生活习惯与作息制度以及幼儿独立的生活能力，会影响幼儿的分离焦虑。所以，在幼儿入园前，家长应给予孩子生活技能上的指导，如独立如厕、独立穿衣、独立吃饭、独立入睡等，这样不仅可以培养孩子的独立性，还可增强孩子的信心，从而减轻孩子的心理负担，使分离焦虑有所缓解。

◆**扩大孩子的社交圈**。心理学研究表明，幼儿对亲人的依恋一方面与家庭教育方式有关，另一方面与幼儿成长过程中接触社会的程度有关。幼儿如果平时较少接触家庭成员以外的人，较少参与外界的活动和接触外界的事物，在面对陌生人、陌生的环境时就很容易产生分离焦虑。现在的孩子大都是独生子女，缺少同伴，与同龄孩子之间的交流十分缺乏，所以在孩子入园前，家长应有意识地扩大孩子活动的空间和交往的范围，使孩子初步建立起人与人之间的信任感和交往的安全感。

◆**提前让孩子熟悉幼儿园生活环境**。美国心理学家阿诺德在 20 世纪 50 年代提出情绪与个体对客观事物的评估相联系。她强调来自外界环境的影响要经过人的评价与估量才产生情绪。可以简单表示为"情境——评估——情绪"。根据这个理论，在孩子入园前的 7 月和 8 月，父母可以利用周末或吃完晚饭散步的时间带孩子步行到幼儿园参观、游玩，以熟悉环境，产生安全感。家长也可以在平常的生活中增加一些有关幼儿园的话题，让孩子对幼儿园产生一种良好的印象，有助于孩子入园时良好情绪的产生。

◆**适时分离**。为了避免孩子产生被遗弃感，在入园前，妈妈可以与孩子玩"捉迷藏"的游戏，通过这个游戏让孩子知道妈妈是存在的，即使有一会儿或一段时间不见了,妈妈最后还是会出现的,以减轻孩子对"妈妈不见了"的担忧,为亲子分离做准备。送孩子入园时,若孩子哭泣不止,不愿离开妈妈,妈妈可以适当安慰孩子:"妈妈知道你舍不得离开妈妈,但是你已经是大孩子了,大孩子就要上幼儿园的啊!"同时与其商量:"妈妈现在要去上班,等你放学的时候就会来接你。"然后微笑着跟孩子说再见。当然,妈妈要切记准时接孩子回家。

◆**坚持送孩子入园**。据调查,幼儿在初入园过程中存在不同程度的分离焦虑,其中哭闹是幼儿入园初期最普遍、最典型的情绪反应和行为表现。有的家长坚持天天送孩子入园,经过一段时间,孩子就会完全适应幼儿园生活。有少数孩子由于父母的一时不忍心,而"三天打鱼,两天晒网",导致每次来园都哭闹不止,形成恶性循环。所以,在孩子入园前,家长也应做好充足的心理准备,坚持每天送孩子入园,帮助孩子迅速融入集体生活。

◆**消除家长自己的分离焦虑**。在孩子产生分离焦虑的同时,部分家长也面临着同样的问题,总是担心孩子适应不了幼儿园的生活,殊不知这种情绪也会影响到孩子的情绪。因此,在做入园准备时,家长可以申请参与幼儿园的活动,体验幼儿园的生活,及时与教师交流孩子在园的情况,这在一定程度上能缓解家长的分离焦虑。

(2)因个性特征较为敏感而产生焦虑

案例

蒙蒙从小就显得特别安静、听话。身为教师的妈妈为了不让蒙蒙输在起跑线上,从2岁起就为蒙蒙报了舞蹈、钢琴等特长班。蒙蒙也不负众望,每天都能坚持练习,现在依然学得很棒。上幼儿园后,才艺突出的她也颇得老师和同学的喜爱。"六一"儿童节的文艺汇演中,蒙蒙表演的节目是钢琴独奏,可能是紧张过度,蒙蒙忘记了曲子。回到家后蒙蒙大哭一场,几天都闷闷不乐。自此,蒙蒙变得敏感。如果没有完成练习或是任务太难了,她就会很紧张,生怕妈妈批评她。

妈妈偶尔指出她有什么做得不够好的地方，她很容易就哭了。幼儿园老师也反映，蒙蒙常常会因为没能完成老师布置的任务而紧张不已，严重的时候会出现心跳加快、气促、出汗等症状。

分析

素质性焦虑是指患者具有容易焦虑的个性特点。素质性焦虑的儿童，早期即可表现出与兄弟姐妹不同的敏感性及对事物的过度反应。生活中的一些刺激因素可使症状明朗化。这类儿童通常十分温顺、守纪律、克制力强、自尊心强，对待事物十分认真而又过度紧张，智力水平较高。这类儿童的父母往往也有敏感、犹豫、缺乏自信心及多虑等表现。其父母的慢性焦虑可影响儿童。

通过上述案例的描述，我们可以看出蒙蒙的性格是温顺安静的。蒙蒙虽然只有两岁，但文艺汇演中的失误激发了她敏感、谨慎的个性特征。自此，她开始变得不够自信，对外在事物过分认真。比如，她会很努力地练习钢琴、舞蹈，不容许自己有差错，当任务太难而完成不了时，甚至会出现气促、出汗等症状；对他人的评价过度紧张、焦虑，如妈妈偶尔的批评她都会很在意，甚至偷偷地一个人哭。

像蒙蒙这样的孩子，每天都可能对某一事件和活动产生过度的、不可控制的焦虑。即使在没有任何诱因的条件下，他们也会担忧，因为他们拥有这种焦虑性的素质。所以，作为父母首先应该了解孩子的个性特点，用爱去化解孩子的焦虑。

错误应对

◆**对孩子的个性特点不了解**。父母批评孩子后，看到孩子哭了就说："你自己做得不好，爸爸（妈妈）说你两句还不行啊？！还好意思哭！"

◆**缺乏同理心**。面对困难，如果孩子已经开始紧张焦虑了，家长却说："这有什么好紧张的，今天不会的明天继续努力就是了，有必要紧张成这个样子吗？"这样的语言只会让孩子觉得家长在责难他。

◆把孩子的焦虑症状（哭泣、发脾气等）说成是孩子想逃避的手段。例如，有的家长会说："不要以为你这样，我就会让你不用跳舞了。"

锦囊妙计

◆**用爱化解孩子心中的情结**。像蒙蒙这种素质性焦虑的孩子，父母在日常生活中应该给予更多的关爱，少施加压力，因为他们本身都是听话、明理的孩子。

◆**为孩子制订合理的目标，切忌苛求孩子**。许多家长为了不让孩子输在起跑线上，对孩子进行所谓的"全面教育"，美其名曰是为孩子好。殊不知，孩子成天处于家长和老师的狂轰滥炸中，内心的感受已经很沉重。特别是像蒙蒙这种敏感、多疑、胆小的孩子。如果家长望子成龙心切，对孩子高标准，严要求，而不考虑这些要求是否超过了孩子的承受能力，那么就会让孩子整天处于过度的紧张状态。

◆**了解幼儿的性格特点，接纳孩子的情绪**。不同性格的孩子即使相同的情绪也会有不同的情绪表现。性格内向的孩子往往敏感、多疑，所以当他表现出紧张焦虑的情绪时，家长应该接纳他的情绪："妈妈知道你很担心自己完不成任务老师会批评你。"与他保持同理心，切不可盲目地指责和批评："你怎么这么笨，练了这么久还不会。"否则只会恶化他的焦虑情绪。

◆**鼓励孩子，健全人格**。父母在了解孩子性格特点的同时，还可以帮助孩子逐渐变得乐观、积极和坚强。当孩子紧张焦虑时，家长要安慰孩子："没关系，我们不用紧张，今天你已经很努力了，而且比昨天进步不少了，所以还是值得表扬的。"家长要多用表扬鼓励的方式教育孩子，慎用批评和惩罚，让孩子在获得各种肯定的过程中，逐渐建立自信，获得勇气。

5 冷漠

现代家庭的孩子集祖父母和父母的宠爱于一身，过惯了衣来伸手、饭来张口的生活，他们一切以自我为中心，容易形成冷漠的心态，表现为对公共事务不热心，对小动物没有爱心，对身边的亲人和朋友缺乏最基本的关心和同情等。

冷漠是指对他人冷淡漠然的消极心态。冷漠主要表现为对人怀有戒心甚至敌对情绪，不与他人交流思想感情，对他人的不幸冷眼旁观、无动于衷、毫无同情心。

冷漠不仅是孩子人际交往的障碍，也妨碍其情感的健康发展，如果听之任之，会给孩子的身心健康发展留下莫大的遗憾。冷漠的孩子很难保持积极愉快的情绪，难以培养责任感、集体主义情感，难以培养同情心和爱心，难以产生对美好的真切体验和憧憬。冷漠心态是人际交往的障碍。人与人的交往不仅是物质的交流，是信息的沟通，而且是心灵与情感的互动。当孩子过于冷漠时，他们不仅对陌生人的疾苦不闻不问，缺乏起码的同情心，还可能嘲笑残疾人，咒骂乞丐，刻薄地伤害同学、朋友，甚至至爱的亲人。在这样的心理状态下，他们怎能获得友情，又怎能在这个世界上快乐地生活？

孩子的心地其实原本是热情、善良的，其之所以变得冷漠，往往是由于受到成人或影视作品的不良影响。不正确的教育和引导是孩子冷漠的根源。身教重于言传，家长务必要做好孩子的榜样，热情待人，关心他人，富有同情心；平日里和孩子一起观看富有教育意义的书籍和电视剧，在融洽亲子关系的同时，培养孩子热情、善良的品质。冷漠失去滋生的土壤，自然就无从萌芽。

（1）因家长的溺爱而造成孩子对父母的冷漠

案例

玲玲是家中最小的孩子，全家人都宠着她，对她的要求都予以满足。父母虽然工作很忙，但对玲玲宠爱有加，有求必应。一次，全家人一起出去旅游，妈妈和玲玲在宾馆的房间里玩捉迷藏的游戏，就在玩得最起劲的时候，妈妈不小心踩到了地上的电线插头，摔倒在地并划破了脚，鲜血一滴滴地滴在地毯上，玲玲却不耐烦地催促妈妈重新开始游戏。当其他家人见状关切地询问时，妈妈回答是跟孩子玩游戏踩了电源插头。没想到玲玲却对着妈妈大喊："是你自己踩上的，干吗怨我？我也没让你跟我玩！"

分析

玲玲是家中最小的孩子，全家人把爱都倾注在她的身上，她从小生活在被关心、被宠爱之中，久而久之，她将这一切都看成是理所当然的，在她的心里形成了这样一种意识："我是家里的中心，全家人都围着我转是应该的。"于是，她只知道接受，不知道付出，也不觉得有关心家人和他人的必要，她的冷漠让家人觉得寒心。"爱子之心，人皆有之。"可现代父母对孩子的爱已经变成一种病态的爱——溺爱。对孩子的溺爱，使得许多不良品质在孩子身上滋生蔓延，如自私、任性、专横跋扈以及冷漠等。所以，家长对孩子的爱应该有度，给孩子健康的爱，才能培养出具备健康人格的孩子。

错误应对

◆**迁就孩子**。家长附和着孩子说，"都是妈妈的错，不关玲玲的事，是我自己踩的"。这样会使孩子没有责任感，觉得所有事情都和自己没关系。

◆**怒骂孩子**。有的家长在与孩子玩耍的过程中，如果出现上述的意外事件，就会对孩子大发脾气，将责任推脱在孩子身上："如果不是你要玩捉迷藏游戏，我能受伤吗？亏你还笑得出来！没良心的家伙。"家长这种将责任完全推在孩子身上的做法，只会让孩子学会更加不负责任。

◆**威胁孩子**。"以后休想我再和你玩游戏了。"这样的话语只会让孩子感受到父母对自己的残酷与冷漠。

锦囊妙计

◆**培养孩子的同理心**。所谓同理心，是指能站在他人的立场上，从他人的角度去思考问题，去体验情感。可以用"假如是我受伤了"的角色换位活动，使孩子理解、体验妈妈的内心感受，感受和同情妈妈的痛苦，改变原来的冷漠态度。

◆**让孩子懂得感恩和分享**。在家中，父母与其他家庭成员要养成与孩子一道分享好吃的食物的习惯。要让孩子适时了解父母工作的不易和生活的艰辛。让孩子理解父母，为父母分忧解愁。目的是培养孩子在享受父母关怀的同时，也体谅、关心父母。

◆**家长要反思**。父母过度关怀孩子，不是无私行为，"为了孩子"的背后，是父母自己的心理需要，是为了使自己得到满足感。父母对孩子的爱应该是理智的、有限度的，否则就成为孩子身心畸形发展的祸根。

◆**孩子给予，父母接受**。通常情况下，都是父母给予，孩子接受，时间久了，孩子就惯于接受而不愿付出了。所以，父母也应该偶尔"示弱"，让孩子为父母做些事。比如，需要提很多东西的时候，让孩子在力所能及的范围内帮忙拿一点；疲惫的时候，请孩子倒杯水给爸妈喝……让孩子学会给予，懂得父母和别人的给予与帮助是一种"恩惠"，而不是理所当然或者欠他的。

◆**对孩子进行亲情教育**。父亲要教育孩子爱母亲，做母亲的也要教育孩子爱父亲，父母要互相关爱对方，给孩子树立一个榜样。同时，父母亲要以身作则表达自己对孩子爷爷奶奶的关心，让孩子耳濡目染地重视"亲情"，自然就会潜移默化地懂得关心别人。在一则广告中，儿媳妇给婆婆端水洗脚，她那几岁大的孩子也学她的样子给她端水洗脚。确实如此，大人就是孩子的榜样。

（2）因好奇心强而表现出对动物的冷漠

> 案例

西西家的猫生了4只猫崽，其中有一只纯白的特别活泼调皮。一天，妈妈在做饭的时候，西西兴高采烈地说："妈妈，调皮的小白猫不见了！"妈妈奇怪地看着儿子，并顺着他的视线往楼下一看，原来那只全白的小猫崽让儿子从阳台上扔下去摔死了！妈妈看着小白猫惨兮兮地躺在地上，心疼得要命，可西西却对自己的行为无动于衷，甚至还有几分得意。妈妈气得说不出话来。还有一次西西和几个四五岁的小男孩围着一只小狗穷追不舍，在墙角处，那只小狗最终无处可逃被这群恶作剧的孩子抓住了。随之而来的是孩子们的轮番攻击，你踹一脚，我揪一下，可怜的小狗不住地哀号，却无力挽回被打的厄运，伴之而来的是孩子们畅快的笑声。

> 分析

孩子好奇心强，有时候可能会在他人和小动物身上尝试缺乏"人性"的"试验"。孩子既非"性本善"也非"性本恶"，他们这样做可能只是出于好奇。但是，家长应该抓住机会对孩子进行教育，让他们懂得尊重生命、关爱生命，懂得照顾弱小，从小培养良好的品德。

也许有的家长认为孩子年纪小，不懂事，作弄小动物也是出于好玩好奇的天性，没必要大惊小怪，更不必将此与"冷漠"联系在一起，甚至有的家长认为这对培养孩子的勇敢品质有好处，不必干涉。其实不然，孩子对动物的冷漠，看似小事，但若大人不加以制止和引导，就等于在无形中给了孩子一种默许和鼓励。于是孩子体会到的是恃强凌弱、以大欺小的快感，是对弱小者、对受害者的漠视和无动于衷。在孩子幼小的心灵中埋下一颗不良的种子，在孩子成人之后，也许这颗种子就会发芽、成长为残忍和冷漠无情。家长应从孩子小时候、从生活的点滴小事开始对孩子进行教育，做一个关爱生命的热心人。

错误应对

◆**对孩子恼羞成怒**。家长因为失去宠物而伤心,对孩子进行责骂甚至是身体惩罚。这样会让孩子感觉到父母对自己的残忍与冷漠,觉得自己连一只动物都比不上。

◆**恐吓孩子**。"如果你不听话,也将你像扔猫一样丢下楼去。"虽然这只是家长吓唬孩子的话语,可是孩子却可能听在心里并信以为真,以为父母很讨厌自己,甚至认为自己可以扔猫那是因为自己比猫强,父母可以扔自己是因为父母比自己强。

◆**夸奖孩子**。在孩子虐待小动物的时候说"你是一个勇敢的小伙子"。

锦囊妙计

◆**与孩子分享生命的宝贵以及生命所带来的喜悦**。绝大多数孩子喜欢动物,家长可以通过启发孩子保护动物鲜活的生命来培养孩子的关爱之心。节假日,父母可以带孩子到动物园,边看边给孩子讲解动物妈妈怎样辛苦地生宝宝、喂宝宝、怎样防止宝宝生病和其他动物的侵害,让孩子明白每一个生命的可贵,萌发孩子对动物、对人的爱护以及对生命的热爱。

◆**饲养小宠物**。孩子一般都会有自己喜欢的小动物,家长可以在有条件的情况下买孩子喜欢的小动物来饲养。通过孩子亲自照顾小动物的过程,使孩子萌发对动物的关爱,与小动物成为好朋友,继而扩大到对所有生命的热心和关爱。

◆**用爱融化孩子的冷漠**。孩子表现得越冷漠,家长越要用爱和关注来感化孩子,在孩子的身上寻找闪光点,在生活中创造条件发挥孩子的长处,对孩子进行表扬和赞赏,让孩子感受到生活的温暖。

◆**感受大自然的美好**。在节假日,家长可以带孩子到野外去郊游散步,在游览的过程中培养孩子热爱自然、遵守公共秩序、爱护花草树木的意识,让孩子感受世界万物的神奇和美好,提升孩子对生命的尊重和热爱。

◆**实践养成法**。孩子偶尔一次的爱心行为不能转化为稳定的品质,需要在父母的指导下、在现实生活中不断实践和锤炼才能巩固下来。每当有捐款捐物或其他献爱心活动时,父母都要带着孩子参加,把孩子抱起来,让孩子用自己的小手把钱物捐献出去,因为一次行动胜过多次说教。

◆**带领孩子到生活中感受热心的暖流**。例如,为拯救灾民的义演活动;社会各界为希望工程的捐助活动;为美化环境,每人献上一盆花的活动,等等。家长应创造条件、提供机会,让孩子去感受这些活动。

(3)因家长教养方式不当而造成孩子对同伴的冷漠

案例

"六一"儿童节到了,幼儿园组织了一次庆祝活动,小朋友们都自带了食品来庆祝。活动开始后,大家都拿出自己带来的食品享用起来。小朋友的桌子上几乎摆满了各种各样的食物,只有欣欣小朋友的桌子上是空空的,老师一问才知道欣欣是因为疏忽而忘记带了。欣欣的同桌婷婷带的食物最多了,可她看到欣欣没有东西吃时并没有要给欣欣吃的意思,于是老师对婷婷说:"婷婷,你能分个三明治给欣欣吃吗?她忘记带吃的来了。"婷婷马上说:"不行,这些都是我最喜欢吃的东西,谁叫她自己忘记了。为什么要我给她吃,别的小朋友给不行吗?"婷婷边说边用手护住桌子上的食物。老师对婷婷这种冷漠的行为感到很失望。

分析

现在的家庭基本上都只有一个孩子,这唯一的孩子成了家中的"小皇帝"或"小公主",六个大人(爷爷奶奶、外公外婆、爸爸妈妈)对家中的孩子宠爱有加,对孩子的要求有求必应,所有好吃的都先满足孩子,让孩子先吃。这样就使孩子养成了自我中心的习惯,同时也不愿与他人分享自己喜欢吃的食物,认为自己一个人吃是理所当然的。所以,在看到班上有小朋友没有带食物来,要挨饿的情况下,婷婷仍然不愿意与欣欣分享自己的三明治,甚至认为欣欣没有东西吃只能怪她自己忘记带了，不能怨别人。

错误应对

◆**直接批评孩子的冷漠行为**。例如，"婷婷，你怎么这么坏啊，一点都不善良！"这样的评价会让孩子觉得既然自己已经是个坏孩子了，也就不会有表现好行为的动机了。

◆**强迫孩子**。例如，家长或老师从孩子的桌子上硬拿走一块三明治。家长或老师这样不顾及孩子意愿的强硬态度，会让孩子感受到大人对自己的残酷。

◆**威胁恐吓孩子**。例如，家长吓唬孩子，说："下次你要是没有东西吃，别的小朋友也不给你吃，也要你尝尝挨饿的滋味！"这样会让孩子感到所有的人都是这么冷漠，在自己有困难的时候也不会有人来帮助，所以在他人有困难的时候也不愿意伸手帮助。

锦囊妙计

◆**用"角色互换游戏"让孩子体验他人的感受**。例如，让婷婷体验欣欣的角色，如果是她自己没有带食物，看到别人都在吃的时候会有什么感受。同时让她思考她想要别人怎么来帮助她。角色互换游戏能很好地培养孩子的同理心，让孩子能站在别人的角度想问题。

◆**强化孩子的爱心行为**。孩子在生活中也许会有一些看似微不足道的爱心行为，家长要及时地给予鼓励和表扬。比如，当孩子扶起摔倒的小伙伴、为迷路的老人指点路线、把自己的玩具和图书捐献给贫困山区的孩子时，家长都要热情地给予肯定，在强化爱心行为的同时也是在遏制冷漠心理的滋生。

◆**在家为孩子举办小聚会**。家长可以让孩子当小主人，邀请孩子的好伙伴来家一起玩，教孩子以小主人的身份来招呼小伙伴，分享自己的玩具和食物。让孩子在玩耍中培养友谊，养成与朋友同乐的好习惯。

◆**给孩子创造一个可以与同龄人交流的平台**。家长应该为孩子创造经常与小伙伴交往的机会，鼓励孩子将自己的玩具、图书借给小伙伴们玩和看，学会与小伙伴团结友爱，养成互相谦让的好品德。

◆**关心孩子的学习生活**。家长与孩子一起谈论在幼儿园的学习情况、与小朋友相处的情况，及时了解别人存在的困难并给予帮助。比如，当了解到有小朋友生病时，家长可以带着孩子一起去医院看望生病的小朋友，使孩子养成主动关心身边人的习惯。

◆**给孩子讲一些助人为乐的故事**。

◆**陪孩子一起渡过难关**。孩子在成长的过程中会面临种种困难和窘境，家长应该给孩子鼓励和支持，陪孩子一起渡过难关，让孩子从大人身上得到精神动力，而不是感到自己是在孤身作战。

6 妒忌

在大人的世界里，我们经常能感受到妒忌，可能对妒忌已经习以为常了。我们也许会妒忌别人漂亮、妒忌别人的工作好、妒忌别人生活条件好……别以为只有大人才有妒忌心，殊不知，宝宝也有妒忌心："不准妈妈抱叮当，妈妈只能抱我。""凭什么老师表扬他，还要给他小红花？""所有的好东西都是我的。"

幼儿的妒忌是幼儿将自己与同伴做比较而产生的消极情感体验。当幼儿看到别的幼儿比自己强或拥有自己没有的东西时，会产生不安、痛苦、烦恼、怨恨，并有企图破坏他人优越情况的行为。比如，婴儿看见妈妈抱其他宝宝，他就会哭闹不止直到妈妈抱起自己；幼儿园里的某一个小朋友唱歌、跳舞样样优秀，经常受到老师的表扬，自家宝宝虽说也会，但就是没有对方做得好，宝宝就会羞愧、愤怒，妒忌之心也油然而生。幼儿的妒忌心理具有很明显的主观性、外露性，甚至具有攻击性。幼儿的"自我中心主义"决定了他们考虑事情都是从自己的角度出发，以是否符合自己的意愿为标准。他们不会考虑妒忌行为的后果，妒忌心理产生后，往往容易把怨愤的矛头指向自己所妒忌的人，进而对之发起破坏、攻击行为，以发泄自己的怨气。

妒忌是一种心理现象，儿童大概在 15 个月后就会从痛苦中分化出妒忌。妒忌是人类精神发育中自然出现的现象。所以，家长不必惊恐孩子这么年幼居然也会妒忌。孩子的妒忌心虽然是一种消极的情绪，但也有积极的一面。家长可以把孩子的妒忌心转化为激励孩子努力学习、勇于竞争、积极向上的原始动力。但是，从消极方面来说，妒忌心会使人心胸狭窄。妒忌心太强的孩子会变得自私，不懂得分享，影响孩子的同伴交往，不利于孩子的健康成长。因此，家长应善于利用孩子妒忌的积极方面，恰当地浇灭孩子因妒忌而产生恨意的小火苗。

（1）因独占性心理而引发的妒忌行为

案例

楠楠是个 3 岁的小姑娘，有一双会说话的眼睛，还有一对小酒窝，可讨人喜欢了。可是，最近楠楠有了一点小烦恼。隔壁王阿姨家来了一位小客人丁丁，长得也是人见人爱，每次妈妈见了他都忍不住抱起来亲了又亲。渐渐地，楠楠将他视为"眼中钉"。每当妈妈要抱丁丁时，楠楠也伸着手要妈妈抱抱，如果要求没有得到满足，楠楠就会伸出小手打丁丁，并开始哇哇大哭。

分析

案例中的楠楠所表现出的是一种独占性妒忌，即不能容忍身边亲近的大人疼爱别的孩子。孩子最初的妒忌一般是与身边最亲近的人有关。当看到最亲近的爸爸妈妈疼爱别的孩子时，他们往往会表现出不满。比如案例中的楠楠，楠楠妒忌妈妈对丁丁的疼爱，甚至要动手打丁丁。这也是孩子缺乏安全感的一种表现，他们害怕失去爸爸妈妈的疼爱，因而极力地将爸爸妈妈拉回到自己这一边。因此，他们可能会哭闹、"大打出手"，甚至会出现一些倒退行为，希望引起大人的注意。

错误应对

◆直接对孩子说："看小弟弟多乖，再哭，妈妈就带小弟弟玩，不带你去玩了。"父母这样对待孩子的哭闹行为，不仅起不到好作用，反倒会加深孩子的妒忌心，更加讨厌别的孩子。家长这样做还有可能会加深孩子的不安全感："妈妈喜欢乖孩子，妈妈说丁丁乖，还要带他玩，妈妈一定是不爱我了。"

◆当着众人的面怒斥孩子："妈妈抱一下小弟弟怎么了，小小年纪不可以这么小心眼！"家长的本意是希望孩子不要妒忌，但以这样的方式不仅起不到任何作用，还有可能会使孩子丧失自尊心。

◆面对孩子伸出来的小手，本来要抱丁丁的妈妈又选择了抱楠楠。这样做对两个孩子都不好。丁丁可能会有一种上当受骗的感觉,这对丁丁是一种感情上的伤害。对于楠楠来说,这么做无疑鼓励了她妒忌的行为,这会让她更加以自我为中心、自私、不懂得分享。

锦囊妙计

◆**面对孩子的哭闹,保持镇静**。家长既不要斥责孩子,也不要迎合孩子。例如,妈妈在抱着丁丁的同时,也要照顾到楠楠的感受。事后和孩子谈心,把孩子抱在怀中,装做不经意间聊到此事,认真倾听孩子的叙述。倾听完孩子的叙述后,可以不必告诉孩子:"你这样做是不对的,妈妈不喜欢你这样。"妈妈可以轻松地笑着说:"原来宝宝是想要妈妈抱啊,那你下次就好好地说,妈妈当然会抱你啦。"孩子在倾诉完心中的不快后已经稍感轻松了,在此基础上,妈妈的安慰可以更有效地控制和缓解孩子的愤怒和妒忌。

◆**给予孩子充分的关爱**。现代社会工作压力越来越大,家长在应付完一天的工作后,自然已经疲惫不堪,那么与孩子相处的时间可能在质和量上都得不到保证。孩子渴望亲近爸爸妈妈,他们也想让爸爸妈妈给自己讲故事,陪自己搭积木。孩子缺乏与父母的感情交流,就会产生感情饥渴,缺乏安全感。因此,不管多忙多累,请家长保证每天与孩子至少有 70~90 分钟的相处时间。陪孩子玩他最喜爱的玩具,饭后全家人一起去公园散步或者给孩子讲睡前的小故事都是不错的选择。给予孩子充分的爱,也就等于给予孩子充分的安全感。

◆**让孩子学会分享爱**。可以先由分享食物、分享快乐开始。例如,妈妈切好的苹果,可以大家一起吃,而不是由孩子独享。吃饭时,最好是大家坐在一起分享一桌的食物,而不是让孩子"独享"一个特定的区域。在和孩子聊天时,家长也可以问问孩子,"爱爸爸吗?""爱妈妈吗?""爱外婆吗?"……得到孩子一系列肯定回答后,家长可以说,"宝宝真是乖孩子,妈妈和宝宝一样……"通过孩子的言行,让孩子明白爱是可以分享的。

（2）因敌对心理而引发的妒忌行为

> **案例**

浩浩5岁，正在上幼儿园大班，活泼可爱，讨人喜欢，她每次从幼儿园回来时总是兴高采烈地唱着歌。这天，从幼儿园出来后，她没有像过去那样坐在妈妈旁边的副驾驶位置上给妈妈唱儿歌，而是自己拉开车门坐到后排座位上一言不发。妈妈不解，问："不给妈妈唱歌了？"她情绪低落地嘟囔道："不想唱！"妈妈追问："被老师批评了？"她立即答："没有！""那你为什么不高兴呢？"她沉默了一会儿，自言自语起来："陈飞飞唱得一点都不好听。"第一次听到陈飞飞的名字，妈妈忍不住问："谁是陈飞飞啊？"浩浩不耐烦地说："新来的那个。"妈妈突然想起来，刚才在教室门口，有个她以前从未见过的小姑娘甜甜地叫她"阿姨"，自己还夸了她一句。老师说她是新来的，喜欢唱歌跳舞。妈妈突然明白了：女儿妒忌同学了！心也不由得一下子提到了嗓子眼儿。

> **分析**

故事中的浩浩对同班的新同学陈飞飞产生了敌对性妒忌。幼儿的敌对性妒忌是对获得家长、老师等表扬的其他幼儿怀有敌对情绪。当老师或者家长表扬其他孩子时，他们会表现得不高兴、不服气："凭什么表扬他，我做得也很好啊，他有什么了不起。"有的孩子甚至会当众表示出自己的不满，讽刺受表扬孩子的缺点或者不足之处。幼儿的年龄特点决定了他们以自我为中心的思维方式，他们往往情绪反应激烈，缺乏控制自己的能力。他们希望独占大人们的宠爱，也希望一直处于受表扬的优越地位。因此，当看到别的孩子受到表扬时，他们常常不能调节好自己的情绪。

> **错误应对**

◆**贬低其他孩子**。例如，"陈飞飞唱歌是不好听，妈妈也觉得不好听，还是我家浩浩唱得最棒。"家长这样说无异于给孩子灌迷魂汤，会导致孩子盲目自信，甚至自负，认为别人都没自己好，那么，当大家夸奖别人时，他就会更加痛苦、难以接受。

◆ **不恰当地批评孩子。**"你这孩子真没用，人家唱得好，你就接受不了啦，你越是这样，越比不过人家。"这样一句批评首先道出了妈妈也觉得自家孩子唱得不好，打击了孩子的自信心，同时，也有损孩子的自尊心。孩子本来还想从妈妈这里获取一点安慰，可妈妈居然直接说自己不如别人。

◆ **对孩子的抱怨充耳不闻，忽视孩子对他人的妒忌心理。**这样做会使孩子感觉到无助，不能够发泄出不满的情绪，加重孩子的情绪问题，进而引发其他的行为问题。

锦囊妙计

◆ **让孩子明白"尺有所短、寸有所长"的道理。**家长不要让孩子觉得自己无所不能，也不要让孩子觉得自己一无是处。家长要善于帮助孩子发现自己的长处。比如，告诉孩子，"虽然宝宝歌唱得没有陈飞飞好听，但宝宝的舞可是跳得最棒的。"让孩子亲身体验到大家其实各有所长，不再纠结于自己比不上别人的地方。

◆ **帮助孩子提高能力，培养孩子的自信心。**自信心强的孩子，充分相信自己的能力和价值。这样的孩子能够心平气和地分享他人成功的喜悦。自信心不足的孩子往往由于缺乏信心，总是担心别人超过自己，因此对于优于自己的孩子总是怀着敌对的情绪。家长要帮助孩子找到自身的不足，并尽力弥补自身的不足。比如，孩子可能发现别的小朋友画画得比自己好，家长可以帮助孩子提高绘画能力和绘画技巧，让孩子相信自己的能力，证实自己的价值。

◆ **正确评价孩子的能力。**孩子都喜欢受到鼓励和表扬，恰当的鼓励和表扬能够激发孩子的潜能，巩固孩子的优点，同时使孩子不断进步；不恰当的表扬只会使孩子自信心膨胀，变得目中无人，更加无法容忍别人优于自己。因此，家长对孩子优秀的表现要不吝赞美之词，但孩子确实做得不好的地方，也不要盲目追捧。

◆ **让孩子学会和别人相互欣赏。**如果孩子只沉浸在自己的小世界里，那么他们只能看到自己的长处，成为"井底之蛙"，很容易变得唯我独尊。家长可以让孩子邀请小朋友来家里做客，组织一些游戏或其他活动，让孩子在感受友谊的同时学会关心爱护别人，学会向别人学习，欣赏别人的长处。

◆ **帮助孩子认识别人是如何做到优秀的，让孩子学会竞争**。比如，大家都夸某个小朋友字写得好，孩子产生了妒忌。这时候，家长可以引导孩子思考，大家夸奖那个小朋友是因为他字写得好，那么他为什么写得那么好呢，因为他写字时一笔一画很认真，平时也经常练习字帖，再让孩子想想自己可以怎么做。家长可以让孩子通过竞争这种积极进取的方法去克服由妒忌而产生的消极心理，让妒忌成为一种强大的动力，激励孩子积极进取。

◆ **由衷地赞美孩子**。父母发自内心的赞美有利于孩子形成积极的心态，让孩子体验到满足感与快乐感。

（3）因排斥心理而引发的妒忌行为

案例

小刚4岁了，是个壮实的小男孩。上个周末，爸爸妈妈带他去公园玩，正巧碰见了他在幼儿园的小伙伴珠珠，珠珠正坐在那里玩她的新玩具，小刚见了也很想玩。可是珠珠似乎还没有玩够她的新玩具，不愿把玩具借给小刚玩。小刚顿时小脸通红，上去就推珠珠，抢走她手里的玩具，扔在草地上。

分析

小刚由于珠珠不愿分享她的新玩具，继而产生排斥性妒忌。排斥性妒忌是指儿童对拥有比自己的玩具、用品、零食多而又不和自己共享的伙伴进行排斥。一般而言，孩子们都比较喜欢和拥有很多玩具、零食的同伴在一起玩，但是，当同伴拒绝分享自己拥有的玩具、零食或其他物品时，他们往往就会产生妒忌情绪，继而产生破坏性行为，如损害同伴的玩具、孤立甚至攻击同伴等。

错误应对

◆ **大声呵斥孩子，以恐吓的方式责令孩子道歉**。例如，"快道歉，不道歉，今天就不带你回家了，我们不要没礼貌、不听话的孩子。"孩子虽然在形式上道歉了，但在内心却不屈服，甚至激起更强烈的愤怒。

◆**对孩子过于温和**。例如，孩子不愿道歉就听之任之，甚至亲自帮忙捡起玩具，代替孩子向珠珠道歉，这样的做法不利于孩子良好人格的形成，同时也不利于孩子责任心的养成。

◆**给孩子不该有的承诺**。例如，家长对孩子说，"宝宝，乖，去把它捡起来，妈妈给你买更好的玩具。"这样做不仅没有对孩子施以适当的批评、惩罚，反而使孩子有机会得到一个更好的玩具，那么，孩子以后还会如法炮制，以这种方式来达到其他的目的。这样做还有可能会引发孩子的贪欲和攀比欲。

锦囊妙计

◆**循循善诱**。比如，家长首先对孩子表示一定的理解和同情，告诉孩子，"妈妈也觉得珠珠的玩具可好玩了，知道小刚一定是特别想玩。"让孩子感觉到自己是被理解的，同时，也要指出孩子的错误行为，"但是你推倒珠珠，抢珠珠的玩具，还把玩具扔到地上，这是不对的。"坚定地要求孩子为自己的行为道歉，"妈妈如果是你的话，就去捡起玩具，并且跟珠珠道歉。"

◆**做好表率**。研究表明，生活在充满妒忌心的家庭里的孩子，往往妒忌心也会比较强。因此，家长要时刻注意自己的言行，不要在孩子面前因为妒忌而对他人冷嘲热讽甚至恶意中伤，要知道，你的一言一行对孩子都具有榜样的作用，而坏榜样的"力量"也是无穷的。

◆**培养孩子的宽容心**。当孩子之间发生冲突时，家长不要因为心疼孩子，就一味指责对方。家长要帮助孩子分析对错，并站在对方小朋友的立场上思考问题。比如，案例中珠珠拒绝了小刚的请求，事后家长可以与孩子聊天，"如果你有个新玩具，你非常喜欢，自己还没玩够，你的好朋友也想玩，你该怎么办？"小刚即使不回答同意给好朋友玩，但也体会到了珠珠当时的感受。注重孩子与同伴的交往，可以有意识地让孩子吃点亏，鼓励、表扬孩子的宽容心。

7 口吃

在幼儿园里，总有一些孩子口齿伶俐，老师问了问题，他们总是能很清楚地表达自己的想法，和小朋友交流的时候也能很大方自然地说话；然而也有一些孩子，老师点名问他们问题的时候，他们总是结结巴巴地回答，声音也很小，说完一句话总是要花很长的时间。在家里，父母问他们问题的时候，他们也不能流利地回答，而父母总是在一旁焦急：孩子以后在社会上可怎么与人交流啊！

口吃，俗称结巴，是儿童常见的一种语言障碍，是一种说话能力的缺陷，表现在说话时迟缓，发音延长或停顿，间歇或反复地重复一个字或一个词，失去正常的说话节律，呈现出特殊的断续性，也被称为语言交流障碍。一般而言，从二三岁开始的整个幼儿阶段，孩子们虽然很想用语言来表达自己的思维，有时是急于表达自己的想法，但由于发育的不成熟，表达能力跟不上思维发展的速度，于是出现口吃，这在2—3岁和5—7岁两个阶段最为常见。

口吃的孩子虽然也能和他人交流，但是口吃会非常影响孩子的自信心；与他人交流时，不能流利地表达自己的意思，还会引起同伴和其他人的嘲笑。久而久之，口吃会影响到孩子的学习、生活和发展，还会伴有胆小、自卑、退缩和羞怯等个性特征。同时这些口吃的孩子还会加强心理防御机制，采取消极逃避对策，以至于独来独往，不愿意与人交流沟通。当孩子出现口吃情况时，父母要留心观察，分析原因，逐步地帮助孩子走出困境。反之，如果孩子的口吃继续发展下去，就会成为孩子的一块心病，给孩子的心理健康带来终身不利的影响。

造成口吃的原因是多种多样的，因此，当孩子出现口吃现象时，家长首先要做的就是了解清楚造成孩子口吃的原因，然后再采取适宜的解决办法，以下通过个案分析，具体介绍一些帮助孩子走出口吃困境的教育方法。

(1) 因模仿而导致的口吃

案例

潇潇今年 4 岁了,是个活泼可爱的小女孩,特别是小嘴巴很甜。但是前段时间,班上来了个口吃的小朋友,爸爸妈妈发现潇潇说话开始有点结巴,但刚开始时并没有引起重视,后来潇潇口吃的症状越来越明显,往往说一句就要停顿好几下,边说边用手比画,这下可急坏了爸爸妈妈。"你这孩子,说话怎么这么结结巴巴的,说得快一点。""你再这么说话,妈妈可不理你了。"但是,妈妈越说越不管用,潇潇变得越来越结巴。家里来了客人,让她打招呼,她半天也憋不出一个字来。妈妈后来与老师沟通,才知道潇潇的口吃是由于模仿幼儿园里的那个口吃的小朋友而造成的。

分析

很多口吃的孩子是因为模仿他人的口吃而形成的。口吃的感染性很强,由于幼儿的语言机能还不完善,很容易受到周围口吃者的影响,如经常与口吃者接触、模仿口吃者讲话等,都可能导致孩子形成口吃。

潇潇以前说话的时候没有口吃的毛病,说明潇潇的口吃不是先天的或是遗传的,是近期才形成的。有研究统计,有 90% 以上的口吃者是由童年时期对周围人口吃的模仿所致。家长看到这种情况,不应该责备孩子,或是在孩子说话的时候打骂,或逼迫孩子正常说话。家长要耐心地教孩子不要学习口吃者说话的方式,让孩子明确意识到这样的说话方式一点也不"好玩",在轻松的环境中逐渐改正口吃的坏习惯。

错误应对

◆ **不知不觉强化孩子的口吃行为。**当孩子说话一出现口吃时,家长就在一旁提醒,"你怎么说话又结巴啦?"

◆ **惩罚孩子。**一些家长在孩子说话结巴的时候大声责备孩子,甚至动手打孩子，警告孩子。"你下次说话再结巴，妈妈就不理你了。"

◆**强迫孩子改正口吃**。有些家长对孩子的口吃问题很担心，于是逼迫孩子说话的时候不要结巴，或者孩子一句话说得结巴了，就强迫孩子说到不结巴为止。

◆**忽视孩子说话时的口吃情况**。有些家长认为这是孩子在生长发育中的自然现象，长大后就会自己好的，于是对孩子的口吃采取忽略、不重视的态度，不管不问，任由孩子的口吃情况愈演愈烈。

锦囊妙计

◆**表明立场**。家长应坚定地向孩子表明，他们不喜欢孩子说话时有口吃的情况出现，这样的说话方式一点也不"好玩"。如果孩子改进了，家长应给予很明确的鼓励（即针对说话时没有结巴的情况给予奖励，并向孩子说明奖励的原因是他说话时不结巴了），以增强孩子的自信心。此外，家长还必须停止强硬的责骂或体罚，以免给孩子造成更多的心理压力和负担。

◆**转移注意力**。家长在和孩子交流时，重点应放在说话的内容上，而不是说话时是否流利、有无结巴上。当孩子说话出现结巴时不应立即提醒，以免错误地强化孩子的口吃行为。当孩子在交流之中没有结巴时，家长要多给予肯定和鼓励，让孩子在没有压力的环境中改正口吃的毛病。

◆**榜样法**。家长在说话时要语速适中，注意节律鲜明，少用疑问句，多用陈述句，可以避免孩子在回答问题时产生压力。家长也不要运用不符合语言规则的语句，如"宝宝吃饭饭、睡觉觉、喝水水、打球球"之类的叠字。

◆**自我抑制法**。家长要教给孩子一些抑制口吃的方法，例如，可以告诉孩子，当说话结巴时，就暂停下来，缓一缓，等情绪缓和了再说，说话平稳一点，缓慢一点；可以教孩子换一种表达方式，如某句话说不出来就不要强迫自己去说，可以用另一种说法来代替，也可以用动作来代替；和孩子一起努力攻克常会出现结巴的语句，将一些经常出现结巴的语句找出来，让孩子慢慢地将这些语句流利地说出来，以增强孩子的自信心。

◆**远离法**。家长要让孩子适当远离有口吃的孩子或大人，不给孩子不好的榜样，让孩子在正常的语言环境中去模仿、去学习。

(2) 因心理因素而造成的口吃

 案例

思思，5岁，女孩，上幼儿园大班。在幼儿园和小朋友们一起玩耍交流时没有口吃的现象，但只要老师问她问题或和她说话的时候，思思就会很紧张，脸憋得通红，说话就断断续续的了。譬如，老师说："我们一起玩打仗的游戏吧！"思思就会显得有些紧张，结结巴巴地说："好……好……啊，我……我……们一起玩吧。"在外面遇到陌生的叔叔阿姨时，爸爸妈妈让她叫人时，她也会结巴。爸爸妈妈非常着急，还经常带着思思去一些陌生的地方，想通过在陌生的场合说话来锻炼孩子的胆量，结果却发现思思的口吃现象越来越严重。

分析

思思只是在和老师或陌生人说话时才会显得紧张，说话才会结巴，在和小朋友说话、和家长说话时没有结巴的情况，这说明思思是在一些陌生环境或不熟悉的环境下由于紧张导致说话结巴的。

说话时过于急躁、激动、紧张，或突然受到惊吓，或害怕受到打骂，或突然的精神刺激，如惊吓、恐惧、变换环境等，都可能成为口吃的原因。心理因素是造成孩子口吃的重要原因之一，由心理因素造成口吃的孩子都有自卑感、焦虑、敏感、恐惧、紧张等情绪问题很普遍，他们通常都有消极的自我评价和不良的自我意识，过分夸大和担心口吃对自己的影响。所以，家长和老师要给孩子营造一个宽松的气氛，减轻孩子的心理负担，缓解其紧张、焦虑的情绪，在放松的语言环境下改变口吃的问题。

此外，家长还可以找有儿童工作经验的心理医生为孩子做专业的评估和治疗。

错误应对

◆**嘲笑孩子**。当孩子出现口吃现象时,家长嘲笑孩子:"为什么一遇到不熟悉的人说话就会紧张,你也太没用了。这样长大以后可怎么和别人说话啊!"

◆**给孩子过大的压力**。强迫孩子和不熟悉的人说话,逼迫孩子说话的时候不结巴。家长态度越强硬,孩子说话就越结巴。

◆**在陌生的环境中改正孩子的口吃行为**。家长在一些陌生的叔叔阿姨面前说"不要害怕,快和叔叔阿姨说说你在幼儿园都玩什么了",或在人多时让孩子说话,希望以此来锻炼孩子的胆量,这样做只会让孩子觉得更自卑。

锦囊妙计

◆**消除心理障碍**。当家长不断提醒孩子要改正口吃时,孩子会有很严重的心理障碍。对由心理因素造成的口吃现象,消除孩子的心理障碍是首位。家长要让孩子明白口吃不是什么大问题,一点点地帮助孩子克服,不断地帮孩子建立信心。如果孩子从前一直没有口吃的问题,经历一些变故后突然变得口吃了,可能需要寻求专业咨询人员的帮助。

◆**营造良好的语言氛围**。家长要给孩子营造一个宽松和谐的氛围,让孩子处于放松的状态,减轻孩子的心理负担。例如,有的孩子是因为紧张或害羞引起的口吃,家长先引导孩子在陌生的或会引起孩子紧张的环境下开口说些简单的语句,然后鼓励孩子多说话。

◆**消退法**。家长只对孩子在说话流利时或不出现结巴时给予表扬或鼓励,对孩子说话结巴的情况不予纠正或理睬,也不对其进行指责或批评,忽视其出现结巴的行为。

◆**塑造法**。家长要多和孩子交流沟通,与孩子建立良好的信任关系,让孩子消除对家长和其他一些不熟悉的人的恐惧感,当孩子能在陌生人面前流利地打招呼时给予积极强化,并逐渐延伸到其他的陌生环境中,使孩子养成正确、流利说话的习惯。

◆**学习好的榜样**。家长要多让孩子听表达流畅、声音优美、简洁明确的语言，如儿童故事、幼儿诗歌等，可以神情自然地跟着孩子一起讲、一起念。家长多带孩子和说话流利、清晰的孩子一起玩，给孩子一个好的学习榜样。

◆**药物治疗**。如果有必要，可以让孩子服用一些药物，以缓解孩子的紧张情绪，达到缓解口吃的目的，但一定要在医生的建议下服用。

（3）因生理因素而造成的口吃

案例

尚尚今年6岁了，在幼儿园上大班。幼儿园老师向尚尚妈妈反映，说尚尚最近有口吃的情况出现，老师问他问题的时候他能回答上来，但说话结结巴巴的。妈妈在家里也发现，尚尚在有很多话要说但不知道怎么表达时就会出现结巴的情况。

分析

由于儿童语言机制发展未臻完善，当其急于表达自己的思想时，则容易出现节律的障碍。人的思维能力高于语言能力，对于儿童更是如此。儿童急于表达时，造成头脑中储存大量的语言信息，但在表达能力远远不够的情况下，思考与说话的速度无法配合，从而出现较多的口吃现象。当尚尚一下子想说出很多东西的时候，表达能力跟不上就会出现口吃现象。这是儿童正常发育过程中的现象，只要正确引导就可以改正口吃的习惯。

口吃并不都是病，在幼儿学说话阶段，会有约5%的孩子经历暂时性的口吃现象。其中，约40%的儿童口吃会持续数月，大多数会在进入小学前自然消失，这被认为是正常的语言不流畅现象。还有一部分孩子的口吃现象会持续一年至数年才会消失，这种口吃被称为良性口吃。这些都是孩子在身体发育和语言发育过程中的正常情况，但家长必须引起重视。家长要学会耐心倾听，不可打击责骂，让孩子在轻松、被鼓励的情况下畅所欲言，提高自信心。

错误应对

◆**任其自然发展**。有些家长认为，孩子长大了口吃现象就会自然消失的；部分家长自己有口吃现象，觉得口吃也不是什么问题，对口吃问题的意识不到位；有些家长觉得孩子在小的时候说话结巴是很可爱的，对孩子语言的发展极度不重视。

◆**处理或矫正方法过于简单**。家长只是口头说说口吃不好，让孩子改正，或只是简单粗暴地打骂，没有找到孩子口吃的真正原因就盲目地去纠正，不能"对症下药"。

◆**家庭教育的不一致性**。有的家庭成员纠正孩子的口吃，其他家庭成员却说"没关系的，不要吓到孩子"，这会让孩子感到困惑。

锦囊妙计

◆**教给孩子克服口吃的方法**。说话要平衡：说话时情绪要稳定，肌肉要放松，呼吸要均匀；语速要放缓：说话时语速要放慢，要想好了再说；声音要清晰：要一个字一个字地发音，一个字一个字地朗读，特别是每句话的第一个字，要轻轻地、慢慢地说。

◆**多练、多说**。要在不同的场景中，如在家里或幼儿园里让孩子多唱歌、多念儿歌、多讲故事或复述自己的乐事，以锻炼孩子说话的连贯性。家长和孩子一起说一些儿童诗歌、绕口令等。多让孩子听美好的语言，美好的语言包括声音优美、表达流畅、简洁明确的语言等。

◆**营造一个接受口吃孩子的氛围**。例如，家长可以和教师沟通，让周围的同学不讥笑、嘲弄自己的孩子，以打消孩子对口吃的顾虑，让孩子意识到口吃也是可以接受的，避免给孩子带来心理负担，并帮助消除孩子的紧张情绪，建立起治愈口吃的信心，使孩子在接受的氛围中逐渐改正口吃。

◆**理解、宽容**。家长不要强迫孩子去说一些完整的句子。孩子在学习语言的初级阶段，发音、认识、组织语言的能力还不完善，只能说出一些简单或不是很完整的话语，甚至会出现一些口吃的现象。家长一定要给予宽容和耐心，不要让孩子重复去说一句他说得不流畅的话，或是替孩子把话说完整，这都会给孩子带来心理负担，要给孩子犯错、改正错误的机会。

8 特异性恐惧

恐惧是幼儿常见的一种情绪体验。一般情况下，每个孩子都会害怕和恐惧某些事物，如怕冷、怕热、怕饿、怕尖锐和巨大的声音、怕坠落的感觉、怕闪耀的灯光、怕陌生的人或物或情景、怕弄痛他们的人和物等。大多数儿童的恐惧表现，会呈现特定年龄阶段的特点，且这些恐惧绝大多数会随着儿童年龄的增长而逐渐减弱。有人说："恐惧是成长的阶梯。"研究显示：2—6岁的儿童有三种恐惧类型，即社交恐惧、黑暗恐惧和动物恐惧。很多儿童期的恐惧，可在没有外界干预的情况下发生并消失，但也有一些恐惧，如没有得到干预，会在强度上不断加强，并泛化到其他的情景中。例如，害怕一个人待在房间里，会由此发展到害怕电梯、小轿车等其他封闭的场所，这样的恐惧有可能发展成为恐怖症。

对于儿童恐惧，可以从许多心理学的流派和理论中找到解释。比如，弗洛伊德的心理发展理论。他有一句名言：成年人的所有心理问题都可以看到童年的影子。也就是说，无论是异常还是正常的儿童恐惧都可以从更年幼的经历中找到原因。美国心理学家格塞尔认为，儿童的心理发展是与神经系统的发育相对应的，因此提出了成熟主导论，也就是一定的年龄有相应的神经发育成熟程度，如果两者不相符就会产生心理障碍，恐惧就是其中的一种。例如，几个月大的婴儿不会控制排便，是因为神经系统尚未发育成熟。一些儿童产生恐惧也是因为神经系统的发育不成熟，导致其对社会和周围世界的认知不成熟和不全面，进而产生恐惧。

防止儿童异常的恐惧显然是父母的重要责任。父母不要将自己的恐惧无意中强加给孩子。孩子尚不能完全理解的事物父母要尽量给予讲解，同时要控制孩子少看或不看恐怖的电影、电视剧和书刊。如果孩子的恐惧并不影响正常的生活，父母就没有必要渲染和过分关注，在成长过程中孩子会慢慢适应。如果确实发现孩子的恐惧影响到了正常生活，就应当给予重视，分析恐惧产生的原因并采取相应措施进行矫正。以下针对一些案例进行分析。

(1) 因观看不良的影视作品而引发的恐惧心理

案例

小星，5岁，活泼可爱的小男孩。这个暑假，他晚上总是不敢一个人待在一个地方，妈妈离开一会儿，他就大喊大叫："妈妈，你在哪里？快过来！"他不敢一个人睡觉，睡觉时也不肯关灯，妈妈一关灯，他就要求打开。平时，妈妈上班去了，他就一直跟在爷爷奶奶的后面，就是不愿意一个人待着。妈妈问他为什么害怕，他说他怕怪兽。原来小星最近一直在看有暴力场景的动画片。

分析

很多幼儿对黑暗的恐惧大部分源于想象，小星想象力丰富，分不清现实与想象的界限，想象黑暗中有鬼、怪兽等让他害怕的东西，把恐惧扩大化。小星最近在看的有暴力场景的动画片也许就是他害怕的根源，因此家长一定要注意为孩子选择适宜其观看的影视作品。

错误应对

◆**言语失当**。孩子一叫，家长就立刻跑过去抱住孩子，说："宝贝，别怕，妈妈在这里，怪兽不敢来。"抱住孩子是对的，但说"怪兽不敢来"这样的话更会让孩子相信真的有怪兽，一旦妈妈离开，害怕的感觉会更强烈。

◆**责怪孩子**。家长对孩子说"有什么好害怕的，这么胆小，一点都不像你爸爸"之类的话，孩子会感到很没有安全感，越来越感到恐惧，不利于孩子的心理健康发展。

◆**溺爱过度**。家长整天陪着孩子，生怕孩子吓着，一刻也不舍得离开，这样孩子会形成很严重的依赖心理。即使家长离开片刻，孩子也会不知所措。

◆**忽视孩子的害怕情绪**。家长认为孩子怕黑是理所当然的，长大了自然就不怕黑了，所以每次孩子求助都不给予回应。渐渐地，孩子会觉得孤立无援，恐惧的程度会越来越高。

锦囊妙计

◆**安慰法**。在孩子感到害怕时，家长给孩子温柔的搂抱、爱抚，不仅可以密切亲子关系，而且可以在一定程度上消除孩子恐惧的心理。孩子的认知能力和理解能力是有限的，家长应该用孩子能够理解的语言进行耐心的讲解，应该付出更多的耐心和时间给孩子讲故事，告诉孩子黑暗并不可怕，而且黑暗里有许多有趣的事情，如黑暗里可以玩捉迷藏、可以睡好觉做好梦等，以消除孩子对黑暗的不正确认识和惧怕心理。

◆**演示法**。给孩子信心，让孩子自己来开关灯。关上灯，让孩子看看周围其实什么也没有，再打开灯，也没有什么怪兽。让孩子学会开关灯，自己掌握暗和亮的主动权，消除其对黑暗的恐惧。

◆**转移注意力法**。家长可以在孩子睡觉前给孩子讲故事，转移孩子的注意力，可以先开着灯，等孩子睡着了再把灯关上。第二天，家长一定要夸奖孩子关着灯睡觉是多么勇敢。孩子受到赞扬和鼓励，一定会表现得更好。

◆**划清想象和真实的界限**。有的孩子特别害怕一个人在家，害怕童话中的妖魔鬼怪到自己家里来，所以家长在给孩子讲故事时，应该让孩子分清楚想象与真实的界限，减少孩子的恐惧心理。

◆**认识真实的世界**。家长可以用事实来证明鬼怪根本就不存在，可以拉着孩子的手把房间的每一个角落都检查一遍。人的心态是由于外界的影响而形成的，这种影响从本质上说就是教育。家长是最早给孩子创造外界影响的人，所以家长应该使用正确的教育方法引导孩子形成健康的心理。

◆**给予孩子安全感**。家长有空时多陪陪孩子，在生活上给予孩子安全感，让孩子知道家里除了他，还有其他人在，并不会撇下他一个人不管。平时尽量陪孩子看一些比较欢快的充满童趣的影视作品，选择一些趣味性强的图书给孩子看，让孩子远离暴力动画片。

（2）因缺乏安全感而引发的恐惧心理

案例

小然，4.5岁，上幼儿园中班。最近小然一听到去幼儿园就大哭大闹，恐惧万分。晚上睡觉也不安稳，有时还会从梦中惊醒，哭闹不止。小然的妈妈此前曾出差一个多月，爸爸因为工作太忙，总是很晚才到幼儿园接他。小然经常是幼儿园里最后一个被接走的孩子，他感到孤独、害怕，担心爸爸忘了他。

分析

有些幼儿一听到去幼儿园就会情绪紧张、恐惧，这是有原因的。其主要原因是幼儿与家长之间强烈的相互依赖关系，一旦离开家长，幼儿就会有强烈的焦虑情绪。该案例中，小然不仅因为依赖心太强，还因为对母亲的离开和父亲总是很晚才来接他这件事产生了错误的认识，以为父母亲忘了他，这种判断导致了他的恐惧和不安情绪。有些幼儿对进入某个环境感到不安，缺乏安全感，也会产生一些不良情绪。如果孩子这种恐惧心理没有得到及时干预，会严重影响到他们的生活，甚至可能给他们将来的心理健康带来不良影响。因此，家长应该采取措施帮助孩子消除恐惧心理。

错误应对

◆**忽视孩子的恐惧情绪**。对孩子的恐惧，家长仍然保持原样，不按时接孩子，也没有好好地关心孩子，对孩子不冷不热，只顾忙着工作，这会使孩子更加感到没有安全感。

◆**责怪孩子不懂事**。家长认为孩子太任性，责怪孩子不听话，"幼儿园也不上了，太不乖了。"孩子只能会觉得越来越委屈，最后可能会产生逆反心理，再也不肯上幼儿园了。

◆**错误地认为孩子对上幼儿园感到恐惧是缺点，要求孩子彻底改掉**。因为彻底改掉恐惧心理是孩子做不到的，恐惧心理是无法抗拒的。既然孩子无法摆脱它，家长就应该帮助孩子面对它。

◆**运用孩子这一恐惧心理并将其扩大化**。平时孩子一闹，家长为了追求一时的效果而吓唬孩子："再不听话，就送你去幼儿园。"这种不良的教育更容易导致孩子产生恐惧情绪。

锦囊妙计

◆**利用安慰法来消除恐惧心理**。安慰对一个幼小的心灵来说是十分必要的，尤其是在孩子很恐惧的时候，无论是精神上的还是物质上的安慰都会对孩子起到一定作用。爸爸如果实在太忙，就应该提前告诉孩子自己因为工作忙晚点才能去接他，并且尽量多抽时间来陪孩子，告诉孩子妈妈只是出差去了，过不久就会回来。妈妈一定要打电话给孩子，告诉孩子自己很想念他，工作结束了就会尽快回来看他。家长要多表扬孩子在幼儿园里的表现，鼓励孩子一定要乖乖地上幼儿园。

◆**转移注意力法**。家长可以让孩子带上妈妈的相片上学，或将妈妈的相片贴在幼儿园的教室或卧室里，使孩子随时都能感受到妈妈的存在，减少分离焦虑。家长也可以让孩子带上自己喜欢的玩具，告诉他如果想念爸爸妈妈就抱抱自己的玩具，或者玩玩具。

◆**与幼儿园合作**。家长可以向老师说明情况，请求老师在幼儿园多关照孩子，时不时提醒孩子，今晚爸爸会晚点来接他，希望他很坚强地等爸爸。

◆**培养独立意识**。父母平时一定要注意培养孩子的独立意识和独立生活能力，否则，孩子的依赖心理太强，到了一个新的环境，心理上就很难适应。很多孩子不愿意上幼儿园，是因为母亲从他很小时就事事代劳，长期给予过多的保护，结果令孩子十分依赖母亲。所以，父母平时应尽量培养孩子的自理能力，经常给予孩子一些独处的时间。

◆**榜样教育法**。找一些关于幼儿独自上幼儿园的故事书、影碟等给孩子看，也可以进行角色扮演游戏，通过这些游戏来告诉孩子应该好好上幼儿园，不哭闹、不撒娇的孩子才是大家喜欢的好孩子。

（3）因不愉快经历、模仿或误解而引发的恐惧心理

案例

华华，6岁，上幼儿园大班，惧怕毛毛虫，妈妈给他买的图画书上有毛毛虫的图片都被他撕掉了。有时候在公园看到毛毛虫他也会大哭大叫，更别说碰一下、摸一下了。妈妈多次告诉他"毛毛虫不咬人，是很可爱的"，但作用不大。

分析

幼儿害怕小动物可能有以下几个原因：第一，恐惧情绪的出现很可能是由于形成了不良条件反射。华华可能曾经与毛毛虫直接接触过，并且被其蜇痒过，产生了恐惧反应，而后强化固定下来，以后只要看到毛毛虫，他就会害怕得哭起来。第二，他可能见过别的小朋友看到毛毛虫吓得尖叫，自己也因此产生了对毛毛虫的恐惧。此外，除了模仿同伴，幼儿对成人、父母的模仿也是产生恐惧的原因。例如，母亲害怕蜘蛛，在看到蜘蛛时大喊大叫，紧张不已，于是孩子也会模仿学习到对蜘蛛的恐惧。所以，在日常生活中，我们常会发现孩子害怕的东西与其家人害怕的东西有关。第三，幼儿对某一物体的恐惧可能是因为他对该物体有了错误的认识和判断，觉得该物体就是个可怕的东西，会伤害到自己。对于案例中华华的恐惧心理，家长不必过于担心，也不要操之过急，应该积极采取措施处理问题。

错误应对

◆**嘲笑孩子的胆小行为**。逼孩子面对毛毛虫的图片，"这没什么啊，就是图画而已，你害怕成这样，太胆小了吧！"孩子一方面会感到很羞愧，另一方面会觉得更害怕了，这种做法不仅不能让孩子消除恐惧情绪，反而会使孩子产生自卑心理。

◆**保护过度**。很多家长认为，只要不让孩子接触毛毛虫就行了，于是不让孩子有机会接触关于毛毛虫的任何东西。但是，谁也不能保证孩子长大后不会接触

到毛毛虫，那时孩子如果接触到毛毛虫，还可能会有恐惧心理。

◆**操之过急**。直接找一些毛毛虫放在孩子面前，让孩子看。这时，孩子的情绪可能会失控，会大哭大闹，继而造成心理阴影。家长处理孩子的这类恐惧行为一定要循序渐进，千万不要指望一次就能解决问题。

锦囊妙计

◆**安慰和关怀孩子**。父母通过拥抱、身体抚摩、交谈等方法，让孩子感到安全，然后帮助孩子面对毛毛虫："毛毛虫那么小，只有我们的小手指长，根本就伤害不到我们这么大的人。""你看，毛毛虫多可爱啊，用小肚皮走路，多有趣啊。"

◆**运用系统脱敏法**。先让孩子放松全身肌肉，想象一些愉快的事情，家长可以将孩子对毛毛虫的害怕分成几个等级。例如，先让孩子走近离虫子20米处，再走近离虫子15米处，再走近离虫子10米处，然后5米处，最后站在虫子旁边，尝试碰一下虫子，双手接触虫子，拿起来5秒钟，10秒钟，一步一步地接近目标。这种方法还可用幻灯片或语言指示，向孩子呈现害怕的对象或事物，并要求孩子想象害怕的对象或事物。每次想象害怕的对象时，就要求孩子放松肌肉。

◆**示范法**。让孩子看其他孩子与毛毛虫接触的情景，这样可以有效地帮助孩子广泛而持久地减少恐惧的程度。家长应告诉孩子："你看，小明和毛毛虫玩得多开心啊，毛毛虫其实很可爱，从不咬人。""小明多勇敢啊，你也会跟他一样勇敢，对不对？"引导孩子学习示范者的行为，从而促使孩子减少对毛毛虫的恐惧心理。

9 安全感缺失

安全感，已成为当今社会里的热门话题，大人们往往因车子、房子、感情等物质或精神需要的满足而获取安全感。同样，幼儿也需要安全感，他们往往因和谐的家庭氛围、亲密的亲子关系和充分的亲情陪伴而获取安全感。

安全感是幼儿心理健康发展的重要基础，对幼儿的社会交往能力、环境适应能力、个性、情绪情感表达能力等的发展有着深刻的影响。拥有安全感的孩子情绪稳定、平和，能够正确地表达自己的情绪情感；信赖身边亲近的人，能够较好地融入新的人际关系；具有解决问题的能力，能现实、理智地处理在生活中遇到的难题；对周围的新事物充满好奇心，并喜欢探究。反之，缺乏安全感的孩子，则表现为：情绪波动大，缺乏自信；不信任别人，对新环境的适应能力差，难以和别人建立良好的亲密关系；胆小易退缩，过分焦虑，具有攻击性，性格孤僻，承受挫折的能力弱等。

幼儿阶段是孩子形成安全感的重要阶段，当孩子表现出较多的情绪、人际关系等方面的问题时，父母需要反思自己的教育方式和教育行为，找出影响孩子安全感的主要因素，并通过有效的方式重塑孩子的安全感。

（1）因缺少有效陪伴而导致安全感缺失

> **案例**

祥祥的爸爸经营着一家大型的连锁超市，平时工作非常忙，即使下班回到家也要不停地接电话、回微信；而全职在家的妈妈非常喜欢网络聊天、购物，自己玩手机的时候就把 iPad 放在祥祥面前让他看动画片。

祥祥 3 岁了，爸爸给祥祥选择了一家很不错的幼儿园，其他小朋友陆陆续续都克服了分离焦虑，融入到了幼儿园的集体生活中，可3个月过去了，祥祥的状态依然不佳：早上入园，抱着妈妈的脖子号啕大哭，"妈妈别走，妈妈别走"，怎么都不肯进园；好不容易进了教室，祥祥就是不肯坐到小椅子上，一整天都背着自己的书包、抱着自己的小拖鞋，像个跟屁虫一样跟在某一位老师的身后，哼哼唧唧地哭着说"老师，我要回家"；小朋友们玩玩具他不参加，唱歌做游戏他也不参加，如果老师拉着他的手邀请他加入小朋友的游戏，他就会号啕大哭……幼儿园里的老师们都认识了他，都知道祥祥是多年来入园适应最慢的那个小朋友。

分析

过于依赖父母也是孩子缺乏安全感的表现。当今社会，很多父母整天忙于工作和应酬，把孩子交给祖父母或保姆照顾，很少有时间陪伴孩子，即使是休息在家，或利用休闲时间带孩子外出游玩，父母也很容易因为不断地看手机或回复微信，导致陪伴孩子的质量很差，孩子得不到足够的关注，没有爱和耐心的回应，缺少有效的情感交流，导致心理营养不足，从而出现缺乏安全感的表现。祥祥就是一个典型的例子。一般幼儿入园时都会经历一定程度的分离焦虑，但拥有安全感的孩子能够很快地适应新环境，顺利度过分离焦虑期，快乐地融入幼儿园集体生活，获得健康的人际关系与心理发展；反之，则会出现被拒绝、被否定甚至是被遗弃的感觉，形成焦虑、自闭、自卑、自我否定等心理现象，正如缺乏安全感的祥祥，他对新环境的适应能力非常差，一整天都处于极度焦虑的状态，过了3个多月都无法适应幼儿园的环境。

错误应对

◆**很少陪伴孩子**。很多父母迫于生活压力而做着"周末父母"，早上孩子还没起床父母就已经出门上班了，晚上回到家孩子已经睡着了，只有周末才有时间在家，但也做不到全天陪伴孩子。特别是一些农村的父母，为了生存不得不背井离乡，将孩子托付给老人或其他亲属照顾，导致自己与孩子接触的时间少之又少，孩子缺少了亲情陪伴，当然也就无法获得对父母的信任感和安全感。

◆ **用电子游戏取代亲子游戏**。很多父母为了不让孩子来烦自己,就任由孩子玩电脑游戏或看电视动画片,导致孩子更多的时间沉浸在电脑画面里,无法享受与父母在一起的欢乐时光,得不到有效的情感交流,逐渐缺乏安全感。

◆ **误解"陪伴"的真正含义**。有的父母认为孩子在自己身边就是陪伴孩子,每天回到家就做"低头族",坐在孩子身边玩手机,虽然孩子就在身边,但亲子之间只是有一句没一句的交流,陪伴的质量很差。

锦囊妙计

◆ **多和孩子相处,建立亲密的依恋关系**。父母应多抽时间和孩子相处,让孩子感受到父母对自己的关爱和保护。亲密的家庭关系对孩子安全感的培养非常重要,相比之下,日常生活的琐碎忙碌则显得无关紧要。作为父母要认识到,为孩子提供再好的物质条件,也比不上多花些时间陪伴孩子.对孩子来说,陪伴更能让他感受到幸福。

◆ **全身心地投入,提高陪伴质量**。与孩子在一起时,要放下手机和工作,全身心地陪伴孩子游戏、玩耍,与孩子建立稳固的心理链接,用心构建出属于自己的亲子模式。

◆ **带孩子亲近大自然**。父母要经常带孩子接触大自然,激发孩子对大自然的好奇心与探究欲望,与孩子一起发现并分享周围新奇、有趣的事物或现象,真诚地接纳、多方面支持和鼓励孩子的探索行为,让孩子在游戏、探索中培养自信、乐观的性格。这也是增强孩子安全感的有效途径。

◆ **经常带孩子接触不同的人际环境**。如参加亲戚朋友的聚会,多和不熟悉的小朋友玩,让孩子发现与人相处的乐趣,使其在心理上能够较快地适应新的环境,缓解焦虑感,增强安全感。

（2）因家庭教养方式不当而缺乏安全感

> **案例**

淇淇给老师的感觉是一个时刻小心翼翼、很乖的小女孩。她从来不会主动与老师交流，吃饭、做游戏时总会怯怯地观察老师，被老师提问时总是低着头，或者不说话，或者很小声地说出自己的答案，让人感觉她是一个非常内向的小女孩。有时候她也会笑逐颜开地和其他小朋友玩耍，但一旦老师走过来，她马上就会变回那副怯怯的表情，显得神情紧张。有一次妈妈来幼儿园里做家长助教，淇淇看到妈妈竟然大声哭起来，一直黏着妈妈，让妈妈的助教活动都没法开展了。可是妈妈眼中的淇淇不是这样的啊！淇淇在家里喜欢恐龙、汽车之类男孩喜欢的玩具，妈妈陪她在小区里玩耍时她总是像小疯子一样跑来跑去，一刻也闲不下来。这个具有双面性格的小女孩让老师和妈妈都感到非常诧异！

> **分析**

淇淇在幼儿园和家里完全不同的两种表现，实际上也是她缺乏安全感的表现。淇淇妈妈平常对淇淇要求非常高，她认为孩子小、不懂事，需要父母时刻提出要求，控制孩子犯错误。其实这是一种专断型的家庭教养方式，专断型的父母要求孩子绝对服从自己，希望孩子按照他们设计的蓝图去成长，希望对孩子的所有行为都加以监督保护，他们很少考虑孩子自身的要求和意愿，对孩子违反规则的行为表示愤怒，甚至采取严厉的惩罚措施。久而久之，就导致孩子胆小、自卑，没有自己的主见，并且极度缺乏安全感。

> **错误应对**

◆**过度控制孩子的行为**。如父母完全不考虑孩子的感受，连孩子每天穿什么衣服、和哪个小朋友一起玩都由父母决定，这样会让孩子处于一种焦虑的状态：一方面，不知道如何做才能赢得父母的欢心；另一方面，遇到问题或进入新环境后没有自己的想法和主见，表现出极度的不安。

◆**对孩子冷漠、忽视**。孩子是一个有情感的个体，如果家长对孩子的表现漠不关心，甚至对孩子流露出厌烦、不愿搭理的态度，就会让孩子缺少爱的情感交流，他也就不会对他人的情感给予积极回应。

◆**孩子犯错时，严厉惩罚**。孩子年龄小，心智不成熟，经常会因为好奇、好动等犯错，如果此时父母不给予正确的引导，而是惩罚孩子，会让孩子质疑父母对自己的情感，从而缺乏心理安全感。

◆**恐吓、吓唬孩子**。有的父母在孩子不听话、发脾气的时候爱说"你再这样我就不要你了""信不信我把你关进小黑屋里"之类吓唬孩子的话。对于很多理解能力还不强的孩子来说，他们还分不清父母话中的真假，所以有些孩子会信以为真，或大哭大闹，或从此谨小慎微、战战兢兢，其安全感受到影响。

锦囊妙计

◆**以民主的方式与孩子交往，做决定时考虑孩子的意愿和想法**。如，全家人准备出门旅游时，让孩子说说他想去什么样的地方玩，再结合爸爸妈妈的想法，选择去游玩的地点和交通方式等。

◆**对孩子的不同表现奖惩分明**。当孩子表现好或有进步时，父母要及时表扬，而不是打击孩子："你看人家某某小朋友的画，比你画的更漂亮呢！"当孩子犯了错误时，父母不要包庇、纵容，而要给予恰当的惩罚，让孩子对自己的行为负责。这样，孩子才能正确认识自己的行为，具有自信和安全感。

◆**经常与孩子交流、沟通**。如，父母可以问孩子：今天在幼儿园里发生了什么有趣的事？你和哪个小朋友玩了游戏？让孩子有机会分享自己的快乐，这样既能培养良好的亲子感情，又能建立相互信任、依恋的关系，有助于孩子获得安全感。

◆**恰当的肯定、表扬和鼓励**。如，当孩子在某方面的表现有所进步时，父母要及时给予肯定，让孩子能够认识到自己的能力，帮助孩子培养自信心，缓解自卑和焦虑。

（3）因不良生活环境而缺乏安全感

> **案例**

坤坤是班里"人见人怕"的小霸王：老师上课时，他要搬着自己的椅子随时走动，老师制止他，他就会坐在地上大哭；每次排队去玩游戏，他都要排在"第一名"，不然就在班里大哭大闹；玩玩具时，他看中哪个玩具就直接从别人手里抢过来，别人不给他就上去抓人家的脸；他一不高兴就把桌面上所有的玩具哗啦啦地推到地上；和小朋友有一点点矛盾，他就会大吼大叫，甚至对小朋友拳脚相加，每天都有小朋友因为各种原因被坤坤抓了、打了……每次老师向坤坤妈妈反映时，坤坤妈妈都会惭愧地掉眼泪："老师，我已经教育坤坤很多次了，他每次都答应我不打小朋友了，可是他就是管不住自己啊！"

> **分析**

原来，坤坤两岁多时，爸爸和妈妈在经历了无数次家庭大战后离婚了，坤坤现在和妈妈一起生活。虽然妈妈尽力去弥补孩子，但曾经每天都"鸡飞狗跳"的家庭环境已经在坤坤幼小的心灵上留下了深深的印记。

心理学家马斯洛把人的需要分成生理需要、安全需要、爱和归属感的需要、尊重需要、自我实现需要五类，依次由较低层次到较高层次排列，称为马斯洛需要层次理论。这一理论认为，当人的吃、穿、睡等基本生理需要得到满足后，就会自然而然地追求安全的需要，安全包含人身安全、生活稳定以及免遭痛苦、威胁或疾病等。年幼的坤坤在充满矛盾与斗争的家庭环境中长大，对他来说，处处充满不安全的因素，导致他没有安全感，对外界的人和事心存戒备，经常通过霸道的行为来掩盖内心的敏感与脆弱。

> **错误应对**

◆ **当着孩子的面吵架。**一些父母在遇到矛盾时不能控制自己的行为，完全不考虑孩子的感受，在孩子面前互相咒骂甚至大打出手，给孩子造成极大的惊吓，形成终生难忘的心理阴影。

◆**经常抱怨生活**。生活中有百般不易，有的父母习惯每天将负面情绪挂在嘴上，如爱说赚钱多么不容易、社会多么不公平、某些人多么坏之类的话，在潜移默化中孩子成为一个消极的人，形成了对生活的不安全感。

◆**消极的生活方式**。长期做"低头族"，或整日徘徊在麻将桌前，或每晚酩酊大醉地回家等消极的生活方式，都会让孩子充满负面情绪，形成恐惧、自卑、焦虑等安全感缺失的心理。

◆**经常打骂孩子**。有的父母青睐棍棒教育，认为严师出高徒，甚至提出"我们小时候就是被打大的"等言论，遇到孩子犯错误就严厉地惩罚、打骂孩子，这样也会让孩子形成较多的负面情绪，害怕甚至憎恨父母，导致安全感缺失。

锦囊妙计

◆**营造安全、轻松的心理环境**。父母和孩子相处时，要尽量保持良好的情绪状态，以积极、愉快的情绪影响孩子，多让孩子感受生活的美好，让孩子形成安全感与信任感，消除内心不安的情绪。

◆**维护和谐的家庭氛围**。家庭成员之间相互尊重、互帮互助、友爱和谐的相处方式，会让孩子感受到家庭的温暖，因此大人无论遇到婆媳矛盾还是夫妻矛盾，都尽量不要当着孩子的面爆发情绪，而要理智地解决问题，为孩子的人际交往树立一个良好的榜样。

◆**冷静对待孩子的攻击和破坏行为**。父母要理解孩子的攻击行为是由其内心的不安全感造成的，不能遇到老师、其他家长告状就严厉地惩罚孩子，这样只会加重孩子的错误行为。父母要冷静地处理，给孩子解释和改正错误的机会。

◆**进行正确的情绪疏导**。父母可通过角色游戏、绘本故事等方式，教给孩子各种发泄不良情绪的方法，如画画、听音乐、向他人倾诉等，用更多的情绪发泄方式取代攻击行为和破坏行为。

10 情感表达障碍

"情感是人对客观事物是否满足自己的需要产生的态度体验。"幼儿阶段是个体情感发展的重要阶段，良好情感和健康情绪的培养不但有益于孩子的身心健康成长，而且有利于幼儿良好性格的培养，并能促进幼儿智力的发展。但在家庭教育中，对孩子的情感培养往往处于容易被人忽视的地位。在生活中，有的孩子沉默寡言，甚至看上去"冷酷无情"，妈妈生病了不会表示关心，咬、打、摔身边的小动物，对其他小朋友的示好不会做出任何反应；也有的孩子被称为"人来疯"，只要家里来了客人，就拼命地表现自己，在客厅里跑来跑去、到处翻滚，拿出自己所有的玩具摆满客厅向客人展示，在客人面前表演自己的所有技能；还有的孩子遇到事情时只有"哭"这一种表达方式，早上起床选不好自己喜欢的衣服要哭，看电视找不到自己要看的节目要哭，吃饭时饭菜不可口也要大哭，却不会告诉爸爸妈妈自己到底想要什么、喜欢什么……这些现象，其实都是孩子情感表达障碍的表现。具有情感表达障碍的孩子，无法正确地理解自己和他人的情感，不能合理地调整自己的情绪，更不会恰当地表达自己的情感。

那么，家长应该如何培养孩子的情感理解、情绪调控、情感表达能力，促进孩子的情感智力发展呢？遇到孩子出现情感表达障碍问题时，家长应该如何加以引导呢？由于不同的家庭环境、不同的教育方式、不同的性格特点，孩子们在情感发展方面的表现各不相同。要解决问题，关键在于找到问题出现的原因。

（1）因缺乏关爱而导致情感表达障碍

> **案例**

玲玲是班里有名的"小霸王"，班里的小朋友都不喜欢她。有时候她很想加入别人的游戏，但她不会好好地说，总是一上来就抢别人的东西、拍打别人，被小朋友投诉了总是一脸委屈的样子……老师注意到，每天接送玲玲的总是一位满头白发、身材佝偻的老奶奶，从来没有见过玲玲的爸爸妈妈接送她。原来，玲玲的爸爸妈妈都在新加坡做生意，玲玲由留在国内的近80岁的爷爷奶奶照顾。

> **分析**

玲玲是一个典型的城市留守儿童。父母为了生计、为了给孩子创造更优越的物质条件，将孩子留给老人照顾，这在我国特别是农村地区较为常见。孩子在最需要父母的情感呵护和家庭教育的阶段，由于得不到父母的关爱和教育引导，导致情感的缺失。特别是像玲玲这种情况，照顾她的是年事已高、本身都需要别人照顾的爷爷奶奶，爷爷奶奶能保证玲玲吃饱穿暖、不出事已经力不从心了，他们对玲玲娇生惯养、放任自流，玲玲没有机会像别的孩子一样听妈妈讲故事、和爸爸玩游戏、去大自然野餐、和爸爸妈妈说心里话……这导致玲玲不知如何表达自己的情感，她喜欢别人、想和别人一起玩，但抢别人的东西、拍打别人的错误行为方式让她越来越没有朋友。

> **错误应对**

◆**不承担教育孩子的重任，将孩子留给老人照顾。** 留守儿童的问题是我国家庭教育中的一大课题，由于各方面的原因，这一问题很难在短时间内彻底解决，对留守儿童造成的心理和情感伤害是很难弥补的。

◆**将工作带回家，放弃陪伴孩子的时间。** 很多父母因为工作繁忙，要么在单位加班到很晚，回到家孩子已经睡着了，要么将工作带回家，无法陪伴孩子游戏、玩耍，导致孩子很少有时间和父母相处，失去了很多亲子游戏的机会，也就没法和父母进行情感的交流和沟通。

◆**手机不离手，只有"陪"没有"伴"**。在现代社会手机等电子设备已成为人们的生活必需品，很多父母长期做"低头族"，即使和孩子在一起，也不停地发微信、刷微博、看视频，看似是陪在孩子身边，却完全没有与孩子交流，让孩子非常沮丧，无法感受到父母对自己的爱。

锦囊妙计

◆**高质量的陪伴才是最长情的告白**。父母的亲情陪伴对于孩子来说是至关重要的，孩子的依恋情感、安全感、情感表达能力等的良好发展都离不开父母的亲情关爱。如，白天工作忙碌的父母，可以在晚上和周末陪伴孩子玩玩具、看图书、做手工、去公园运动等，在愉快的游戏中和孩子进行充分的亲情交流，提高亲子陪伴的质量。一个能够感受到爱的孩子，才会懂得如何去表达自己的爱。

◆**发挥父母的情感示范作用**。爸爸妈妈之间相亲相爱，是对孩子情感发展最好的示范。在和谐、亲密的家庭环境中长大的孩子，每天都能看到父母是如何爱护对方的，自然而然就会懂得通过微笑、亲吻、拥抱等方式表达爱意，学会与人亲密相处、互帮互助。

◆**"真情交流"时间**。父母可以和孩子约定一个家庭的"真情交流"时间，和孩子一起谈论自己高兴或生气的事，鼓励孩子与人分享自己的情绪情感。当发现孩子不高兴时，父母也要主动询问情况，帮助孩子化解消极情绪，找到良好的情感表达、情绪抒发途径。

◆**引导孩子以恰当的方式表达负面的情绪情感**。情绪情感没有对错之分，但在什么场合、以何种方式表达自己的情绪情感，会影响到孩子的社会交往。父母需要引导孩子恰当地表达自己的情绪情感，如自己的玩具被别的小朋友损坏了，孩子肯定会有负面情绪，这时妈妈可以告诉孩子："妈妈知道你很喜欢这个玩具，如果你很伤心的话，就轻轻地哭出来吧。"父母不能纵容孩子因玩具损坏而大哭大闹，或者动手打别的小朋友。

◆**教给孩子如何表达爱**。父母可以通过示范、讲故事、玩角色游戏等方式，教给孩子一些表达爱的方式方法。如：在语言上，可以说"爱""喜欢""和你一起真高兴"等；在动作上，可通过微笑、拉手、亲吻、拥抱等方式来表达；还可以借助于物品，如将自己的想法画成画、赠送心爱的小礼物给别人等。

◆**教给孩子加入游戏的方法，帮助孩子发展友谊。** 幼儿之间的友谊是他们情感的重要部分。当孩子不会与别的小朋友交往时，父母可以教给他一些方法，帮助他顺利地加入别人的游戏，如拿出自己的玩具邀请别人一起玩，或者扮成某个角色加入别人的游戏；当孩子与同伴发生矛盾或冲突时，父母可指导他尝试用协商、交换、轮流玩、合作等方式解决矛盾或冲突。

（2）因父母的语言暴力而导致情感表达障碍

浩浩是一个让老师"又爱又恨"的孩子，他的行为总是很矛盾。午睡起床后，老师正蹲在地上帮浩浩穿鞋子，浩浩对老师说："老师，我家里有好多好多小汽车，我带你去我家玩好不好？我让我妈妈买好多好多蛋糕给你吃。"老师开心地帮他整理好鞋子后，又去帮另一个小朋友，谁知道浩浩忽然趴到老师的背上，边用力扯老师的头发边恶狠狠地说："我要把你杀死！我要把你杀死！"老师好不容易把他拉开，过了一会儿他搬着椅子经过老师身后时，又忽然拿椅子砸向老师的腿。这让老师非常不理解：浩浩一边表现出对老师的依恋，又一边控制不住自己打老师……

分析

浩浩的行为让人非常难以理解。老师在观察浩浩的父母时发现，原来浩浩的妈妈是一个说话非常刻薄的人，她对浩浩说话总是教训式的、挖苦式的：

"你怎么这么没用啊？！"

"我都说了多少遍了，你没长耳朵啊？！"

"再哭，你就在这里哭吧，我自己开车回家了！"

"你再不听话我就不要你了!"

"我能指望你干什么!"

"我怎么生了你这么个没用的东西!"

……

其实,这种对孩子否定性的、伤害性的语言,是一种语言暴力。在持续的语言暴力环境中,孩子会产生大量的心理问题,如过度自卑、缺乏安全感、攻击行为、情感表达障碍等。

在生活中,类似的语言很常见,许多父母在生气时,都会忍不住说这样的话。长期遭受语言暴力的人,在情感表达方面可能会走向两个极端:一种是由于长久以来得到的都是外界对自己的否定,有些孩子会变得自闭,极力压抑自己正当的欲望和需求,在他人面前不敢轻易地表达自己的看法,甚至演变成"社交障碍",他们不会自然地向亲人和朋友表达爱意、赞美,也不会发泄自己的愤怒情绪,换言之,他们并不懂得怎么去表达情感;另一种是在潜意识里模仿父母的语言和行为,牙尖嘴利、尖酸刻薄,越是对自己喜欢的人,越是用讽刺性的语言、伤害性的行为去吸引对方的注意,并伤害对方。

错误应对

◆**讽刺、挖苦孩子**。有的父母无法容忍孩子犯错,每当孩子做错了事情时,父母就会非常气愤地用讽刺性的语言伤害孩子:"你怎么这么笨!""你没长脑子吗?"长此以往,孩子就不能对自身有一个正确的认知,做什么事情都小心翼翼,害怕犯了错误惹父母生气。

◆**威胁、恐吓孩子**。有的父母在孩子不服从他们的要求时,气急败坏地威胁孩子:"再不听话我就不要你了!""不许吃饭,不许睡觉!"这导致没有辨别能力的孩子内心产生极大的恐惧,担心父母不爱自己了,对父母的情感产生怀疑。

◆**抱怨、压抑孩子**。有的父母不认可孩子自身的能力,对孩子提出超出其心理年龄特点的要求,并要求孩子完全按照他们安排的样子去成长,经常会说:"求求你让我们省点心,好不好?""求求你长点儿心吧!"这导致孩子对自身的能力产生怀疑,不能形成正确的自我认知,出现自卑等心理问题。

锦囊妙计

◆**正视"语言暴力"的危害**。有的父母认为动手打孩子才是暴力的教育方式,实际上,语言暴力的伤害更大!虽然父母对孩子的苛刻教育一般都源于爱孩子,但错误的方式让孩子感受到的不是父母的爱,而是承受不了的压力。因此,父母要转变自己的观念,认识到语言暴力的危害,而不是无所谓地说:"有那么严重吗?"

◆**正面管教**。父母要采用既不过分严厉也不骄纵孩子的教育方法,尊重孩子的意愿,当孩子做错事时,能够用温和而坚定的语言引导孩子,告诉孩子怎样做是正确的,而不是一味地讽刺、挖苦、否定孩子。比如,孩子打碎了家里的东西时,父母不能说"你怎么把东西打碎了?这个东西好贵的,今天你不用吃饭了"之类的话责骂他,而应该询问孩子原因及他有没有受伤,告诉他下次要怎么做。

◆**表达父母对孩子无条件的爱**。父母的语言暴力和严厉惩罚容易让孩子对父母的爱产生怀疑。当孩子犯错误时,父母应该告诉孩子:"我生气是因为你做错了事,不是因为我不爱你了。"要让孩子相信父母对自己的爱是无条件的,不因为自己做了什么。

◆**尊重孩子,肯定孩子是一个独立的"人",而不是父母的附属品**。父母要将孩子看作一个独立的、有感情的个体,允许孩子因为年龄小而犯错误,认可孩子有自己的喜怒哀乐,允许孩子以各种方式不断长大,而不是让孩子完全听从父母的安排,按照父母规划的蓝图去成长。

(3) 因性格内向而导致情感表达障碍

案例

可可长相甜美,每天安安静静的样子让老师都不忍心大声跟她讲话。她聪明又乖巧,妈妈和老师安排的事情她都能很认真地去做,她是大家眼中的好孩子。

教师节到了，妈妈和可可在家里为老师制作了一张手工贺卡，早上上学前，妈妈千叮咛万嘱咐："到了幼儿园要把贺卡送给老师，并对老师说'教师节快乐，我爱您！'。"到了教室门口，老师正在迎接小朋友入园，妈妈示意可可把贺卡送给老师，但可可只是低着头把贺卡塞到老师手里，就是不肯说话。老师微笑着鼓励可可："可可，这是送给老师的吗？"妈妈也着急地在旁边催促可可："快说呀，你早上给老师准备的话怎么不说了？"可可看着妈妈和老师期待的眼神，表情越来越紧张，竟然哭了起来！

分析

可可是个过于内向的小女孩，她的情感非常内敛，从不轻易表达自己的爱，妈妈总是觉得可可"木讷"，从来不会说客套话，担心她以后不会与人交往。其实，这时候，老师可以对可可说"可可，老师非常喜欢你送的礼物，谢谢你"，然后温柔地抱一下或亲一下她，这会让她紧张的情绪得到缓解。

对于性格内向的孩子来说，表达自己的情感似乎是一件羞于启齿的事情，他们把自己的情绪情感藏在心里，有时候，可能仅仅会通过微笑的眼神来表现他们对家人、朋友的喜爱，而不敢用拥抱、亲吻甚至说的方式表达出来。长此以往，他们在接触新环境、交往新朋友方面会比勇于表达自己情感的孩子更加困难，在群体生活中也很难得到别人更多的关注。上了幼儿园或小学，在一位老师需要照顾和教育几十个孩子的情况下，当其他性格开朗的孩子每天围绕在老师身边说甜言蜜语时，内向孩子的情绪情感往往容易被老师忽略；到了工作和生活中，当大家自由地表达自己的想法，遇到问题主动和别人交流、学习时，他们也容易因羞于开口而必须付出更多的努力，走更多的弯路。

错误应对

◆**不耐烦的态度**。性格内向的孩子在向别人表达爱意的时候可能会因为害羞等原因而不敢开口，这时候家长一定不能不耐烦地催促孩子："快说呀，在家里不是说得挺好的吗？"这样会让孩子感觉更加窘迫，更加不愿意开口。

◆**给孩子下定义**。当遇到孩子与人交往不敢表达情感时,很多父母会当着孩子的面说:"这孩子从小就这样,不爱说话。""他就是爱哭。""我的孩子一直这么胆小。"这样会让本来想开口表达的孩子也不愿意说话了。

◆**认为小孩子没有自己的情感**。一些父母认为:"孩子这么小,他什么都不懂。"父母这样否定孩子的个人情感,对孩子的爱憎表示无所谓,会扼杀孩子表达情感的念头。

锦囊妙计

◆**用温和的方式向孩子表达父母的爱**。性格内向的孩子羞于开口,也害怕别人向他施加压力,因此,家长要用温和的方式鼓励孩子,经常用肯定的眼神、温柔的拥抱来表达自己对孩子的爱,在孩子能够接受的范围内给孩子做一个情感表达的示范。

◆**鼓励孩子表达自己的情感**。性格内向的孩子即使喜欢别人也不敢说,父母要经常鼓励孩子,将自己的情感表达出来,可以先向最熟悉的爸爸妈妈表达,接下来向爷爷奶奶、兄弟姐妹表达,然后向比较熟悉的老师、同学表达,让孩子逐渐感受到:原来,说出自己的爱并没有那么难。

◆**及时表扬孩子的进步**。内向的孩子更需要别人的肯定,当孩子在表达情感方面取得一点小进步,如主动给下班回家的妈妈倒了一杯水时,家长要及时给予表扬,告诉孩子他哪里做得很不错,鼓励他继续加油。

◆**亲子共读绘本**。一些情感教育的绘本很不错,家长可以和孩子一起阅读,并在亲子阅读时和孩子讨论一下:如果妈妈这样跟你说,你会不会感觉很开心?比如,在阅读《猜猜我有多爱你》时,家长可用绘本中的句子"我的手举得有多高,我就有多爱你""我跳得有多高,我就有多爱你"等,教孩子如何表达自己的爱。

第三部分

学习方面的问题行为

孩子来到这个世界，对周围的一切充满了好奇。刚刚出生的孩子，会努力地睁开眼睛，想看清楚周围的人和物。接下来，他会努力地尝试动一动脸上的肌肉，学习怎样笑，怎样做出不一样的表情。然后，他会尝试指挥自己的身体，伸手、踢脚、抓握东西、翻身、站立、行走。再长大一点，他要学习说话、学习认字、学习算数。孩子长大的过程，就是学习的过程。

学习对于孩子来说非常重要，因此世界上无论什么文化背景、什么种族、什么地域的父母，都很重视发展孩子的学习能力。我们发现，如果父母的教育方法不对，很容易给孩子带来负面的影响，所以，孩子在学习上表现出来的问题可谓最多、最集中。

其实，孩子天生就有学习能力，他会自己学。几个月大的宝宝就发现扔铃铛会发出好听的声音，于是他会一而再，再而三地扔；6个月大的孩子就知道按遥控器能够让电视机发生变化，于是牢牢地抓住遥控器不放；1.5岁的孩子就能够发现故意捣乱会让妈妈生气；3岁的孩子就开始明白医院都有红十字标志。孩子天生爱学习！

问问题也是孩子自然发展的需要，他的问题可真多！天的上面是什么？地的下面是什么？为什么人要吃饭？为什么有白天和黑夜？天生一个"为什么"专家！

孩子天生就有好奇心和求知欲，只要父母正确引导，就能培养一个爱学习、会学习的好孩子。可是很多父母却不懂得培养孩子自主学习能力的重要性，在孩子的学习上花费巨资、无比努力，换来的却是孩子在学习上表现出的各种问题。比如，因为父母过多地干涉，在孩子探索周围世界的过程中给予过多的指导，这种指导变成了影响孩子专注力的干扰因素，从而造成孩子注意力不集中；为了让孩子赢在起跑线上，父母让孩子过早地学认字写字，把孩子所有的时间都排满，让孩子学英语、学钢琴、学画画、学奥数，剥夺了孩子游戏、玩耍的权利，导致孩子厌学、逃学，对学习没有兴趣；有的父母把孩子的学习当成自己的事，为孩子安排学习内容，替孩子收拾书包，给孩子听写，时时刻刻看管着孩子学习，导致孩子的学习自主性差；还有些父母只许孩子读课本或老师指定的书本，只在乎孩子的考试成绩，为了孩子成绩好，甚至替孩子思考，替孩子写作文，导致孩子学习没有动力，没有独立思考，没有主动创造……本来是天生有好奇心、爱学习的孩子，在不正常的外力作用下，就有可能变成不想学、不会学的孩子。

培养一个爱学习、会学习、会创造的孩子是如此重要，因为这些是孩子踏入社会之后的核心竞争力。可是，并不是每个父母都懂得怎样培养孩子的学习兴趣，激发孩子的想象力和创造力。所以，我们还是需要帮助这些"误入歧途"的父母和孩子回到正确的轨道上来。我们选择了最常见的几种问题行为，如注意力不集中、没有学习兴趣、懒惰被动、说话晚、粗心健忘、怕上幼儿园、逻辑混乱、做事拖拉、坐不住和不会倾听等进行分析，帮助父母解决孩子在学习上表现出来的这些问题行为。

1 注意力不集中

"注意"是一个古老而又永恒的话题。俄国教育家乌申斯基曾精辟地指出:"'注意'是我们心灵的唯一门户,意识中的一切,必然都要经过它才能进来。"

注意是指人的心理活动对外界一定事物的指向和集中。人具有注意的能力称为注意力。

注意从始至终贯穿于人的整个心理过程,人只有先注意到一定事物,才可能进一步去观察、记忆和思考等。注意力是智力的五个基本因素之一,是记忆力、观察力、想象力、思维力的准备状态,所以注意力被人们称为心灵的门户。由于注意,人才能集中精力去清晰地感知一定的事物,深入地思考一定的问题,而不被其他事物干扰;没有注意,人的各种智力因素——观察、记忆、想象、思维等——将因为得不到一定的支持而失去控制。

儿童注意力不集中的具体表现有以下几种:

- 容易分心:不能专心地做一件事,注意力很难集中,做事常有始无终;
- 学习困难:上课不专心听讲,易走神,学习成绩不稳定,健忘、厌学,作业、考试中经常因马虎大意而出错;
- 活动过多:在任何场合下都无法安静,手脚不停或不断插嘴、干扰大人的活动,平时走路急匆匆的,经常无目的地乱闯乱跑,不听劝阻;
- 冲动任性:情绪不稳定,易变化,常常不假思索就得出结论,行为不顾及后果;
- 自控力差:不遵守规章制度,不听老师、家长的指示,做事乱无章法,随随便便,一切听之任之,不能与别人很好地合作,容易与他人发生冲突。

注意在人的各项活动中起着举足轻重的作用,任何一种活动都要有注意的参与才能顺利进行。活动中有的幼儿善于集中注意力,也有的幼儿注意力容易分散,还有的幼儿很难把注意力从一个活动转向另一个活动。造成注意力不集中的原因比较复杂。但是在幼儿期，幼儿的注意力是可以通过兴趣、游戏等来培养的。

（1）因兴趣缺乏而引起的注意力不集中

案例

立立是个文静的小男孩，4周岁了，上幼儿园小班，他性格较内向，不爱与小朋友交往，即使有小朋友主动与他说话，也找不到相同的兴趣，所以往往不欢而散。老师经常反映立立在上课时东张西望，不听老师讲课，以至于老师提问的时候不会回答。另外，老师反映立立在受到批评之后会觉得非常委屈，即使是一般的批评，他都会委屈得直哭。

在家中，立立做事情也是注意力不够集中，玩玩具只有两分钟的热乎劲，唯独喜爱风扇、大风车、排气扇之类会旋转的东西，永远玩不腻。家长给他讲故事时，他表现得很不耐烦，也不愿意动脑子去思考问题，动手能力较差，玩拼图之类的游戏是从来进行不下去的。

分析

在上面的案例中，4岁的立立内向安静，照理说，他做事情比较容易集中注意力，可事实上却让父母和老师有些伤脑筋。在幼儿园和家里，他做事情注意力不集中，只对一些自己感兴趣的少数东西，如旋转的物体，能够集中注意力很久，永远玩不腻。这就说明，立立可以集中注意力，对于有兴趣的事情，他就能集中注意力。

错误应对

◆**盲目地批评**。在幼儿园或家中，老师或者父母严厉地批评或责骂孩子，尤其是当着别的小朋友或亲戚朋友的面，这样做容易让孩子感到委屈和难过，特别是那些内向敏感的孩子，他们的自尊心会受到强烈的打击。

◆**盲目地拿自家孩子与其他孩子进行比较**。有的家长在教育孩子的时候，喜欢拿自家孩子与其他孩子比较，希望以其他孩子的积极榜样，鼓励自己的孩子迎头赶上。事实上，家长经常进行孩子之间的比较，不仅不能鼓励孩子的积极性，反而容易让孩子觉得自己不如别人，爸爸妈妈一定是喜欢别人不喜欢自己，因此感到挫败和沮丧。

◆**家长的教育方式不统一**。家长的教育观念不一致，爸爸认为是正确的事情，妈妈却坚决反对，这样孩子就会左右为难，不知怎么做才是对的，严重的可能引起孩子的认知冲突。

锦囊妙计

◆**兴趣是最好的老师，感兴趣的事物会提高孩子的注意力**。例如，上面案例中的立立对风车感兴趣，家长可以通过帮助他研究风车，来发展他对其他事物的好奇心。

◆**家长陪伴玩耍能稳定孩子的注意力**。在孩子玩玩具的时候，家长可以和孩子一起玩，有家长的陪伴更能让孩子专心地、有安全感地、放心地去玩，这样不仅能达到培养孩子注意力的目的，而且能加深亲子关系。

◆**环境相对安静，避免一些无关刺激对孩子的干扰**。家长不要以关心之名总去打扰、分散孩子的注意力：一会儿削只苹果送过去，一会儿又送杯开水或饮料；一会儿关照孩子要保持书与眼睛的距离、注意保护眼睛，一会儿又提醒孩子多穿一件衣服、当心感冒；一会儿批评孩子哪里做得不对，一会儿又表扬孩子哪里表现不错。如此这般，既分散了孩子的注意力，又弄得孩子心烦意乱，根本不能专心。

◆**发展孩子的耐心要一步一步来，不要给孩子施加压力**。比如，玩拼图游戏时，让孩子从简单的图形拼起，在完成任务或速度提高时及时表扬，增强孩子的信心，有时家长还可以提供一些物质奖励。比如，当孩子达到家长的要求时，家长可以允许其多看一会儿动画片或允诺周末带孩子去游乐场（但家长一定要做到，不要随便开"空头支票"）。

◆**和孩子多沟通，带孩子参加各种各样的活动，多认识小朋友**。家长不能只顾着忙自己的事业而忽略了孩子的成长，要多一些和孩子相处、交流、沟通的时间，多带孩子参加各种活动，培养孩子的自信心和活泼开朗的性格，这样孩子自然会受到其他小朋友的欢迎。

◆**让孩子一次只做一件事情。**人的注意资源是有限的，分配在性质不同的事情上面，会严重消耗注意力的有效性。孩子的注意力正在发展过程中，同时进行多件事情，会损害注意力的有效集中。所以，在孩子玩玩具的时候，家长要关掉电视机；在孩子做作业的时候，家长不要放音乐。

（2）因注意力控制能力不足而引发的注意力不集中

案例

兰兰是一个做事情不专心的孩子。下午放学回家，刚一进屋，兰兰就喊"太累了，太热了"。妈妈拿了冰激凌给她，然后告诉兰兰吃完写作业，自己要去买菜。可妈妈买菜回来时，兰兰还在搅拌盒子里最后一点点冰激凌。看见妈妈回来了，兰兰赶快写作业。在写作业的半个小时里，兰兰去了两次厕所，到饮水机旁接了三次水，倒水经过电视机旁边时还逗留了一会儿。妈妈看在眼里，并没有明说，她知道今天作业不多，所以兰兰心不在焉，故意在拖延时间。

不一会儿，兰兰又来到厨房，看见妈妈在择青菜，就说："妈妈，我帮你择吧。""好啊，来，你择这些。"妈妈给兰兰分了一半。"啊，妈妈，你看你弄错了，你把烂菜叶放进盆里，把好的青菜扔进垃圾桶了。"兰兰很快发现了妈妈的错误，很是沾沾自喜。"哦，是啊，看妈妈太不专心了，差点浪费了青菜，差点煮烂菜叶给兰兰吃。"妈妈一边从盆子里往外捡烂菜叶子，一边又说道："孩子，做任何事情都要专心。妈妈择菜不专心会造成浪费还耽误时间，那你做作业不专心，会怎么样呢？"

听了妈妈的话，兰兰的脸唰地红了。"妈妈，我知道了，我现在就去写作业。"说完，兰兰回到书桌旁，很快就完成了作业。只要专心，兰兰的表现就很好。

分析

案例中兰兰的妈妈做得特别棒，她没有直接指责孩子做事不专心，而是巧妙地让孩子看到，不专心做事情的后果，从而教导兰兰专心做事的重要性。所谓专心，就是集中注意力，也就是孩子有意控制注意的能力。

有意注意或随意注意是自觉的、有预定目的的注意。有意注意往往需要一定的努力，人要积极主动地去观察某个事物或完成某项任务。有意注意是一种比较高级的注意形态。从生理机制上说，它是和高度发展的皮质抑制机能相联系的，是和第二信号系统的发展相联系的。有意注意的发展，对于儿童的课堂学习很重要，同时也是提高孩子对自己的控制能力和管理能力的一个重要方面。无意注意也就是不随意注意，这主要是由事物本身的特点所引起的、没有既定意图的、不需特别努力的一种注意状态。学前儿童的皮质抑制机能和第二信号系统还不够成熟，因而有意注意还不能成为主要的注意形态。所以，对孩子来说，注意力需要父母有意识地进行培养。

错误应对

◆**打击孩子的积极性**。案例中的兰兰是个做事不专心的孩子，一件事情没有做完就想做下一件事，如作业没做完就想帮妈妈择菜，而聪明的妈妈没有制止或拒绝孩子的帮助，因为这样不仅不能使孩子乖乖地去做作业，反而打击了孩子助人为乐、热爱劳动的积极性。

◆**发脾气**。如果自己家的孩子像兰兰那样做事三心二意、拖拖拉拉，大多数妈妈会忍不住对孩子发脾气，可案例中的妈妈却很好地控制住了自己，从而为后来寻找机会教育孩子创造了条件。

◆**严密监督孩子**。有的家长为了让孩子专心练琴、做作业，往往放下自己的一切事情，坐在孩子身边"督工"。这样的做法虽然能让孩子集中注意力，但是长此以往，孩子容易养成依赖的习惯，自己控制不住自己的注意，必须靠别人来控制。

> **锦囊妙计**

◆ **尽量让孩子在游戏、学习及家务劳动中保持有目的、有意识、有始有终，这对培养孩子的注意力是十分重要的。** 有一种非常有效的办法，就是经常和孩子下棋，并带一点比赛性质，以培养孩子独立思考、独立解决问题的能力和竞争的精神；让孩子写毛笔字也是一种好办法。

◆ **让孩子明确学习、奋斗的目标，并通过自己的努力达到目标。** 只有让孩子确立远大的目标（更有乐趣、有价值、有实现的可能），比如想做飞行员、想当作家、想做医生等，孩子才有坚持的动力，从而提高其注意力。

◆ **科学安排孩子的生活起居时间，做到生活学习有规律、有计划。** 家长要提醒孩子坚持体育锻炼，坚持准时起床、准时睡觉，坚持按时完成作业，培养其意志力，增强其注意力。

◆ **玩一些需要集中注意力的游戏。** 比如玩拼图，先选孩子熟悉、喜欢的形象，如小动物、卡通形象，从最初的几块开始，让孩子对照着完整图形进行拼搭。比如找不同，给孩子一幅画有各种彩色动物的图片，长耳朵兔子、短耳朵熊猫……让孩子找出不同类型的动物。

◆ **以身作则，并及时表扬孩子的良好表现。** 家长应该以身作则，做专心、坚持和耐心的榜样。平时发现孩子有专心的表现，家长应加以鼓励和称赞。

◆ **培养孩子的兴趣。** 孩子对某事物的兴趣越浓，就越容易形成稳定和集中的注意力。家长不要整天把孩子关在房间里学习，要鼓励孩子从事各种活动，让孩子在活动中发掘和发展自己的能力及兴趣，有兴趣的事物自然能吸引孩子的注意力，并且持续保持高度关注，这样注意力就自然能够得到锻炼。

（3）因特殊疾病而引发的注意力不集中

案例

兴兴7岁了，上小学一年级。他是个胖乎乎的、很可爱的小男孩，可不久前却被诊断患有注意缺陷障碍（Attention Deficit Disorder，ADD）。兴兴很活泼，懂得很多知识，喜欢看书，特别是那些他感兴趣的书。然而，除此之外，他做什么事情都没有耐心。他上课的时候从不认真听讲，老师在上面讲，他就在下面"忙自己的事"，如画画、玩纸、玩铅笔、打扰别的同学或者走来走去，但这些事他都坚持不了多久，往往玩了几分钟就会厌烦一件事转而做下一件。老师已经对他完全放弃了，除非干扰到别的同学，一般都不会管他。

分析

案例中的兴兴是个有特殊障碍的儿童，他做事情很难集中注意力或坚持不了多久，在学校，老师已对他完全"放任自流"了。这是一种错误的做法，老师不能因为他是特殊儿童就不管不问，他也有受教育的权利。老师应该想办法，培养兴兴集中注意力的习惯，适当的纠正总会改善他的情况。注意缺陷障碍是儿童注意缺陷多动障碍，俗称多动症（Attention Deficit Hyperactivity Disorder，ADHD）中的一种，也是常见的儿童发展障碍。主要表现为难以控制注意力，即使对于很感兴趣的事物，他们也不能坚持完成。就像不停"卡碟"的电影一样，他们一件事做着做着就毫无征兆地跳到另一件事中。患有注意缺陷多动障碍的孩子，往往智力正常，但是由于无法控制注意力，很难体会到学习的成就感，所以容易厌学，甚至形成焦虑的性格。

错误应对

◆**教养观念错误**。对这样的孩子，家长要正视现实，不急不躁，接纳孩子的一切行为，不要责骂、惩罚或放任不管。

◆**对孩子要求太高**。家长应采取以鼓励为主的教育方式，观察孩子的行为，对孩子的每一点进步都要给予肯定和表扬,不要对孩子要求太高,以免造成孩子丧失信心,对学习失去兴趣。

◆**孩子做错事之后严厉批评**。对这类特殊孩子,家长要预防在先,在发生不好的行为之前提醒孩子,这样比发生之后再对其进行批评、惩罚要好得多。

锦囊妙计

◆**强化良好行为**。当孩子出现良好行为或比以前有进步的行为时,如做作业比以前集中注意力、小动作比以前减少了,家长就要给予表扬、奖励(可以以喜欢、关怀作为表扬,可以用孩子喜欢的活动作为表扬,也可用孩子喜欢的东西作为表扬)。

◆**循序渐进**。家长每次要求只提高一点点,并且及时赞许和奖励。给孩子量身打造一套学习方案,充分发挥孩子的优势,尽量将作业分割成较小的段落让孩子完成。

◆**及时就医**。家长可以根据医生的指导使用药物帮助孩子控制自己的注意力。但是药物治疗必须辅以平时的个别化指导,光用药物,而不制定个别化学习方案,这类孩子仍然会遇到太多困难,遭遇过多挫败,从而影响孩子的进步。

◆**合理转换注意类型**。在活动中,只要求孩子依靠有意注意来学习,容易引起疲劳和注意涣散,反之,若只依靠无意注意来学习,则不利于学习任务的完成。针对这种情况,家长可以进行如下尝试,当孩子经过 20 分钟左右的有意注意控制之后,他们的注意出现了分散的问题,这时家长要及时调整活动方式,适时加入有趣的游戏,使之由有意注意转为无意注意,以便更好地开展下面的学习。

2 没有学习兴趣

经常可以听到家长们的叹息抱怨:"我的孩子不喜欢学习!""我们辛辛苦苦工作,为孩子创造如此优越的学习条件,可孩子为什么一点都不懂得珍惜学习的机会,一点学习的兴趣都没有呢?"……

可是,我们再来听听孩子们的心声:"每天的作业做得我手都痛了!""周末不是学画画就是学舞蹈,一点玩的时间也没有。""爸妈只知道关心分数,我考得不好就会挨骂挨打。"……

家长和孩子各自一肚子苦水,孩子没有学习兴趣、不爱学习到底是谁的错?

俗话说,兴趣是最好的老师。一个人对某件事产生了兴趣,他不用旁人的督促就能全神贯注地去做这件事,人们钻研、探索自己感兴趣的事物能达到废寝忘食的地步。

兴趣是指在认识活动中积极探究某种事物或从事某种活动的倾向,是一个人的个性心理特征之一。人的兴趣各不相同,兴趣是构成人与人之间个性差异的一个方面。兴趣是在人们自觉的、积极的活动过程中形成的。

孩子兴趣的产生往往是在小时候。不同的年龄段,由于各自不同的素质,孩子的兴趣往往有各自的独特性。孩子兴趣的发展和表现,往往是其天赋和素质的先兆。家长要经常问一问孩子的兴趣是什么,要引导孩子不断地发展兴趣。有位学者曾把孩子学习的兴趣和向上的积极性比作父母撒在孩子心田里的一粒小小的火种。当父母将这粒火种在孩子心中点燃的时候,就像面对需要点燃的一堆柴草。小小的火种落在上面,风大了就会被吹灭,风小了燃不起来;柴草太紧了不透风,太松了又聚不起火,柴草潮湿了还不行。这时候,家长要小心呵护这小小的火种,要保护它一点点地燃起来,旺起来,最后成为熊熊烈火。

只有有了学习的兴趣,孩子才会学得开心。孩子对学习有了兴趣,就会积极主动地去学习,喜欢学习并且坚持下去。对学习过程的喜爱,是孩子学习的内在动力。

兴趣是引导孩子踏入学习天地的金钥匙，是孩子不断获取知识的原动力。

下面就具体介绍一些孩子没有学习兴趣的案例，以了解孩子到底为什么没有学习兴趣，同时给予一些具体的解决办法。

（1）因受挫而失去学习兴趣

> **案例**

6岁的维维，正在上幼儿园大班。维维的父母都是大学老师，从小就非常重视对维维的教育，从维维会讲话时起，就给维维设计了一整套的教育计划。维维从小就懂得其他孩子不知道的很多知识，能背很多唐诗，英语说得也很棒，而且对什么都感兴趣，学习也很主动，深得大家的喜爱。有一次，维维和爸爸妈妈一起去参加一个活动，里面有智力竞赛，维维没有得到冠军，这对维维来说是一个很大的打击，因为以前维维不管参加什么活动都是第一名，可这次却连前几名都没有得到，虽然妈妈跟他说没有关系，下次努力就是了，可是从那以后，维维的学习态度变得很消极，不再愿意学新的东西，对什么都没有兴趣了，甚至连幼儿园也不想去上，怕别的小朋友会笑话他。

> **分析**

维维从小就是一个很优秀的孩子，在父母的培养下，他的学习很棒，对任何事物都保持着浓厚的兴趣，父母为他感到自豪。但是，由于他只有成功的经历，所以偶然的一次失败就让他大受打击，从此对什么都没有了兴趣，觉得自己很没用，连幼儿园都不想去上了。维维没有失败的经历，缺乏面对挫折的能力，家长需要帮助他正确地面对挫折，走出阴影，焕发活力，重新激发对学习的兴趣。

错误应对

◆ **只许成功，不许失败**。家长对孩子要求严格，只能接受孩子成功，不能接受孩子一点点的落后和退步，一退步就会对孩子进行责骂，使孩子对失败怀有压力和惧怕感。

◆ **责骂和讽刺孩子**。家长把名次和荣誉看得过于重要，当孩子没有得奖时，家长就恼羞成怒："你怎么搞的，连这么个小小的竞赛都赢不了，真没用！"这只会更加打击孩子的自信心。

◆ **惩罚孩子**。在孩子失败时，家长不是进行及时的安慰，而是惩罚孩子，如罚做家务或取消原定的外出活动计划。

锦囊妙计

◆ **安抚孩子的情绪**。家长必须及时了解和接纳孩子的情绪，特别是在受到重大挫折或失败时，孩子需要在父母的身上找到关爱和温暖。家长可以轻轻地把孩子抱在怀里，让孩子觉得温暖，知道无论发生什么事情都不是自己一个人在孤身作战，而是与父母在一起。

◆ **教孩子正确面对失败**。告诉孩子失败是不可避免的，每个人都会在生活和学习中遭遇很多的失败，可以给孩子讲讲，父母自己曾经面对过的失败和挫折。让孩子明白失败并不可怕，重要的是坚持，下次可以做得更好。

◆ **肯定孩子**。孩子在经历挫折时会觉得自己很没有价值，这时家长应该肯定孩子，告诉孩子他还是爸爸妈妈的好宝贝，是老师眼里的好学生，是同学的好伙伴，告诉孩子爸爸妈妈为有他这样的好孩子而高兴。

◆ **带孩子外出散心**。孩子在受挫后的一段时间内可能都会情绪低落，这时可以一家人出去旅游，带孩子去他想玩的地方玩，让孩子在玩的过程中忘掉不愉快的事情，在与大自然的接触中，了解到还有更多的奥秘等待着他去探索，从而激发他继续学习的兴趣。

◆ **求助于专家**。如果孩子在受挫后出现严重的心理问题，家长就需要带孩子去心理咨询中心咨询或向儿童教育专家询问，帮助孩子走出阴影。

（2）因学习障碍而导致没有学习兴趣

> **案例**

李阳现在 5.5 岁了，明年就要上小学了。妈妈是一位幼儿教师，从小就开始培养他的各项特长，让他学习钢琴，背唐诗。李阳的表达能力很好，能说会道。可在幼儿园里却坐不住，不认真听讲，学习新东西很快就没了兴趣，尤其不爱动手，更不爱运动，注意力不集中。母亲带着孩子到心理门诊进行学习能力测查，结果发现，李阳的视知觉分辨能力和视知觉—动作统合能力只相当于 4 岁儿童的水平，注意力也存在严重障碍，被诊断为将来可能会出现学习障碍。

> **分析**

学习障碍是指人们在吸收与运用所接收的信息进行说话、阅读、书写、推理或数学运算时所出现的障碍。这种现象被认为是由中枢神经系统功能失常导致的。学习障碍有可能与其他障碍，如智能不足、情绪困扰等问题同时存在，但学习障碍并不完全是由这些障碍所造成的。

学习障碍并非在儿童上学后才表现出来。在学前阶段，尤其是幼儿园的中班以上，儿童已经开始某种学习，如认字、学习儿歌和做手工等，一般正常孩子在学习活动上都表现出浓厚兴趣，并且没有什么困难。如果有的孩子像李阳这样在参加这些活动时注意力难以集中，对什么都不感兴趣，经常搞小动作，不听老师讲课，破坏纪律或不遵守集体活动规则，家长就要警惕，孩子可能患有学习障碍。

> **错误应对**

◆ 批评孩子。家长经常批评抱怨孩子什么都学不会，甚至当着孩子的面说：

"这么简单的东西都学不会,真是蠢!"

◆**将自家孩子与别人的孩子进行比较**。家长在自家孩子面前说别人的孩子成绩如何好,"你看人家明明,每次考试都是第一名,你呢?我都为你感到惭愧!"这只会让孩子更加觉得自己不行,甚至丧失对学习的信心。

◆**不合理的期望**。家长不能根据孩子的实际学习能力做判断,而是对孩子抱有很高的期望,希望孩子取得很大进步和成绩,如果孩子达不到,家长就会责骂孩子,致使孩子更加丧失学习兴趣,从而陷入恶性循环之中。

锦囊妙计

◆**接受孩子的现状,理解孩子**。有学习障碍的孩子本身就处于劣势的处境,他需要付出更多的努力才能达到同龄人的水平,所以家长应该给孩子以安慰和理解,与孩子站在同一阵线。

◆**表扬鼓励孩子**。孩子即使存在学习障碍,身上也会有一些独特的长处和优点,家长需要仔细观察,找到孩子的闪光点,找到孩子的兴趣点,从孩子感兴趣的事物着手,再引入到学习上来。比如,孩子喜欢弹钢琴,可以将他在弹钢琴时的愉快感受转移到学习上来,让他慢慢体验到学习的快乐,激发他的学习兴趣。

◆**进行注意力的训练,提高孩子的注意力**。有学习障碍的孩子都存在难以集中注意力的问题,家长应该对孩子进行一些注意力的训练,如可以限定时间让孩子读书或做作业,时间由 10 分钟慢慢加长,这可以根据孩子的情况不同而定。

◆**合理的期望**。家长对孩子的期望不要太高,应从孩子的现状出发,只要孩子有一点小小的进步,就要对孩子大力表扬和鼓励,对孩子竖起大拇指,夸奖孩子"你真棒"。家长只有对孩子的期望合理了,才能真心发觉孩子的进步,从而鼓励孩子。

◆**建立良好的亲子关系**。要矫正孩子的学习障碍,家长就必须创造一个良好的、和谐的学习气氛,特别要注意孩子的心理特点,因材施教,不断地鼓励孩子,创造民主型的家庭模式,激发他的学习热情。

◆**心理辅导**。有学习障碍的孩子在一定程度上都存在着心理问题,家长应该及时带孩子去看心理医生,了解孩子的心理状态,听取专家的建议,更好地帮助孩子。

◆**带孩子到自然、社会中去，开阔眼界，提高学习兴趣**。随着孩子年龄的增长，可以启发他把看到的、听到的画出来，并鼓励他阅读有关图书，学会提出问题，学会到书中找答案，以此来间接培养孩子的学习兴趣。

（3）因环境适应不良而没有学习兴趣

> **案例**

小叶子是一个人见人爱的小女孩，能说会道、能歌善舞。在幼儿园的时候，她讲故事、唱歌都是数一数二的，大班的时候参加了区里的演讲比赛，还得了一等奖。爸爸妈妈一直为小叶子感到骄傲。现在，小叶子上小学一年级，问题却出来了。据老师反映，小叶子上课时小动作很多，手里总是有东西在玩，不专心听讲，眼睛从来不看老师，对学习的内容一点兴趣都没有，似乎总是在忙着做自己的事。最近，小叶子总是黏着妈妈，不愿意去上学，每天早上上学前就开始无故哭闹，提一些无理要求，还跟妈妈说："还是幼儿园好，要是能回到幼儿园去就好了……"

> **分析**

在幼儿园的时候，小叶子表现很优秀，可谓人见人爱。这是因为幼儿园的学习常常渗透在各种儿童感兴趣的生动、形象的活动之中，孩子们没有感到苦恼、厌倦、紧张，在幼儿园里的时光很快乐。进入小学后，孩子必须努力学习，不仅要学习自己感兴趣的，还要学习自己不关心或不感兴趣的内容，而且有考核所带来的压力，这都引起孩子们对小学学习的紧张感和恐惧感，从而对学习没有兴趣。所以，小叶子对幼儿园恋恋不舍，希望能重返幼儿园。

错误应对

◆ **打击和批评。**"你傻啊,是不是想在幼儿园里待一辈子啊!"

◆ **冷嘲热讽。**"你在幼儿园的时候多聪明,现在怎么这么笨,真是越大越蠢了!""我怎么会生出你这么笨的孩子?!"这让孩子有很大的挫败感以及内疚感。

◆ **体罚。**有些家长面对孩子不愿上学的情况,首先对孩子好言好语劝告,甚至进行"贿赂",最后实在不行就采用"棍棒教育"。这只会加深孩子对学习的厌恶,并把学习与痛苦的事情联系在一起,更加丧失学习兴趣。

锦囊妙计

◆ **提前告知孩子一些小学学习的情况,做好幼小衔接工作。**在孩子幼儿园学习结束、快要开始小学学习生活的时候,带孩子去附近的小学参观,了解小学生的日常学习情况,并对幼儿园与小学学习的区别进行比较,让孩子提前知道并有所准备。

◆ **与孩子一起回忆他在幼儿园的优秀表现,提高孩子的自信心。**例如,小叶子在幼儿园表现非常优秀,得到老师的许多关注,进入小学这个新的环境,面对新老师,她不能得到和往日同样多的关注,会产生失落感。这时,家长需要多给予孩子信心,相信她在小学的表现也一定能像在幼儿园那样棒!

◆ **家长和孩子一同学习。**初入学的孩子自我约束力差,孩子在家学习时,家长可与孩子一起读课文,多关心孩子的学习,了解孩子的作业情况,并及时帮助孩子改正错误。

◆ **帮助孩子尽快度过适应期。**比如,家长要教育孩子早睡早起,养成良好的睡眠习惯,保证充分的休息时间,让孩子更有精力去学习;培养孩子良好的学习习惯,如回家及时完成作业等。

◆ **与老师多沟通。**及时向老师了解孩子的在校情况,通过家长和老师的共同努力,帮助孩子尽快适应小学生活,爱上新的环境,在新的环境中爱上学习,快乐学习。

◆**搭建孩子与同伴交流的平台。**家长可以邀请孩子在幼儿园时的好伙伴或者现在班上的同学来家里玩,一起回忆以前的欢乐时光,同时了解他上小学的状态,并且让孩子说说自己的理想,引导他只有努力学习才能实现理想,达到激发孩子学习动力和兴趣的目的。

◆**要不断刺激孩子的好奇心及求知欲。**家长应经常带孩子去参观博物馆、动物园、图书馆和开发区,开阔眼界、增长知识、激发上进心。

3 懒惰被动

有很多家长抱怨自己的孩子很懒而且很被动。家长想教孩子认字，刚打开书，孩子已经跑去玩积木了，家长问孩子问题："你想知道天空为什么是蓝色的吗？"孩子干脆地说："我不想知道。"孩子从来不想自己看书，叫他来看，好看的就看两眼，不好看的，赶紧跑开。学跳舞，学钢琴，学画画，孩子都是在父母的看管之下应付一下，表现出很不想学的样子。上小学之后，这样的孩子往往表现出不想完成作业，要大人帮忙或者替他做，学习积极性不高，整天没精打采，学习很被动，完成了作业就算大功告成，从来不主动读点课外书，或额外做一些练习。孩子在学习上的这些表现，我们称之为懒惰被动。

孩子是怎样变得懒惰被动的呢？家长的教育方法是关键。

其实，孩子天生是勤快的、主动的，他们一张开眼睛，就尝试到处看，他们能控制自己的动作后，就喜欢到处爬，到处摸，什么都拿起来咬，大人做什么，他们模仿着做什么。当然，因为很多事情他们都是第一次做，所以出错也很多。当每次尝试大人都报以厉声呵斥"不准……"或大惊小怪地惊呼"危险！不要……"时，孩子就变"乖"了，哪里都不能碰、不准摸、不可以试，那就不碰、不摸、不试，大人叫干什么就干什么，他们认为这样才是大人眼中的好孩子。再长大一点，他们就变成该做的事情也懒得去做，做什么事情都等着大人的指令。

家长教育孩子应该遵循的基本原则是：当孩子做出各种各样的尝试时，只要不是危险的和损害别人的，大人就不要横加指责或制止，而应该鼓励他们，并且提供机会让他们大胆尝试。孩子每次尝试做一件事情，得到的都是赞扬和鼓励，他们当然乐意努力做自己还不会做的事情，长大了之后，很自然就会成为勤快的、乐于尝试新事物的、积极向上的孩子！

为了让家长更清晰地了解孩子懒惰被动行为的原因，找到解决问题的方法，我们提供了下面这些案例。

（1）因为家长的过分包办而变得懒惰被动

> **案例**

豆豆是家里的独生子，家人对他的照顾可谓无微不至、尽心尽力。由于怕他吃饼干掉一地饼干屑，妈妈把饼干掰成一小块一小块地喂他。穿衣服、穿鞋子、买东西统统都由妈妈一手包办。如今豆豆4岁了，每天不是懒洋洋地躺在沙发或小躺椅上，就是吃大量的零食，连衣服鞋子都要别人帮忙穿好。邻居家的小孩来约他一起去玩，他从来不去。让他在家画画，他要么画非常简单的东西，要么什么都不画，把颜料在纸上乱涂；学校美术老师教学生画的东西，他回来就不会画了。让他学写字，他从来不愿意拿笔，不管用什么办法反正就是不写字。让他学跳舞，动作难他就不愿意做，老师和家长怎么教育都没用。总之，他对什么都不感兴趣，就是懒散、懒惰。

> **分析**

"孩子那么小，什么都不懂。"这是一句我们常常可以听到的话。父母总是过多地看到孩子的"无知"和对父母及其他抚养人的依赖，因此限制孩子的各种行为。"让妈妈来教你，自己别乱摆弄了。""不行，危险！让妈妈来。""别动这个！""别碰那个！"因为不相信那么小的孩子也能通过自己的探索来学习，获得各种知识、常识以及处理问题的能力，因此，父母很容易将孩子置于善意的过度保护中。一旦家长在孩子心目中变得无所不能，孩子很快就会发现，依赖家长是解决问题的捷径。有了这条捷径，孩子就很容易安于现状，不思进取，懒惰被动，自主学习的积极性也将随之丧失殆尽。孩子一旦"看上"某个东西了，只要不是危险的，家长最好不要阻止，而要给孩子一片自由探索的天空。孩子长大之后，家长不要什么事情都替孩子做，只要可能，都要让孩子"自己的事情自己做"。千万别做全能家长，让孩子失去自己动手的能力，失去探索世界的兴趣。

错误应对

◆**强行逼迫孩子自己动手**。有些家长实在是太心急了，实行了多种办法之后，还是无效，无奈只好使用威胁、暴力的手段逼迫孩子自己穿衣穿鞋，试图改变孩子的懒惰行为。孩子过惯了悠闲日子，突然面对这种情况，可能会受不了，或者产生强烈的逆反情绪，终会产生不良后果。

◆**视而不见**。有些家长认为孩子还小，还处在应该好好享受生活的年纪，懒点没什么关系，反正也不需要孩子帮父母做什么事，长大后孩子自然就会了。

◆**让孩子参加太多的兴趣班**。有些家长认为，既然孩子对什么都不感兴趣，干脆让孩子多参加些兴趣班来培养兴趣。到最后，白花了许多钱不说，孩子反而更没精打采了。

锦囊妙计

◆**让孩子边玩边学**。例如，家长可以将画画和写字结合起来，和孩子一起动手做识字卡片。家长为孩子准备需要的材料，如卡片纸、画笔等，让孩子发挥想象力把学过的字如"云""树""鸟"等画出来让家长猜字，并把猜出来的字写在卡片的背面；或者反过来，由家长画图让孩子猜字、写字。卡片做好后，家长和孩子还可以反复利用，玩猜字、组词、编故事的游戏。

◆**培养孩子做事善始善终的好习惯**。在日常生活中，家长让孩子做一些力所能及的事情时，指示要清晰、明确，要求不要太严格。在做事过程中，当孩子遇到困难时，家长要注意提高孩子克服困难的能力，使孩子具有一定的责任感，鼓励孩子开动脑筋想办法解决问题。孩子完成一件事的时候，家长要及时进行鼓励和表扬，这样孩子就会产生一种满足感、快乐感。这种好习惯一旦养成，自然也会逐步渗透到学习中去，家长就不用再担心孩子吃苦了。

◆**准备有趣的道具，吸引孩子到户外玩耍**。如果在户外做游戏还不如在家看卡通更有趣，孩子自然不愿意出去。适合户外玩耍的玩具很多，比如沙滩玩具，有铲子、小桶、盘子、沙滩车等，让孩子在沙滩上玩玩沙子，或者就在自家花园里铲泥土玩；给孩子准备一个足球，在草地上踢着玩；给孩子准备一辆小三轮车，骑着在平坦的地面上疯跑。这些都是不错的选择。如果爸爸妈妈能召集一些小伙伴和孩子一起玩捉迷藏或者警察抓小偷的游戏，对孩子来说更是妙趣横生。

◆**多让孩子和小伙伴玩**。喜欢模仿是孩子的天性，尤其是模仿跟他同龄的小伙伴，更是他满腔热情想要去做的一件事情。跟邻居或者朋友沟通，大家一起商议一些游戏活动，如带着孩子一起去游泳、让孩子和小朋友一起来一场骑三轮车的比赛、冬天让小朋友们一起打打雪仗等。当孩子发现和小伙伴们在一起玩耍的乐趣后，他很快就会适应这种有趣的生活，并且热衷于和小伙伴一起开发更多、更有趣的游戏。

（2）因担心做错事被批评而变得懒惰被动

> **案例**

壮壮5岁了，父母对他的要求很严格，一犯错，父母立即就会批评指责。近来，妈妈发现他做事情很被动，让他做的他就做，没吩咐的他绝对不做。例如，早上等着妈妈叫他穿衣服，他才开始动手，穿鞋子也是这样。水果或饼干之类好吃的东西放在他面前，妈妈不让他吃，他绝对不碰，叫他吃才吃，总是很被动。平时他什么都不做，如果想做什么事情，总是问父母好几次。比如，他想吃个苹果，就问"我可以拿那只苹果吗"，重复问好几次才去拿那只苹果。对此，父母很担心。

> **分析**

犯错误是幼儿的权利，也是他们探索学习的一种方式。家长不要试图给孩子一条寻找正确答案的捷径，也不要要求孩子每做一件事都是正确的。给孩子充分的自由，让他们以自己的方式认识世界、学习、生活，探索事物的奥秘，这是培养他们的自主探索习惯、提高他们的自主探索积极性的最佳方式。假定孩子对妈妈新买来的积木发生了兴趣，于是开始搭积木。妈妈觉得孩子搭得不好看，指责孩子搭得乱七八糟的，赶紧帮孩子搭好积木，让孩子跟自己学，这时孩子的主动性就被打击了。长此以往，为了避免大人的批评指责，孩子就会变得越来越被动，做事情会相当谨慎。父母管教过于严厉，孩子一犯错，父母马上批评、指正甚至嘲笑，会让孩子逃避困难。父母平时教育孩子要避免过度赞扬和批评，而应以鼓励为主。父母一定要给孩子犯错误的权利，孩子探索新事物的同时也会犯错误，父母一味地打骂、呵斥或听之任之都是不可取的，要掌握好一定的尺度，以保护孩子的主动性。

错误应对

◆**过分指责孩子**。父母对孩子的重复提问，难免会失去耐心，会感到厌烦，于是指责孩子不懂事。孩子本来就处于畏惧批评的状态，如果这时再继续指责孩子，孩子会更加畏惧，从而变得被动懒惰。

◆**在外人面前指责孩子**。家长当着众人的面指责孩子："你怎么这么笨，吃个苹果也问这么多次，自己不会去拿啊。"孩子会感到羞愧，做事情会更谨慎。

◆**忽视孩子的变化**。有些家长总认为孩子年纪小，有以上的表现是正常的，没有及时采取措施来进行干预，以致错过了重要的干预时期。

锦囊妙计

◆**多鼓励少说教**。家长希望孩子能够勤学苦练的心情是可以理解的，但如果总是表现出一脸焦虑、不满，再加上教育督促，很容易给孩子造成压力，影响孩子的情绪，甚至让孩子形成逆反心理。家长不如放宽心，换个角度多去看看孩子在学习过程中的进步，如果孩子今天比昨天做得好，就不要吝啬自己的夸奖，让孩子感觉自己在某方面是有才能的，从而增强自信心和前进的动力。

◆**和孩子一起做决定**。如果孩子向家长询问某件事情是否可以做，家长可以和孩子一起做决定，问问孩子"你觉得这件事应该怎样"。即使孩子答错了，家长也不要批评指责孩子,而要用委婉的方式和孩子一起分析对错。

◆**尽量少给孩子不必要的限制。**因为没有太多的限制,孩子玩耍时可以在安全的范围里体验到更多的乐趣,同时孩子也能决定自己的游戏活动,从而提高主动性。

(3) 因为缺乏自信心而表现出来的懒惰被动

> **案例**

欢欢6岁了,是个很害羞的孩子,胆子也很小。他平时很轻易地就放弃任何努力,表现出自己无用。他在家中依赖性很强。妈妈如果要求他干一些力所能及的家务事,培养他吃苦耐劳的精神,他会以哭闹的方式拒绝。有时,让他从一串香蕉中拿一只,他都不肯。平时让他邀请隔壁的小朋友一起玩,他也不愿意。家里来客人了,妈妈让他和客人打招呼,他也只是慢吞吞地、不情愿地打声招呼。

> **分析**

孩子缺乏自信会表现出对任何事都不敢尝试。其实,自信心并不是与生俱来的,是可以培养的。例如,一个唱歌很棒的孩子常主动为大家表演,久而久之,他在这方面就会很自信。但是,他讲故事的表现一般,他便不会主动为大家讲故事。因此,孩子的自信心常建立在某方面的技能上,同时家长对待孩子切勿拿短处比长处。造成孩子缺乏自信心的原因很多,比如,当孩子出现问题时,家长轻则批评、否定,重则训斥、讽刺。由于长期处于这种缺少接纳的环境中,孩子倾向于形成"自我无能感",久而久之,做任何事都会缺乏自信。孩子一旦缺乏自信就什么事情都不愿做、不想做。因此,父母应注意增强孩子的自信心。

> **错误应对**

◆**给孩子施加压力。**家长告诉孩子"如果下次再不主动和客人打招呼就要处罚你"等类似的话。过分的批评会给孩子造成心理负担，孩子非但不会改善不良行为，反而会产生恐惧心理。

◆**总抓着一件事不放**。孩子一犯错家长就提孩子懒惰被动的事情，而且常在其他家长或小朋友面前提及。其实，这种事情尽量不要提，孩子自身对这种事情会有羞耻感，家长平时应尽量回避。

◆**责骂、嘲笑孩子**。例如，"你都这么大了，连个东西都不愿拿啊，羞不羞？"家长常说类似的伤害孩子自尊心的话，甚至很愤怒地批评孩子，孩子会觉得很沮丧，甚至会自暴自弃。

锦囊妙计

◆**经常带孩子去一些对他来说很新奇的地方，相信他不可能对外出产生厌倦情绪**。比如，如果周边有公园、游乐场孩子没有去过，带孩子去玩玩，别的孩子疯玩的情景会感染他，让他对新的游戏环境产生好奇，同时鼓励孩子加入，给孩子信心，孩子最终会参与进去。

◆**当孩子明知故问时，家长假装不知道，然后反问孩子**。当孩子回答正确后，家长要表扬他，表现出惊喜的样子。这样时间久了，孩子就会对自己感到自信，就会由以前的明知故问到喜欢与家长分享答案。

◆**交换角色**。在与孩子的交往中，父母有时可以与孩子交换角色。例如，父母与孩子下跳棋时，故意跳错，把赢的机会给孩子，孩子看父母输了，会学着像父母安慰他那样安慰父母，这时父母可以表现出不服输的精神、顽强的斗志，去感染孩子。在日常生活中多用这种方法去激励孩子，会激起孩子勇敢地再来一次的决心和不甘心落后于人的斗志，做事情就不会懒惰被动了。

4 说话晚

语言是人们开展思维活动、进行交流的重要工具。人出生后生活在一定的语言环境中，适时地接受训练，可以很自然地掌握母语。语言发展迟缓的孩子，因为语言表达有一定问题，所以往往使用暴力：要东西时，上去抢，不给就动手打别人。这种现象我们经常见到，根源是：孩子不会表达自己的意愿，在别人无法理解自己，自己无法与其他小朋友相处时，只能向自己的手求救。由于某些原因，这些幼儿的语言得不到适时适当的发展，从而影响了他们语言的获得，使他们开口说话的时间晚。以下通过个案的分析，给说话晚的孩子的家长们提出一些建议。

（1）因家庭语言环境复杂而造成的说话晚

案例

萌萌是一个活泼可爱的小女孩。萌萌的父母刚在广州定居下来，由于工作忙，就把萌萌的爷爷奶奶从四川的农村接到家里，帮忙照顾萌萌的生活起居。但令人着急的是，萌萌现在已经两岁了，却只会叫爸爸和妈妈，连爷爷奶奶都不叫，用父母的话说是什么都明白，可就是说不出来，当萌萌想要东西的时候，就扯着家长的衣角，用眼睛示意，同时哼哼呀呀地提出要求。萌萌的父母对此很烦恼。

分析

一般来说，儿童语言的发展是有明显个体差异的，在8岁之前，孩子有三个重要的语言发展关键期：出生后7—10个月是婴儿开始理解语意的关键期，此时他们会无意识地叫"妈妈""爸爸"。1.5岁左右是幼儿口头语言开始发展的关键期，此时他们可以有意识地叫周围的人，模仿说出简单的字词，用单字表达某种意思，然后逐渐发展到说 2～3 个字的句子。5.5 岁左右是幼儿习得语法、理解抽象词汇及综合语言能力开始形成的关键期。

案例中的萌萌两岁了还不会说话，究其原因是，从四川农村来的爷爷和奶奶只会说四川话，不会说普通话，日常的生活起居都是两位老人照顾的。由于人生地不熟，爷爷和奶奶从不带萌萌到小区去，让她跟别的小朋友一块儿玩；因为萌萌还一直不会说话，爷爷奶奶只叫萌萌吃饭，也不会主动地教萌萌讲话，抱有一种"贵人言语迟"的不科学的思想。萌萌平时看的电视节目，用的是粤语或普通话，而当爸爸妈妈回家后，就用普通话跟萌萌交流，家里的语言那么多种，令萌萌感到迷糊，可想而知萌萌不愿意开口说话的原因了。

错误应对

◆**家庭成员语言使用不一致**。这样容易造成宝宝的听觉混乱，想说时不知该如何表达。

◆**家长过分溺爱孩子**。有的家长不懂得孩子的语言发展规律和过程，经常把孩子不会说的话挂在嘴边，帮助孩子表达，或者怕孩子累着，什么事不等孩子开口，早就为他安排得好好的，久而久之，孩子习惯了听，就不愿开口了。

◆**强迫孩子说话或笑话孩子**。极少数的家长强迫孩子说话或把孩子发音不准当笑料，不经意间伤害了孩子的自尊心，使孩子变得不肯开口。

◆**家长性格内向，少言寡语，不主动教孩子说话**。

◆**家庭关系不和睦**。有些父母由于各种原因而经常争吵，孩子在这种家庭关系中没有安全感，要知道孩子只有在心情好、高兴时才愿意说话。

锦囊妙计

◆**家长要多和孩子说话**。孩子在婴儿时期，听是一个重要的学习渠道，家长多和孩子说话，增加其听觉经验，就会为其日后的语言学习打下坚实的基础。

◆**教孩子用食指指物体，同时说出物体的名称**。在教孩子认识物体的时候，家长可以教孩子用食指指物，因为据科学研究，婴儿会用食指指物的时间越早，就越早能表达自己的需要，开口说话。妈妈可以先自己示范用食指指着孩子的身体部位说，"这是宝宝的鼻子，这是宝宝的嘴巴"，边指边说，然后拉着孩子的手指，反复训练，孩子就能学会。

◆**把孩子的说话与游戏结合在一起**。家长和孩子玩游戏时说"宝宝接球"，每天穿衣服时说"宝宝伸胳膊""脚丫出来了吗"，以便孩子把脚丫、胳膊、腿联系起来。

◆**制造使用语言的环境**。例如，把需要的物品放在孩子能看得到却拿不到的地方。当孩子为了自身的需求得到满足而必须表达（或用手指、或用口说）时，家长就可以把握机会与孩子对话了。

◆**为孩子建立小词库**。细心的家长可以为孩子建立小词库，从孩子第一次发音、第一次叫爸爸妈妈时开始记录，看孩子的哪些音发得比较准，哪些音比较绕，可以有意识地让孩子多练习。这个记录也是孩子成长的一个见证。

◆**要善于理解孩子发音的含意**。孩子刚刚开始学讲话的时候，发音比较含糊，而且往往同一个音有很多种意思。比如"ba"这个音，有时候的意思可能是"爸爸"（喊爸爸，或者和爸爸相关的事情），有时候的意思可能是"饱"（吃饱了）。妈妈可以把宝宝的意思用准确的语言表达出来，"宝宝是要爸爸抱吧""宝宝是要爸爸过来吧""宝宝是说吃饱了吧"，当妈妈能够准确地理解孩子的"一音多意"时，不仅让孩子感到妈妈对他的反应很及时，更能通过妈妈的示范使孩子的发音越来越准确，表达能力越来越强。

◆**注意与孩子的双向互动**。家长不要通过电视、电脑等媒体来让孩子学习语言，因为语言学习一定要有一个互动的过程，而单向的电视和电脑无法提供足够的互动机会，只能作为孩子学习语言的一个辅助工具。

◆**创造与小朋友社交的环境**。大小差不多的孩子经常在一起玩耍，既快乐，又能在交流中相互学习。

◆**给孩子讲故事，建立良好的阅读习惯**。借助于故事书中拟人化的情节和丰富的图片，可以提升孩子学习语言的动机。父母应以身作则，多带孩子看书，给孩子讲故事，尽快帮助孩子建立起良好的阅读习惯。

◆**教孩子使用礼貌用语，培养良好的语言习惯。**礼貌教育要从小抓起，家长要为孩子创造使用礼貌用语的条件和环境，使孩子从小就会使用礼貌语言，有良好的语言习惯。

◆有条件的家庭可以让孩子参加早教班，系统地开发、训练孩子的各种能力。

（2）因幼儿生理原因而形成的说话晚

案例 1

小姑娘晴晴很可爱，也很好动，天天像个小男孩一样，总是闲不下来。看着这么可爱、聪明伶俐的女儿，父母的心里却有一丝的难受，因为孩子已经两岁多了，却还不会说话。每当看到邻居家差不多大的孩子都能成句地说话，而自己的孩子除了会叫爸爸妈妈，什么都不会说时，夫妻俩都很纳闷。他们带晴晴去医院检查，发现她舌头、听力的发育都正常。晴晴到底为什么不会说话呢？后来医生询问晴晴父母是不是家族有说话晚的情况，结果晴晴的爸爸回家问了一下才知道，晴晴的爷爷、爸爸都说话晚，大概也是两岁多才会说话，这样全家人悬着的心总算是落下来了。

案例 2

文文今年快 3 岁了，虽然爱说话，但就是说不清楚，而且说的时候也挺吃力的，经常在身边的爸爸、妈妈、爷爷、奶奶能听清她说的是什么，但是当带文文出去跟别的小朋友一块儿玩时，其他小朋友很难听懂，更别说理解文文的意思了。父母对此甚是头痛，带文文去医院检查，结果发现文文舌头底下的那根筋过长，在医学上称为"绊舌"，父母当即决定给文文做手术。手术后的文文说话不吃力了，而且比以前清楚多了，也更爱说话了。

分析

幼儿说话的早晚受遗传、家庭、社会和学校教育等多种因素的制约，在这里主要谈一下由以遗传为主的幼儿生理原因导致的说话晚。幼儿在语言发展中存在着比较大的个体差异，其中最突出的就是幼儿在学说话的年龄上有迟早之分。

一方面，从遗传上讲，有些孩子开始学说话的年龄比一般的儿童要落后1～2年。换言之，就是这些孩子要到2—3岁才开始学说话。他们一旦开始学说话，语言就呈现加速发展的态势，掌握新词汇的速度便远远高于1岁多的幼儿。一般在半年或一年的时间之内就赶上同龄儿童的语言发展水平。案例1中的晴晴就属于这种情况，只要家长确定了孩子的语言发展迟仅仅是由于家族遗传史的影响，而不是其他的原因，就没有必要担心孩子语言发展迟的现象了。

另一方面，从生理上讲，有的孩子受先天影响，大脑发育不健全（如母亲在怀孕期间患某些疾病或服用某些药物）；有的孩子本身因用某些药物致使大脑受损伤；有的孩子则是因为患有脑病；还有的孩子的听觉、发声器官患有某种疾患或是发育不健全。案例2中的文文就属于语言的发音器官不正常，导致她说话模糊、吃力。如果孩子有这些听觉或是发声器官等方面的障碍，家长一定要及早发现，尽早帮孩子处理，否则会影响孩子与同龄小朋友交流的自信心，长久下去，就会影响孩子的性格，难以融入社会。

错误应对

◆没搞清楚状况，就认为孩子智力低。

◆对孩子失去信心，认为孩子都两三岁了还不会说话，估计他以后也不会说话。

◆孩子说话模糊，给予纠正后，总是改正不了，于是给孩子贴上"问题儿童"的标签。

锦囊妙计

◆**注意家族遗传史**。家长要弄清夫妻双方家里有没有说话晚的遗传史，如果孩子在日常生活中没有表现出其他方面的障碍，经过医生检查后也无智力方面的障碍，家长要有耐心，在日常的生活中适当引导，尽量多跟孩子交流。

◆ **观察孩子的听力或舌头有无问题，如果有就及时就医。** "孩子的事情无小事。"在日常生活中家长对孩子各方面的变化要细心、敏感，发现有不正常的地方，就要及时就医。

◆ **多鼓励孩子表达。** 不论孩子说话是否清楚、正确，家长要在孩子想表达的时候鼓励和引导孩子表达。有时候家长在教孩子说一个物体的名称时，孩子当时并没有表达，那是孩子自己在悄悄练习，下次或许就会给家长一个惊喜。

◆ **为孩子树立一个好榜样，不断提高自己的语言水平。** 父母是孩子的学习对象，孩子从大人的言行中学习说话的态度、语调和用语方式等。所以，如果父母希望孩子说话得体，那么父母在任何时候都要注意自身的表现，为孩子做出一个好榜样。

◆ **在生活中发现孩子的兴趣所在。** 家长可以从兴趣着手，如有的孩子喜欢听故事，就在讲故事的时候让孩子适当地重复故事情节；有的孩子喜欢听音乐，可以在孩子做游戏时边放音乐，边和孩子一起吟唱。

（3）因特殊障碍而形成的说话晚

> **案例**

小志是一个 3.5 岁的男孩，两岁之前与同龄人相比，他的语言发展只是略显迟缓，没有明显的差异，只是很安静，经常独自一个人玩，对成人语言的反应也比较少。父母认为，可能是男孩语言发展比较迟，再加上孩子的性格又比较安静造成的，就没有太多的担心。两岁以后，小志的语言没有像别的孩子那样加速发展，反而出现了一些异常现象：他总是简单地重复别人的话，好像根本不理解话的意思；3 岁了，他还不会正确地使用代词"你""我""他"；很少像同龄人那样跟他人交往。父母带他去医院就诊，被诊断为孤独症，现在还在医生的帮助下做着一系列的感统治疗。

分析

大多数报道称70%～80%的孤独症儿童伴有智力问题，有的没有明显的智力问题，但受情绪等因素的影响，很难表现出已达到的智力水平。在这种情况下，孤独症儿童表现出严重的沟通障碍。他们大多数言语很少，严重的几乎终日不语，会说会用的词汇有限，即使是会说，也常常不愿说。他们中有的会说话，但声音很小、很尖细，常常自言自语地重复一些单调的话；有的只会模仿别人说过的话，而不会自己组织语言进行交流；有的不会提问或者回答问题，多数只是重复别人的问话，在语言交流上还常常表现出代词运用"反转"，如，有人问一个叫冰冰的患有孤独症的儿童："你叫什么名字？"他回答："你叫冰冰。"他们一般不适应外界的环境，也不介入，更无法参与集体活动。在做想象性游戏和活动时，他们对活动的规则完全忽视和不理解，而且对活动的结果不在乎、无兴趣，游离于集体之外。案例中小志的表现带有明显的孤独症儿童的症状，家长应该有意识地帮助他进行语言的训练，让他适当参与同龄伙伴的简单游戏，学会与他人交往，为他将来融入社会打下基础。

错误应对

◆**强迫说话**。别人的孩子都正常，只有自己的孩子语言发展不良，只有让他多说话，才能赶上其他孩子。

◆**放任自流**。反正孩子被诊断为孤独症了，就别去管他了。

锦囊妙计

◆**面对并接受孩子患孤独症的现实。**

◆**进行药物治疗**。在经医生明确诊断后，根据患儿的具体情况，在专科医生的指导下让孩子按时服药，坚持治疗。家长切勿"病急乱投医"，盲目偏信、乱用药物，同时要了解服药过程中的注意事项，加强观察，注意药物的副作用和加强对药物的安全保管，不能让孩子自己取用或乱用药物。

◆ **加强游戏和社交训练**。家长创造条件，帮助孩子交到一两个朋友，让他积极地参与到幼儿园组织的活动中去。在与朋友的交流和交往中，可以促进孩子语言的适度发展。

◆ **在专业医生的指导下进行语言训练**。家长首先对孩子进行深呼吸训练，如吹羽毛、吹喇叭、吸饮料、吸面条及咂舌、伸舌、弹舌的构音器官运动训练，然后进行语言的理解、表达训练，以孩子喜欢的玩具为诱饵，要求孩子用手势语表示"要"后，方给玩具，当孩子偶然发音时给予鼓励，然后按语言发展迟滞训练法逐阶段训练。

◆ **进行模仿训练**。家长用轻松愉快的方式对孩子进行训练，逐步从增加发声、口部动作模仿、操纵物体并配上声音，到辨别发声时间、模仿声音和词语的发音，一步步地到串连、模仿字词的发音，最后到模仿短句。因为孤独症儿童有很明显的刻板行为，在进行模仿训练时，家长要理解孩子的这种刻板行为，想办法让孩子明白，语言是可以在多种情境中灵活使用的。比如，孩子学了"鱼儿游来游去"之后，就可以在另一种情境中说"我游来游去"，或者"青蛙游来游去"，这样可使患孤独症的孩子慢慢理解语言的概括功能。

◆ **进行代词训练**。第一阶段是让孩子理解物主代词的含义，教会孩子理解"我的""你的""他的""她的""他们的""我们的""你们的"等；第二阶段是让孩子理解物品代词的含义，家长指着常用的物品，如水杯、桌子、椅子等对孩子说；第三阶段说出代词，家长接触孩子的身体部位，问孩子是什么，如指着鼻子说："谁的鼻子？""我的鼻子。""谁的耳朵？""我的耳朵。"等等。

5 粗心·健忘

家长都希望自己的孩子聪明伶俐、学习能力强,但有些家长发现孩子总是粗心健忘,新买的玩具带出家门后就忘记带回来,有时候问问孩子在幼儿园里都学习了什么,孩子也含混不清。家长通常很担心:这样的"小马虎"以后上学了该怎么办,学习粗心、边学边忘,孩子也会越来越缺乏自信,这样极不利于孩子的健康成长。

其实,幼儿的粗心健忘是一种正常的现象,大多数孩子都存在或轻或重的粗心健忘,家长不必惊慌失措。处于幼儿时期的孩子,神经系统的统合能力尚未发育健全,视觉记忆和辨识能力也比较弱,注意力容易受到外界的吸引而导致分心。通过教育和训练,在幼儿阶段晚期孩子的有意记忆和追忆能力才逐渐发展起来。他们通常记得少、忘得快,记忆缺乏目的性,不会主动记忆,记忆的准确性也比较差。此外,情绪情感问题,如恐惧、烦恼等,也会影响孩子的注意力,使其不能专注。无序的生活环境也是导致孩子粗心健忘的一个重要原因。孩子的粗心健忘不是一天就形成的,如果孩子没有形成良好的作息规律,没有一个良好的生活习惯,他又如何能够养成一种认真、细心的做事态度呢?因此,改善孩子的粗心健忘应从生活中的小事做起,使孩子养成良好的、有规律的生活习惯。

(1)因家长的教养方式不当而导致的粗心问题

> **案例**

小蕾最喜欢玩拼图游戏,妈妈总是陪在旁边。只是在寻找一张一张能拼接起来的小卡片时,小蕾的速度很慢。妈妈总是忍不住提醒她要怎么挑卡片、怎么拼才会更快地完成一幅拼图作品。如果小蕾仍然埋头按自己的方法拼图片,妈妈就会很生气地大声要求小蕾认真听她说话。小蕾只好停下来，瞪着眼睛听妈妈说完话。在家里，不管小蕾玩什么，妈妈总是在一边陪伴着，稍微有些差错，妈妈就会立即指出来，妈妈认为这样可以减少小蕾出错的几率。事实上，一旦没有了妈妈的陪伴，小蕾就变成一个粗心的孩子，不是丢三落四，就是记不起完整的游戏。

分析

孩子在玩耍时，父母过度关注孩子、干涉孩子，不仅会影响孩子对游戏的投入，还会让孩子感到有压力。由于父母时不时地打断孩子、纠正孩子的错误，孩子无法独立做出正确的选择，孩子不知道是按自己的想法进行，还是听从父母的建议，从而失去了独立思考的机会，慢慢变得不自信。孩子在做自己感兴趣的事时，通常都能够集中注意力，而父母经常打断孩子，久而久之，孩子会变得粗心，因为孩子已经习惯于依赖父母的建议和纠正，当失去了父母的陪伴，遇到问题时，孩子就不会独立思考，经常显得手足无措。

错误应对

◆ **批评孩子**。家长不停地指责孩子，"小小年纪就这么粗心啊，这么简单的事，别的任何一个小朋友都能比你做得好。"这样等于给孩子贴上了"粗心"的标签，孩子潜意识里会认为自己就是个粗心的孩子，不如别的孩子，今后不管做什么事都没有信心把它做好。

◆ **纵容孩子**。有的家长会采取纵容的态度，认为这是一种正常的现象，忽略孩子粗心的行为问题。孩子年龄小，思维能力尚弱，不可能做到面面俱到。可是，当孩子的粗心成为一种习惯时，再纠正将会很困难，也许一开始只是做游戏时粗心大意，到后来学习上变得粗心，以至于后来将粗心"融入"到他生活的方方面面。

◆ **惩罚、打骂孩子**。由于孩子粗心，简单的算术也经常算错，家长生气，惩罚孩子面壁思过，甚至打骂孩子。这样会让孩子对自己的粗心产生恐惧、厌烦的情绪，在做事、学习时害怕做错或者怀着抵触的情绪。

锦囊妙计

◆**在孩子做游戏时，尽量让孩子独立完成，给孩子独立思考的机会**。在游戏前，家长可以适当提出一些建议，如果孩子在游戏时并没有采取家长的建议，不要打断孩子，也许孩子有自己的想法，这也是培养孩子独立性的一种方式，同时也可以让孩子充分享受游戏的乐趣。

◆**允许孩子在游戏或学习中有失误**。孩子年幼，各方面的经验都不足，在游戏和学习中出现失误在所难免，如果父母发现孩子在游戏或学习中有失误，就急于指出来或纠正，会干扰、分散孩子的注意力，再让孩子专注地游戏或学习就比较困难了。

◆**给孩子足够的时间和空间自由**。刻意设定游戏时间，会让孩子有压力、有紧迫感，会让孩子不停地想"游戏时间快结束了，怎么办？一会儿就不能玩了"，导致孩子无法专注于游戏。在孩子玩某个游戏时，家长要尽量给他充足的时间，不要在游戏过程中打断，在游戏结束后，再要求他做其他的事。

◆**不要一味指责**。当家长发现孩子由于粗心做错了某件事时，家长可以对他说："宝宝，细心点、专心点，妈妈相信你可以做好的。"不要一味地指责孩子："你怎么总是这么粗心！"要告诉孩子应该怎么做，让孩子感觉到被信任，相信自己有能力做好，这样孩子会细心、专心地去做事。指责只会让孩子消极、退缩。

◆**通过游戏、训练，培养孩子认真、细心的品质**。比如，辨认错误图形训练，让孩子根据给出的正确图形，在许多相似的图形中辨认出错误的图形。还有诸如"大家来找茬儿"这样的小游戏，家长可以和孩子一起玩，比比看谁找出来的多，在游戏中培养孩子认真、仔细的态度。

◆**培养孩子的责任心**。孩子做事粗心是缺乏责任心的一种表现，没有责任心，也就没有认真、细心的态度。家长可以通过日常生活中的小事培养孩子的责任心。比如，给孩子分配一些任务，如让他收好自己的玩具、整理好自己的小书包等。这是孩子自己的责任，家长应要求孩子以认真的态度对待。孩子做得不好，不要批评指责，一定要坚持让孩子重新做好；孩子做得好，家长可以给予表扬和一定的奖励。这样就会逐渐培养起孩子的责任心。

◆**为孩子提供一个整齐有序的生活环境。**如果孩子的生活环境杂乱无章，作息时间不规律，很容易使孩子养成粗心、无序的生活习惯。家长要为孩子营造一种有序的生活环境——规律的作息时间、固定的用餐时间、每件物品都有各自固定的位置，这样会让孩子养成一种有序、认真的生活态度。

◆**给孩子讲讲关于粗心和细心的小故事。**家长讲完后，可以和孩子进行讨论，引导孩子自己做出比较，说一说粗心的后果和细心的好处，帮助孩子总结经验。

◆**家长的表率作用也很重要。**父母是孩子的第一任老师，家长对孩子的影响是巨大的。因此，家长也要养成一种不骄不躁、有条不紊的做事风格。

（2）因幼儿不感兴趣或不懂识记方法而导致健忘

案例

盼盼4.5岁了，在幼儿园上中班，看起来活泼伶俐。爸爸看楼上的同龄小伙伴都会背好几首唐诗，就想让盼盼也学几首简单的唐诗。于是，爸爸每天晚上都会抽一点时间教盼盼背诗，可盼盼并不感兴趣，不愿意学。几天下来，进度并不尽如人意。盼盼总是在好不容易记住了前两句后，就忘了后面几句；后面的几句记起来了，前面的又背不出来了。几天折腾下来，爸爸彻底没信心了。这孩子怎么会这么"健忘"呢？

分析

其实，4岁幼儿的记忆力比较差，这是因为他们的心智发育还没有成熟。对于一些不太感兴趣的事物，他们更加不愿意记忆。幼儿初期的记忆多是凭兴趣，对那些感兴趣、生动、鲜明的事物他们比较容易记住。比如，他们会对自己爱吃的食物记得很牢，对他们喜爱的动物了如指掌。就像故事中的盼盼，他总是记不住唐诗，可能是因为他对唐诗丝毫不感兴趣，所以根本就没有用心去记忆。5岁以后，幼儿不仅能努力地去识记和回忆所需要的材料，而且能运用一些简单的记忆方法，如在接受任务后会自言自语地重复与任务有关的事情，用有意联系的方法来记住这些事情，在忘记某一细节时会向成人求助等。

错误应对

◆**讽刺孩子**。"你真笨，幼儿园的小朋友都会了，就你不会，小笨蛋。"家长这么说直接打击了孩子的自信心，孩子会觉得自己不如别的小朋友，进而产生自卑的情绪，更加没有信心。

◆**批评孩子**。"别的小朋友都能记住，你怎么记不住，你有没有认真在学呢？"幼儿的注意力极易受外界因素的干扰，一点声响、一个动作都有可能把孩子的注意力吸引过去，家长过度指责孩子，孩子会产生厌烦情绪，有这种情绪的干扰，很难再集中注意力去记忆。

◆**惩罚孩子**。"今天你没有背会这首诗，晚上不准看动画片。""你又这么粗心，该长记性了，去墙角站着，以后再粗心，就罚你一直站着。"这样的惩罚会让孩子心生恐惧，由于害怕受罚，孩子会一边强迫自己要认真、要好好背，一边担心如果还是背不好怎么办，导致没有办法认真、有效地记忆。

◆**用逼迫的方式，强行让孩子记忆**。孩子已经感到很不耐烦了，家长却还是一种"不达目的誓不罢休"的姿态："宝宝，我们今天一定要把这首诗背会。"这样很容易激起孩子的逆反心理，也无法从根本上改善孩子健忘的行为问题。

◆**记忆方式、方法过于单一**。比如，家长仅仅让孩子不断重复，死记硬背，孩子即使记住了，也只是一种机械记忆，而这种记忆方式也容易使孩子很快忘却。

锦囊妙计

◆**保证孩子充足的营养和睡眠，引导其加强身体锻炼**。营养和睡眠的缺乏不利于孩子大脑的发育，而身体锻炼有利于孩子神经系统的发育和成熟。家长可以让孩子多食用一些能促进记忆力的食物，如大豆、牛奶、木耳等，每天为孩子安排一定的锻炼身体的时间。

◆ **让孩子独立做一些力所能及的事，消除孩子的依赖心理**。家长由于对孩子的宠爱，事事都替孩子办，孩子对家长产生了依赖，会理所当然地认为：什么事都有爸爸妈妈帮忙，做不好也没关系。所以，家长给孩子机会让他自己做，他才能消除依赖心理。

◆ **帮助孩子学会"自我提醒"**。协助孩子做一个记事本，可以做得可爱些，让孩子感兴趣，贴上或画上孩子喜爱的图片和图案。如果孩子识字有限，可以用卡片代替文字，在记事本上注明孩子上幼儿园需要带的东西，每天让孩子自己准备、检查所需物品，在记事本上打钩。

◆ **让孩子体验健忘的后果**。比如，孩子今天去幼儿园忘记带课本了，家长可以不用急着送过去，让孩子体验一下没带课本的后果：可能会受到老师的批评，别的小朋友都有书看，自己却没有……孩子体验到忘记带课本的感觉真糟糕，下次一定不会忘记带课本了。孩子自己的体验比大人千遍万遍地重复更能让孩子认识到健忘的后果。

◆ **采用游戏的方式训练孩子的记忆力**。和孩子一起玩记忆力训练的游戏。比如，准备一些物品，让孩子看一下，接着盖上，让孩子说出有哪些物品。此外，家长可以和孩子一起比赛，看谁记得多，再设定一个奖品，这样给游戏增加一点竞争的气氛，孩子会更加感兴趣。

◆ **培养孩子的有意记忆**。比如，在带孩子去动物园之前，家长可以先对孩子提出要求，让他仔细观察所看到的动物，在孩子观察动物时将动物的名称、特点、习性等简单告诉孩子，一起和孩子讨论它们的身体特征、动作，他便会有意识地记住。回家后，和孩子一起回忆在动物园里看到的有趣的动物，鼓励孩子选择一两种最感兴趣的动物画出来。在谈论和绘画时，孩子很自然地就能学会提取大脑记忆库中的信息。

◆ **向孩子提出具体、明确的记忆任务**。一般情形下，幼儿不会主动进行识记，所以，家长在给孩子讲故事、出去散步时都可以向孩子提出明确、恰当的记忆要求。比如，在给孩子讲故事前，家长就告诉孩子，"宝宝，待会儿妈妈讲完故事，要问问你刚刚都讲到了哪些小动物。"这样提出具体的记忆任务，孩子在听故事时会进行有意识的记忆，有利于培养孩子的专注能力。一开始，家长可以提一些简单的任务要求，再逐渐加大难度，并提供一些奖励使孩子对完成记忆任务保持热忱。

◆**及时表扬、鼓励孩子**。当孩子健忘的情况有所改善时，一定要表扬、鼓励孩子，提高孩子记忆的积极性与主动性。表扬、鼓励的形式要多种多样，除了肯定性的语言，还可以用微笑、拥抱或是物质奖励等。经过孩子自我的多次沉淀，这种认同就会积累孩子的成功感，同时增强他的自信心。

6 怕上幼儿园

每当新学期开学时，有的小朋友在家长的带领下，高高兴兴地去上幼儿园；有的小朋友则是哭哭啼啼的，由家长拖着拽着送到幼儿园。还有的小朋友刚开始很适应幼儿园的生活和学习，但过了一段时间，由于某种原因，突然不想去了。这就需要家长找出孩子不想上幼儿园的原因，以免让孩子对幼儿园有一种恐惧心理，继而影响以后上小学、中学时的学习和生活。

幼儿园是幼儿迈向正式的社会教育的第一步，也是孩子与家长分离，适应社会场所的第一步。幼儿在入园前最大的生活圈子基本局限在家庭，幼儿园对于幼儿来说是新事物，接受它需要一个过程。在这一过程中，家长和老师都不应只是旁观者，而应换位思考，家长要对孩子入园有充分的心理准备，要以孩子为本，认识到孩子将是一个社会的人，今后的生活离不开社会这个大集体，需要从孩子进入幼儿园这个小集体开始，就培养孩子的集体意识和规则意识，做好各方面的准备工作，帮助孩子实现由家庭到幼儿园的顺利过渡。下面通过几个案例的分析，说明孩子怕上幼儿园的原因及家长应该如何应对孩子出现的这种状况，为孩子能够适应新的生活、学习环境提出一些建议。

（1）因不熟悉环境而怕上幼儿园

案例

平平上个月刚刚过完3岁生日，父母打算把平平送到幼儿园去接受正规的教育，同时也能让平平与小朋友们一起玩，交到朋友。去幼儿园的前一天，妈妈没有告诉平平，只是跟平平说明天带他去一个好玩的地方，平平听了非常高兴。第二天妈妈领着平平来到幼儿园，刚到幼儿园门口，平平就放声大哭，妈妈好说歹说才把平平哄进了幼儿园,当妈妈转身要离开的时候,平平更是哭得歇斯底里。没办法,妈妈只好把平平带回了家,平平第一次入园宣告失败。

分析

新学期开始,新入园的幼儿总是有哭闹的现象,这是幼儿分离焦虑出现的一种信号,是幼儿对所依恋的人和环境消失的敏感性反应。分离焦虑是指幼儿离开与自己朝夕相处的父母、家庭和熟悉的环境时,所产生的一种强烈的不安情绪和行为。从熟悉的家庭进入陌生的幼儿园,突然和朝夕相处的亲人分离,面对陌生的环境、陌生的老师和伙伴,加上活动的相对不自由和集体生活规则的约束,幼儿无论是在心理还是生理上,都会产生极大的害怕感和不安全感,分离焦虑就会随之而来。这种分离焦虑状况常常发生在孩子第一次上幼儿园,或者因为节假日、休病假等原因在家待了一段时间后重返幼儿园时。

有的幼儿对待这种焦虑会以冲动的方式表现,如哭泣、踢打、叫喊等;也有的幼儿会在潜意识中建立一套自己的防御机制,一般表现为固执、压抑等。案例中的平平就是用哭泣的方式来表现自己的分离焦虑,这就要求家长能换位思考:假如把我们突然放到一个陌生的环境中,我们都有一种害怕、胆怯的心理,更别说还没有发育成熟的孩子了。

错误应对

◆**讽刺挖苦**。家长对孩子说:"连幼儿园都不敢去,真没出息。"

◆**放手不管**。有些家长认为只要孩子进了幼儿园,把孩子放手交给老师,自己就没有责任了。

◆**可怜孩子**。孩子一哭闹家长就心软,赶紧把孩子带回家去。

锦囊妙计

◆**让孩子知道为什么要上幼儿园**。家长要告诉孩子:"上幼儿园是因为你长大了,要上学学知识,学本领了。""聪明的孩子都上幼儿园的。"千万别告诉孩子:

"我们太忙了，没时间管你，你必须上幼儿园。"

◆**让孩子提前感受幼儿园的快乐气氛，对入园产生期盼心理**。家长有意识地提前让孩子感受幼儿园丰富多彩的环境和快乐有趣的生活，让孩子对入园产生期盼心理。例如，家长可以在亲子活动日、节日开放活动时带孩子去幼儿园玩，让孩子参与到幼儿园的活动中，感受老师的和蔼可亲，感受和小伙伴一起玩耍的乐趣。经常在家说说幼儿园有趣的事，帮助孩子建立"快乐—幼儿园"的联结，要让孩子一听到幼儿园就会联想到或感觉到快乐。

◆**培养孩子适应幼儿园生活所需的习惯和技能**。家长给孩子安排与幼儿园相对应的作息时间，缩短家庭与幼儿园生活、卫生习惯方面的距离。同时有意识地培养孩子良好的生活习惯，教给孩子基本的生活技能。比如，早上按时起床，晚上按时睡觉，中午养成午睡的习惯；在固定的位置自己吃饭，自己睡觉；大小便时学会自己脱、穿裤子，自己洗手等。家长还要培养孩子正确表达自己意愿的能力，让孩子学会认识和保管好自己的物品。

◆**主动和老师接触，使孩子在入园前能认识老师，并帮助孩子对老师产生好感和信任感**。

◆**鼓励孩子多交朋友**。幼儿园里的小朋友对于孩子来说是相当重要的。有朋友的陪伴，孩子就不会对大人离开身边的事情念念不忘了。因此，家长平时可以邀请其他的小朋友及其家长到家里来玩，以促进孩子们之间的友谊。有条件的幼儿园会安排"幼儿园班车"，帮助接送本园幼儿。这样的机会更好，孩子们能够结伴上幼儿园，高高兴兴、热热闹闹，谁也不会感到孤独，还可以培养他们的交往能力和乐群性。

◆**坚持送孩子上幼儿园**。不管天气冷热、刮风下雨，都要坚持按时送孩子上幼儿园。如果经常强调客观原因不让孩子去幼儿园，会养成孩子怯懦、娇气、任性和自由散漫的不良习惯。家长要从小培养孩子的纪律性，培养孩子坚强的意志和勇于克服困难的精神。

◆**参加家长学校的学习**。家长可以抽空去参加社区或幼儿园组织的家长学校的学习，掌握教育孩子的正确方法，了解幼儿教育的最新动态，以便对孩子施行有针对性的教育和引导。

◆**树立正确的入园观。**家长自身应做好孩子入园的心理准备，面对孩子的焦虑表现，父母先要管理好自己的情绪，冷静、自信、果断，避免大惊小怪；将内心的焦虑彻底甩掉或克制自己。

◆**全面了解幼儿园，对老师要有足够的信任，放心地把孩子交给老师。**家长送孩子入园后适当地陪伴一下就离开，不要站在门口张望。中途不要因为不放心而跑去看望，这样反而会引起孩子的情绪波动。

（2）因受了欺负而怕上幼儿园

案例

豪豪入园已经两个月了，对幼儿园的生活很适应，而且每天早上很早就起床，等妈妈送他去幼儿园。这天早上，豪豪突然对妈妈说不想再去幼儿园了，妈妈问豪豪原因，豪豪低头不语。最后，妈妈给了豪豪最爱吃的棒棒糖，豪豪才把不爱上幼儿园的原因告诉妈妈。原来，前一天豪豪在玩积木的时候，玩具被强强抢走了，自己还被强强推了一把。

分析

幼儿时期，孩子的心理处在"以自我为中心"的发展阶段，不会顾及他人的感受，而且行为控制能力和是非分辨能力较差，因此，在幼儿园里，小朋友之间发生"抢玩具""推推打打"的事是常有的。由于现在绝大多数孩子是独生子女，家长对待孩子在幼儿园里受到同伴欺负的问题，大多情绪反应较为激烈。在稳定情绪以后，家长要积极地与孩子沟通，让孩子说出受欺负的原因，再与幼儿园老师进行沟通，看孩子说的是否属实，然后商量怎样解决孩子的困扰。只有找到了根源，对症下药，才能从源头上解决孩子不愿去幼儿园的问题。

此案例中的豪豪就是在幼儿园里受了欺负，由于豪豪年龄还小，语言表达能力不强，回家了也不跟家长说，直接表现出来的行为是不想去幼儿园，此时，就需要家长有耐心，鼓励孩子说出原因，引导孩子重新喜欢上幼儿园。幼儿随着年龄的增长，与同伴交往等社会性需求会越来越多。因此，教师和家长要更加关注幼儿，引导幼儿积极交往，促进幼儿的社会性健康发展。

错误应对

◆ **以牙还牙**。有些家长教育孩子，"在幼儿园里受了欺负，就要以牙还牙，别人怎么欺负你，你就怎么对待他。"

◆ **情绪激动**。家长没搞清楚状况，就兴师动众地去幼儿园找老师和"欺负人"的小朋友的家长。

◆ **小题大做**。有些家长把孩子在幼儿园里受了欺负看成是天大的事，孩子被推倒，稍稍磕破了点皮，就要求对方的家长赔偿。

锦囊妙计

◆ **及时与孩子沟通**。家长在每天接孩子回家的路上，顺便问一下孩子在幼儿园里都学到了什么知识、做了什么事情，这样不仅能够增强亲子间的交流，也能够及时了解孩子在幼儿园里是否遇到困难或受了批评。父母要帮助孩子克服困难或找出做错事的原因，教育孩子要勇于克服困难，承认并改正错误，做一个坚强的孩子。

◆ **培养孩子与人和平相处、团结合作的精神**。给孩子讲故事，创造一些和平共处的情境，把孩子的名字编进故事里，不仅能吸引孩子的注意力，还能在潜移默化中使孩子体会到团结合作的精神。

◆ **加强家—园间的沟通**。家长应经常主动地找老师了解孩子在幼儿园中的情况，防微杜渐；按时参加幼儿园定期举行的家长会，积极地参与幼儿园组织的社会性活动或夏令营性质的出游活动，加强与其他家庭的交流和沟通，为孩子建立良好的伙伴关系。

◆ **家长要相信老师的能力**。当孩子在幼儿园里受了欺负以后，家长找到根源后，没有必要直接去找对方的家长，应及时反映给老师，相信幼儿园老师有能力把事情处理好。

◆**引导孩子学会分享**。在平时的生活中，家长要有意识地培养孩子与人分享的习惯，这样孩子在幼儿园里就可以和其他的小朋友一起分享玩具、图画书等，就不至于引起纷争，受到欺负。

（3）因缺乏社交技能而怕上幼儿园

> **案例**

慧慧在 4.5 岁时被诊断为孤独症，现在她已经 6 岁了。刚入园时，妈妈每天早上送她去幼儿园，慧慧都是哭哭啼啼地不愿去。家长和老师交流后发现慧慧平时很少和老师交谈，仅有两次在早晨入园的时候向老师问好。对老师在活动中的提问从来都不感兴趣，在老师讲解的过程中总是喜欢趴在桌上或俯身摆弄自己的鞋带，而且拒绝和其他的小朋友交谈。小朋友主动找她玩时，也往往因慧慧不懂游戏规则而忽视她。

> **分析**

人类生活在社会这个大环境中，可以说人类的一切活动都是在社会中进行的，这就要求人与人之间进行交流和沟通，而这种社会性的沟通和交往技能是孤独症儿童一生都要面临的难题。在生活中，人们直接观察到的孤独症儿童的所有障碍，可以说是一种表面现象，如异常行为、注意力短暂、情绪无常等，这些现象导致了孩子的沟通障碍。可是，可怕的不是孩子这些表面的异常现象，而是这些现象导致的最终结果。从内在原因上说，孤独症儿童失去的是与他人交往的内在动机，失去的是与他人交往的正常行为，失去的是社会性。所谓社会性，就是个体在与他人的交往中，能够按照社会规范的要求去建立恰当的人际关系，融入正常的社会生活。

孤独症儿童在社会交往方面的特点表现为：缺乏社会性互动，很难与其他儿童同步游戏；缺乏社交凝视、微笑，不能发展出正常的互动关系；不能像正常儿童那样追随他人的注意，或者将自己的注意转向一个对象或物体，在被迫要求注意的过程中没有伴随情感体现；在游戏中很少出现自发的象征性游戏，常常拒绝参加集体活动，不懂得遵守游戏规则；很难遵守社会规则，即使通过教育也不能很好地遵守集体规则及纪律。

案例中的慧慧有着上述一系列的行为表现，这些"不合群"行为导致别的小朋友认为慧慧是个怪人，使慧慧交不到朋友，产生了怕上幼儿园的恐惧心理。

错误应对

◆ **放任孩子**。家长随着孩子的性子，在孩子被诊断为孤独症后怜悯孩子，不再去勉强孩子与他人交往了。

◆ **逼孩子与其他孩子交朋友**。有些家长不教孩子社会性交往的技巧，硬逼着孩子去幼儿园交朋友。

◆ **不抱任何希望**。把孩子送到幼儿园去，能学多少是多少。

锦囊妙计

◆ **运用强化法，及时给予适当表扬**。即使孩子跟小朋友们进行了很小的互动，比如帮忙捡起一支笔、一块橡皮等，家长也要抓住机会给予孩子口头上的表扬："你真棒，帮 ×× 把橡皮给捡起来了。"这里一定要注意，表扬不能笼统，要具体到某件事上。同时，鼓励得到帮助的小朋友感谢他，使孩子体会到最基本的尊重和信任，有利于孩子建立良好的自尊心和自信心。

◆ **有条件的家庭可以请一位特教助理随孩子入园**。在孩子平时的幼儿园生活中，特教助理可以帮孩子找到相对比较好交往的小朋友，下课时一块儿做游戏，共同分享玩具等，以此建立孩子的合作意识，使孩子在心灵上不会感到孤独。

◆ **通过讲座学习孤独症儿童社会性发展方面的知识**。家长有时间应尽量参与关于孤独症儿童的社会性发展的讲座，在讲座上，多与专家和其他孤独症儿童的家长交流，获取心得。

◆**在专业医师的指导下，训练孩子的社交技能。** 可以分为三步：第一步是工具性人际交往，指在交往过程中无须感情投入，交往对象是谁无关紧要，只要双方按照既有规则行事即可。常用的训练方案有"去超市购物""打电话""上课铃声响起"等。第二步是情感性人际交往，是指以培养孤独症儿童的情感为目的进行的情感互动训练，常用的训练方案有"他怎么了""假装游戏"等。第三步是自主性人际交往，指儿童自主发起与他人的交往或者进行自我选择性的交往行为训练，常用的训练方案有"请你跟我这样做""我们接下来做什么"等。

7 逻辑混乱

很多父母会关注孩子的语言发展能力，并且或多或少地认为语言与思维发展存在着某种联系。事实上，有很多研究者已经对语言与思维的发展关系做了很深入的研究，苏联心理学家维果茨基认为语言是思维的工具和表征，幼儿经常借助于语言进行思考，比如边摆弄积木边说"这是红色的""这是蓝色的"，幼儿通过语言对积木进行颜色上的认知和分类。因此，当孩子出现尤其是经常出现语无伦次、前言不搭后语甚至胡言乱语的情况时，有的父母就会担心孩子大脑的某个部分是不是出现了问题。在这里，我们姑且把孩子出现的这些情况概括为"逻辑混乱"。

逻辑混乱在幼儿的语言和思维发展过程中并非偶然出现的现象，在特别小的幼儿身上常常表现为答非所问，在稍微大一点的幼儿身上可能会表现为无法完整地叙述一件事、主次不分、前后颠倒或反复重复，这样的孩子开始正式学习后还可能会出现明显的计算困难、判断和推理能力不足等抽象思维能力较差的情况。

那么，到底逻辑混乱是由什么原因造成的？它是否真的与大脑的发育缺陷有关？还是另有原因？如何正确看待这一现象？如何提高幼儿的语言表达能力和逻辑思维能力？我们希望通过以下的案例和分析，能够给爸爸妈妈们提供一点参考。

（1）因思维发展水平有限而导致的逻辑混乱

刚过两岁的伊伊特别能说，从早上睁开眼睛到晚上睡觉，絮絮叨叨起来简直

就是一个小话唠。妈妈很高兴伊伊这么爱说话,但是也感到很困惑,因为妈妈每次想和伊伊聊天时,就会出现有点进行不下去的情况。

妈妈:"宝贝,你的小狗呢?"

伊伊:"和狗狗出去玩。"

妈妈:"那我们带它去哪儿玩呢?"

伊伊:"现在去玩。"

妈妈:"现在去哪儿玩?"

伊伊:"和妈妈一起出去。"

分析

案例中的妈妈很希望和伊伊展开有效的对话,但是伊伊并没有按照成人的思维模式来回应,有点答非所问。

皮亚杰对儿童这样的言语现象做过系统的研究,他通过大量的观察和记录发现在5、6岁以下的幼儿中间,类似的言语现象非常典型。这种语言是幼儿处在自我中心思维阶段的表现,因此称之为自我中心语言。皮亚杰认为,自我中心语言是幼儿语言发展的必经阶段,这种语言只对自己说,并非用于交流,也不企图引起别人的关注和意见。它包括重复、独白、集体独白三种形式。重复是指不管懂与不懂机械地反复说出自己听到的字词,或者模仿音节和声音;独白是指自言自语;集体独白是指在别人在场的情况下对自己说话而不听别人讲话。皮亚杰还指出,这种语言只是幼儿为了自我愉悦而说,随着幼儿年龄的增长,它会转变为压缩的低声细语,并最终会被比较成熟的社会化语言取代,同时,语言的连贯性和逻辑性也得到了发展,幼儿开始学着把一件事前后一贯地表达出来,能够理解他人的意图,慢慢变成所答即所问。

错误应对

◆**没有耐心。**"你这孩子怎么听不懂人说的话啊!"当父母的情绪管理出现问题时,如果孩子没有达到本就超出其能力范围的要求,盲目地对孩子进行言语上的指责，会给孩子带来心理负担。

◆ **中断互动**。在有意识地训练孩子的语言互动能力时，父母试图与孩子进行对话，一旦没有得到回应，很可能会放弃继续对孩子进行语言刺激，这恰恰错失了最好的机会。

◆ **不断打扰孩子**。有时孩子是通过自言自语来对自己的行为进行控制的，比如拿玩具时会说"要抓好了"，喝水时会说"慢慢喝"，父母要善于分析孩子的游戏状态，如果他很自得其乐，要给他留出自主游戏的时间，在一旁静静地陪伴就可以，不要总是频繁地打扰孩子。

锦囊妙计

◆ **积极回应孩子的语言需求**。多数人是在"有条件积极关注"的环境中长大的，即达到了父母的期望才会获得回应和鼓励，父母的爱似乎是有条件的。美国心理学家罗杰斯提出的"无条件积极关注"主张总是给幼儿创设宽松的心理环境，让他们觉得自己即使做得不好也会被爱。在孩子的语言发展过程中，父母也需要提供这样的关注。当孩子说话并不能很好地表达自己时，父母的眼神、肢体和语言都可能给孩子造成正面或负面的强化，微笑、点头、注视、拥抱和"宝贝你说得很好"等语言会让孩子更擅长和喜欢用语言进行社交。

◆ **创造宽松的语言氛围**。一个喜欢讲话的幼儿已经具备了语言发展的基础，语言的互动性和逻辑性可以在不断的讲话中被正确地引导。因此，当孩子持续不断地自言自语时，父母应该鼓励孩子，营造宽松的语言环境，最好尝试进行有效的对话。"别说了，你怎么那么多话啊""你说的什么乱七八糟的"，父母这样说压抑了孩子的表达欲望。

◆ **通过驱动型任务刺激语言互动**。对于2—4岁的孩子，想要创设有效的对话情境，父母可以利用孩子最感兴趣的食物和玩具等刺激孩子进行有社交意义的表达或转述。比如，"宝贝，你想吃饼干了是吗？想吃圆形的还是方形的？饼干是在哪里买到的？袋子是什么颜色的？你去找爸爸，告诉他你想吃哪种饼干，请他帮你买。你说得越清楚越好。"

◆ **开展去自我中心化的游戏**。合作游戏和角色扮演游戏可以有效地促进幼儿的语言发展和去自我中心化。比如，父母和宝宝一起完成一幅画，在画的过程中询问宝宝："告诉妈妈，你在画什么？妈妈在哪里画比较好？先画什么？然后呢？"再比如，宝宝扮演医生，爸爸扮演病人，请宝宝给爸爸诊断病情等。

◆鼓励孩子进行人际交往。幼儿在人际交往中会遇到诸如同伴冲突、分享玩具等很多问题，可以促进幼儿的共情和换位思考，并在尝试解决问题的过程中发展语言沟通能力。值得注意的是，父母要做好正确的引导，当孩子发生同伴冲突时先给孩子自己处理的机会，并在适当的时候引导孩子表达："这是我的玩具，我现在不想分享，等我玩好了再给你。""如果我和你交换，你可以让我玩你的布娃娃吗？"

（2）因为紧张、焦虑等心理因素的影响而导致的逻辑混乱

> **案例**

今天轮到浩浩在班级里做"天气播报"，这是浩浩第一次发言。站在班级的展示台上，他指着和妈妈一起画的天气图说："明天上午天气很好，但是也可能下雨，不是，下午才会下雨，有可能是，上午也有可能刮风。我也不确定，下午，下午下雨。大家明天要是带上雨伞，应该比较好。"大家听完一头雾水，老师问："你和妈妈在家里准备好了吗？我们还是不知道要不要下雨，什么时候下雨。"放学的时候，老师对浩浩妈妈说："以后你们要提前在家里准备第二天的展示，浩浩今天说话有点前言不搭后语，一看就没准备好。"浩浩妈妈感到很困惑：昨晚在家里浩浩说得很清楚，今天是为什么？

> **分析**

针对浩浩在语言表达上出现的困难，需要向妈妈追溯以下三个问题：这是浩浩第几次在公共场合发言？浩浩是什么样的气质类型？父母自身容易紧张焦虑吗？观察和分析浩浩的情况后我们发现，浩浩在家里表现良好，但在集体发言时

会出现逻辑混乱，这种混乱是由浩浩的紧张和焦虑导致的。

儿童的焦虑有两大来源，一个来自内部，一个来自外部。内部是指儿童的气质类型，气质是导致儿童产生焦虑的关键因素。气质在婴儿刚出生时就会出现并且伴随其成长，会与儿童的生活环境发生互动，是个体的心理特征之一，主要表现在心理活动的强度、速度、稳定性和指向性上。尤其是对处于生命早期的幼儿来说，气质决定了其与周围环境互动的关系。研究表明，有低适应度、趋避性偏低或负向情绪本质等抑制性气质的儿童更容易产生紧张、焦虑情绪。外部来源是指教养方式和代际传递。教养方式表现为在亲密度较低、矛盾性较高、控制性较强的家庭中，幼儿发生焦虑症状的可能性更高；另外，焦虑症状会发生代际传递，如果父母常出现手足无措、稳定性较差的焦虑情绪，孩子产生焦虑的概率就会大大增加。

案例中浩浩出现的逻辑混乱也是焦虑的一种表现形式，浩浩自身的气质类型、父母不当的教养方式和其自身的抗焦虑能力以及浩浩在公开场合发言的频次等，都是造成这一现象的原因。

错误应对

◆**求全责备**。孩子因为心理素质欠佳表现出诸如语言表达不畅快、不连贯等问题时，作为父母不要盲目指责，给孩子造成对抗和有压迫的心理环境。语言表达等外显行为的发展很多时候是建立在成功经验带来的自信基础之上的，求全责备只能让孩子更加孤立无援。

◆**盲目比较**。每个孩子的能力发展都有自己的节奏，语言发展水平、精细动作和大运动、认知能力、社会适应能力等的发展有先有后，父母切不可不加分析地、盲目地把孩子同其他孩子做比较。

◆**欲速不达**。孩子的发展需要时间，"一口吃不成一个胖子"。父母要找到孩子的语言和情绪调节的发展基础，先制订一个小目标，然后和孩子一起努力。

> 锦囊妙计

◆**父母给孩子树立好的榜样**。儿童很重要的学习方式之一是模仿，这在语言发展和情绪调节上也是适用的。一方面，父母要创造主动社交以及在社交中主动发言的机会，同时在家庭语言的使用上尽量做到简洁清晰、有条有理；另一方面，父母要减少焦虑、紧张等负面情绪的表达，引导幼儿在公开场合说话时学会稳定沉着地表达。

◆**进行消除紧张的松弛训练**。父母要经常与孩子一起进行放松训练：首先，要告诉孩子"没有谁是完美的，真诚地表达自己，不要在意自己的小失误"；其次，可以一起练习深呼吸；最后，要教孩子进行积极的自我暗示，让孩子对自己说"我是放松的，我并没有那么紧张，我可以做得很好"等，引导幼儿学习情绪的自我调节。

◆**改善家庭教养方式**。父母不当的教养方式是孩子易焦虑的重要原因之一，改善孩子容易紧张和焦虑的情绪，首先要建立高质量的教养方式。幼儿心智不成熟，他对自己的评价都来自"重要他人"——父母。父母要积极评价和悦纳孩子，评价孩子时多用肯定句，多说几句"我相信你""你能行"可以在很大程度上缓解孩子的紧张不安。其次，要形成孩子的安全依恋，对父母有安全感的孩子，大多不会害怕陌生的环境和人，这样的孩子比较容易具备稳定、乐观、冷静的情绪，遇到挑战时也会产生更少的紧张和焦虑的负面情绪。

◆**设定适当可行的目标**。每个父母都会对孩子的进步抱有期望，但期望适中才能促使孩子一步一步地实现目标。在改善孩子因紧张和焦虑而导致的语言逻辑混乱问题时，父母可以尝试设定这样的渐进式目标：给爸爸妈妈讲一个故事——给爸爸妈妈讲一个完整的故事——在幼儿园里给几个小朋友讲一个故事——在幼儿园里给几个小朋友讲一个完整的故事——在幼儿园里每天参与一次课堂提问——在幼儿园里给大家讲一个故事——在幼儿园里给大家讲一个完整的故事。

(3) 因能力不足而导致的逻辑混乱

> **案例**

睿睿已经上小学一年级了，放学回家妈妈询问在校情况和作业量，睿睿总是不能清楚地表达，导致妈妈有时候都没办法按照老师的要求督促睿睿完成作业。老师也明确表示睿睿的语言表达能力不好，回答问题时常常东一句、西一句，逻辑混乱，比同班孩子要差一截，请睿睿的父母关注孩子的语言表达能力和逻辑思维能力的发展。妈妈的担忧还是发生了！因为工作性质要到处出差，在睿睿小时候妈妈没有条件把他带在身边，只好留给说话已经不怎么利落的姥姥来照顾，时间一长睿睿与其他小朋友在语言能力方面的差异就显现出来了，妈妈实在后悔当初没有尽力给睿睿创造一个相对较好的语言环境。

> **分析**

对于婴幼儿来说，丰富的语言环境、持续的语言互动、积极的情感回应会刺激他们听、说、认知能力的快速发展。研究者认为，言语知觉的学习存在多个敏感关键期，开启和结束的时间都有差异。在语言能力发展上，研究者们普遍达成了共识：语音学习的关键期在1岁以前，词汇的学习在18个月开始爆发，句法的学习在18—36个月发展迅速，7岁后就会明显下降。因此，早期教育并非像大众以为的那样可有可无，相反，在早期给予足够的语言和语音输入，可以促进幼儿大脑相应区域神经元的发育和突触的连接，很多有先天脑损伤的孩子在后天环境足够的刺激下也可以达到正常智力水平就是最好的例证。如果在本应该对幼儿进行大量语言输入的关键期剥夺或者忽视了环境创设和言语互动，将会给幼儿的持续发展带来很大的挑战。

> **错误应对**

◆**放任不管**。如果发现孩子的语言表达和逻辑思维能力发展滞后，父母没有足够重视，将会给孩子未来的发展带来不可逆的损害。

◆**失去信心**。语言发展的关键期是存在的,但是不代表在其他时间针对语言能力提升所做的努力就是无效的。幼儿正处在母语习得的关键期,因此,父母在发现问题时,首先要做的就是对孩子抱有信心。

◆**急于求成**。学习讲究循序渐进,语言能力的发展更应该如此,前期有大量的输入,才会有语言的输出。父母要提升孩子的语言表达和逻辑思维能力,切忌操之过急。

锦囊妙计

◆**增进亲子共读**。阅读可以提供大量的语言输入材料,亲子共读可以提高父母与孩子的亲密度,这是提升孩子语言表达能力的基础。父母可以选择有故事性的绘本,坚持每天与孩子一起读书一刻钟,读完以后还可以引导孩子复述。

◆**倾听能力的培养**。很多时候,对于幼儿来说,不能表达清楚一件事是因为他不能准确地抓取信息。父母要从培养孩子的专注力、信息提取能力和尊重他人、认真倾听的习惯等方面入手,关注孩子倾听能力的提高。

◆**概括能力的培养**。父母要引导孩子通过使用关键词、关键句子、关键人物等信息,重点突出、层次分明地表达自己的想法。

◆**了解顺序和时间的概念**。父母要训练孩子表达时注意"从小到大""从上到下""先……然后……最后……"等顺序,同时掌握"在……之前""马上""立即"等有时间概念的词,不断提高语言表达的逻辑性。

◆**请医生做专业的诊断**。如果孩子的表现已经远远落后于平均水平,父母就要寻求专业医院的支持,对孩子的大脑发育和神经系统等做出评估,即时制定治疗和干预的方案。

8 做事拖拉

可能所有的父母都被这样的问题困扰过：原本打算10分钟内出门，结果已经过了一个小时，孩子还在穿衣服；说好了这个星期上幼儿园争取做到不迟到，但孩子每次都不能按时到达幼儿园；已经是晚上10点钟了，三催四催之后，孩子还在拿着玩具满地跑，睡觉和起床，很难说清楚哪件事更困难；11点半开始吃午饭，快下午1点了自己还在饭桌上和孩子周旋……孩子诸如此类的拖延问题越来越严重，父母软硬兼施甚至全家上阵，在"熊孩子"面前都一一败下阵来。

我们把孩子这种做事拖拉的行为统称为拖延行为，"拖延"是幼儿虽然知道必须得做但却拖延到最后一刻的一种不良行为习惯。幼儿时期是个性心理品质和行为习惯塑造的关键期，当孩子出现拖延行为时，父母应该认真分析孩子行为背后的原因，做出科学的判断，进行及时的干预和矫正，把对孩子今后的不良影响降至最低，同时帮助孩子建立起良好的生理和心理节律。

那么，究竟是什么原因导致了孩子的拖延行为？有哪些原因会加重孩子的拖延行为？拖延行为是孩子生来就有的还是受后天不良环境影响造成的？在家庭中应该如何科学有效地帮助孩子克服这些问题？希望以下三个案例可以给爸爸妈妈们带来一些启发。

（1）因时间感知能力不足而做事拖拉

> **案例**
>
> 2岁多的晨晨是个让妈妈很省心的孩子，说话清楚明白，平时脾气不急不躁，每次玩完玩具都会认真地收好。但一涉及以下情形，妈妈就头疼不已："看动画片只能看10分钟。""我们再看一个故事就睡觉好吗？""再玩5分钟就回家好吗？"

为了防止晨晨哭闹，对于这类问题，妈妈总是提前和晨晨约定好，晨晨也每次都爽快地答应"好"，但当妈妈真的要把动画片关掉、把故事书拿走或者准备回家时，晨晨还是会发脾气，有时还大哭不止。妈妈也很生气："你怎么总是说话不算数？这样拖拖拉拉的，什么时候才能到家？说好了再玩5分钟，过了5分钟你为什么要哭！"妈妈实在搞不懂，出现这种情况到底是自己的问题还是晨晨的问题？

分析

幼儿对时间的感知能力不足的原因有三个：第一，时间观念并非幼儿天然形成的，是在经验积累越来越多的情况下慢慢习得和掌握的。一般来说，五六岁的幼儿对一日之内早午晚的时序能够正确区分，4岁仍有一定的困难，七八岁才有明显的飞跃。第二，幼儿的大部分生活都是"被安排"的，什么时候应该吃饭、外出、洗澡等，他很少有机会自己来决定，因此也不会特别关注"该做什么事"和"应该在什么时间做这件事"。第三，幼儿存在"心理时间"的不满足。大人在做喜欢的事情时会感觉时间过得特别快，对幼儿来说同样如此，因此幼儿会出现10分钟后关掉电视"不认账"的拖延和反抗行为以及与之伴随的激烈情绪。

案例中的晨晨才两岁多，对时间的感知经验和能力都不具备，答应"10分钟"时他根本不明白10分钟意味着什么。另外，当他沉浸在看电视、听故事这些事情中时，突然的中断会引起他情绪的波动，如果妈妈处理得不好，他一向的好脾气也会变成暴脾气。

错误应对

◆**简单粗暴**。当幼儿没有按约定时间兑现承诺时，父母切忌情绪化地处理问题。做父母的应该时刻意识到，你处理问题的方式就是孩子今后在面对同样的问题时会采取的处理方式。打骂孩子是父母无能的表现。在有情绪的状态下，父母会说出一些伤害孩子的话，与其追悔莫及，不如自己先学会去情绪化的问题处理方式。

◆ **负面暗示**。在情绪的催化下，父母很擅长用最坏的语言去描述自己的孩子——"没见过你这样的孩子""你是不是有病啊""你爱走不走，我不要你了"。很显然，这样的话都是在发泄而非解决问题，如果总用这样的语言去面对亲子冲突，就会让孩子形成负面的自我认识和逆反心理——"我已经这么差了，有什么好改的""既然你这么说我，我就差给你看"。

◆ **听之任之**。大多数父母在面对孩子出现拖延问题并且沟通无效的时候，往往会选择放弃，由着孩子去，认为反正也没有涉及大是大非，这样的态度只会不断加重孩子的拖延问题。

锦囊妙计

◆ **用游戏的方式展开下一件事**。要真正懂得孩子，走进孩子的心里，就需要用孩子的语言，而游戏就是这座沟通的桥梁。巧妙地运用游戏，可以轻松地管教孩子，避免很多"战争"。比如，希望孩子赶快上床睡觉的时候，父母可以把小狗玩具拿到床上去，并对孩子说"宝贝，小狗已经很困了，它希望你陪伴他，快来，我们一起哄小狗睡觉"；希望孩子赶紧回家，父母可以和孩子玩"大怪兽来了"的游戏，请孩子扮演怪兽，父母往家里跑，让孩子来抓自己。可把父母的"目的"隐藏在游戏中，驱使孩子尽快开始做下一件事。

◆ **提前多次预告**。由于孩子尚未形成一定的时间观念，当规定的时间到来时，父母可以尝试提前进行多次预告。比如，允许孩子看动画片10分钟，在还有5分钟的时候要提醒，"宝贝，你已经看了一半了，还有5分钟就要关掉电视哦"，还有两分钟的时候再次提醒，"宝贝，两分钟后要关电视哦"，1分钟的时候要坚定地说，"最后1分钟，1分钟后请宝贝自己关上电视"。父母要不断地提醒孩子，给孩子充分的心理准备，并且清楚地表达你的态度。

◆ **在共情的基础上坚持原则**。时间到了，请孩子自己去关电视："宝贝，你选择自己关还是妈妈关？如果你不关，妈妈就来关。"原则是电视必须要关，但是关了之后要照顾孩子的情绪，如果孩子有情绪，父母要进行共情——"妈妈知道你有点不开心，你不开心妈妈可以理解，让我来抱抱你"，在共情的基础上讲清楚道理，同时也可以采取转移注意力的策略——"但是我们的约定是10分钟，眼睛需要休息，不可以一直看视频，不然眼睛坏掉了需要去医院治疗。看完电视后我们还可以做很多有意思的事情，来，我们一起搭积木"。

◆**在原则范围内给予最大的选择权。**幼儿的情绪有时是来自完全被支配的无力感，使得两岁以后就萌芽的"自我"无处安放。有一个折中的策略是父母在原则范围内给予孩子最大的选择权。比如："我们该睡觉了，你来选择穿哪件睡衣吧？""吃饭的时间到了，你今天用筷子还是勺子？"父母一边告诉孩子这件事必须要做，一边给孩子创造在规则范围内的自我存在感。

（2）因秩序感知能力低而做事拖拉

琪琪在幼儿园经常表现出做事拖沓、邋遢、与其他小朋友的作息时间不合拍、规则意识淡薄的情况。比如，活动课的铃声响了，小朋友们都迅速地把玩具收起来坐回到自己的小椅子上，琪琪还在玩具区东张西望，在老师的要求下才慢吞吞地回到座位上。又比如，午休时间，其他小朋友都在脱衣服、叠衣服、铺被子准备睡觉，琪琪却拖着衣服走来走去。更多的时候，琪琪总是不能管理好自己的玩具，随处乱丢垃圾，做事拖拉，有很多不合时宜的不良行为习惯。

琪琪这样的小朋友，基本上幼儿园的每个班里都有几个。像琪琪这样"没头没脑""丢三落四""慢半拍"甚至"颠三倒四"的行为，是对其所处环境中各种事物的位置感受性差、对日常规则状态的理解和内化有所欠缺的表现，可以概括为秩序感知能力低。

人的生命是一个有规律运动、充满秩序的统一体，这种节律性和秩序性是生物长期进化的结果。从胎儿期开始，人就无时无刻不处在睡眠、呼吸、心跳、体温的节律运动中，婴儿期的饮食起居也都受着内在生物钟的支配，呈现出一定的时间规律，婴儿通过喜怒哀乐等基本情绪来表达外界环境是否符合其对生命秩序的要求。婴幼儿希望求得外界秩序与内在秩序的统一，这会使婴儿的生命安全得到保障，从而获得安全感和依恋感。这就是人的秩序感的萌芽。

1—3岁是个体秩序感发展的敏感期，幼儿从一种向内的秩序感逐渐转向对外在事物的形式、格局的特别关注，会表现出强烈的追求外在事物秩序化的欲望。一方面，幼儿会关注和记住每样物品在环境中所处的位置，一旦被打乱，他们会表现出明显的不安和焦虑。另一方面，幼儿已经开始发现外在事物之间一定的规则关系，通过极力维持这种关系来获得快感，具备了初步的规则意识。两岁左右的孩子已经可以接受外界的基本行为准则：什么能做、什么不能做、怎么做好、怎么做不好。如果父母在这个时候给予孩子正确的引导，孩子就会建立良好的秩序感，行为变得"有条不紊""有板有眼"；反之，如果父母没有树立很好的行为榜样、忽视规则意识的培养，孩子就会陷入邋遢、拖沓的恶性循环中。

错误应对

◆**盲目比较**。造成孩子秩序感知能力低的原因是多方面的，有可能是性格问题，也有可能是行为习惯不好，还有可能是先天行为能力控制较差。父母不要盲目地把自己的孩子和别人的孩子进行比较，更不要在比较之后不加分析地对孩子不断提出要求，这只能适得其反。

◆**只下命令，不教方法**。很多父母在等待慢吞吞的孩子时容易失去耐心，这时往往会简单粗暴地直接下命令："你给我马上下来！""走！快点！""吃啊，看什么看！"结果孩子哭了，问题也没解决，回过头来还得花时间安抚孩子的情绪，真是得不偿失。

◆**只说孩子，不省自身**。邋遢、拖拉的孩子多半是受家庭的影响，父母难辞其咎。如果希望孩子成长为有条不紊、干净利落的人，父母一定要先正视和改正自己的不良生活和行为习惯。

> **锦囊妙计**

◆**创造有序的时空环境**。首先,父母要以身作则,营造干净、整洁、有序的家庭环境和孩子玩耍的小天地。其次,父母要耐心地、反复地告诉孩子:玩完玩具要收起来,脱下来的衣服要整理,吃完饭要收碗,一开始带着孩子一起做,一旦孩子有正确的行为倾向就鼓励强化。

◆**养成规律作息的习惯**。父母要引导孩子有规律地进食、不暴饮暴食,按时作息、不轻易打破生活节律、把起床睡觉的时间控制在一定的时间范围内,等等。父母要舍得付出时间和精力来陪伴孩子一起养成有规律的作息习惯。

◆**尝试艺术教育**。艺术教育是培养幼儿秩序感最直接的方式之一,因为艺术鲜明集中地体现了秩序的形式——对称、均衡、节奏、韵律、和谐等。父母可以通过音乐教育来培养孩子的自然律动感,使乐音的流动和孩子的身体节律达到交融统一,从而调节孩子的内在世界,提高孩子对和谐、有序、融洽的感知力。

◆**感受自然节律**。自然感性教育也是培养孩子秩序感的有效途径。父母可通过引导孩子呼吸、拍手、跳跃、摇摆等放松肢体的紧张;与孩子一起观察动植物的生长规律和新陈代谢、自然景观的四季变换和阴晴圆缺,体会大自然中的秩序感和由此带来的美与和谐。

(3) 因独立能力差而做事拖拉

> **案例**

晚上,果果一家人在用餐。4岁的果果一边吃饭一边看电视,有时候还吃一口玩一会儿玩具。家人都吃完了,果果的饭还没怎么动。最后,妈妈连哄带骗地给果果喂完了饭。睡觉前,妈妈说:"果果去刷牙,我们要睡觉了。"果果压根儿不搭理,继续低头玩游戏。妈妈接着说:"快点,要不明天早上你又起不来,又会迟到的!"果果说:"你等我,我想自己来。"妈妈看果果这个样子,直接端着水杯，拿着牙刷，走过来帮果果把牙刷了。临睡前妈妈对果果说："宝贝你长大了，以后自己的事情要自己做，妈妈不会再帮你了。"果果抱着妈妈说："你每次都这么说……"

分析

著名发展心理学家埃里克森提出，3—6岁是幼儿的自主性迅速发展的时期，5—6岁是这一阶段的末期，幼儿独立性的培养显得尤为重要。但是，幼儿的独立性不是与生俱来的，有的幼儿可以自己洗手、吃饭、穿衣服，甚至能帮助别的孩子，但有的幼儿鼻涕需要别人擦、裤子需要别人提、玩具乱丢、处处依赖大人……同龄的孩子表现差异如此大，这是由于家庭环境和教养方式造成的，孩子的独立性在很大程度上取决于父母的培养和塑造。

错误应对

◆**妥协**。培养独立性需要父母在原则上的坚持，但这样的坚持有时候要消耗大量的时间和精力。孩子一撒娇或者一闹脾气，父母为了避免麻烦就去妥协，这是培养孩子独立性的大忌。

◆**包办代替**。1岁的幼儿应该可以初步地学会自己吃饭，2岁的幼儿可以自己脱鞋、脱袜子，3岁的幼儿可以自己穿衣服、分房睡觉。这些都是在培养幼儿独立性的过程中需要家长敢于并善于放手的地方。

◆**不以为然**。有的父母认为，"孩子总会长大的""这些孩子总会学会的""这没什么大不了的"。在孩子自主独立能力的培养上，如果父母不以为意，那么最终要为此买单的是孩子。

锦囊妙计

◆**转变观念**。很多父母认为，"就这么一个孩子""孩子还小"，于是对孩子百般呵护，凡事包办代替，使得孩子依赖性强、独立性差、生活能力低、心理素质差。如果父母没有教给孩子应对未来真实社会的方法——独立自主地解决问题的能力，那等同于把赤手空拳的战士送上了战场，最后孩子会被刺得遍体鳞伤。因此，负责任的父母一定要关注孩子独立自主能力的发展。

◆**适当放手**。在日常生活中，父母可选择一些孩子能力范围内的事情，鼓励孩子自己拿主意、自己做决定、自己来动手，掌握一定的生活和行为主动权的孩子，做事情会更少拖拉，有更多的积极性和主动性。比如，在孩子学吃饭的时候，父母给孩子递一把勺子，创造孩子学习的机会、提高吃饭的兴趣；等到孩子已经可以把一部分食物放进嘴里时，父母就彻底不给孩子喂饭，由孩子自己独立完成吃饭这件事。

◆**始终坚持原则**。当孩子拖拖拉拉、边吃边玩的时候，要警告孩子，"再不吃妈妈就拿走，到下顿饭之前，即使你饿了也没有饭吃"，如果孩子以为这是戏言，那就实施刚才所说的惩罚方法，让孩子意识到自己必须为自己的行为负责。坚持两次之后，孩子的行为就会大大地改善。

◆**以身作则**。父母是孩子的第一任老师，父母的行为习惯、态度方法等都会成为孩子模仿的对象。在培养孩子的独立自主能力方面，父母应该树立今日事今日毕、做事守时守约、物品用毕放归原处等良好的榜样，引导孩子克服拖沓、邋遢的不良习惯。

9 坐不住

安安静静地坐着，或者长时间专注地做某一件事情，这对于大多数孩子来说是一件很困难的事。好动、坐不住的孩子往往意志比较薄弱。上学后，这些孩子往往很难专心听讲，学习成绩比较差。孩子坐不住和"多动症"并不是一回事。一般来说，孩子坐不住是一种行为问题，坐不住的孩子主要有如下一些表现：坐在椅子上不停地左右摇晃，或者跪在椅子上，或者干脆起来又坐下，不久又站起来；情绪特别容易达到亢奋状态，经常会打扰别人；不管做什么事情都不能善始善终；注意力非常不集中，周围环境里一有风吹草动，就会受到干扰；做什么事都很鲁莽、冲动，根本不会考虑后果；经常莫名其妙地乱跑乱跳，高声嚷嚷，尖叫，等等。

造成孩子"坐不住"的原因有很多种，正确区分这些因素有利于家长对症下药，有针对性地纠正孩子坐不住的行为。

（1）因精力旺盛而坐不住

案例

华华今年4岁，上幼儿园中班。华华的妈妈接到幼儿园老师的反映：华华最近在幼儿园越来越闹了，总是坐不住。在幼儿园的接送车里，在幼儿园的活动课上，华华都特别爱走来走去，总是动个不停，就是不能安静地坐下来；在午休时，华华也特别"调皮捣蛋"，在午休室里跑来跑去，经常影响其他小朋友的休息。

分析

每一个孩子都具有天生的气质，有一些孩子自出生时活动量就比较大，在游乐场玩耍时安定不下来，会不断地跑跳，玩各种设施，精力充沛，活泼好动；平常出去玩也很喜欢跑，很少能够耐着性子慢慢走路；全身上下活力十足，浑身是劲，不太需要休息；被要求坐在位子上不能离开时，全身会扭来扭去，小动作很多，无法安静地坐好。与活动量大的孩子相处需要旺盛的精力，这种孩子的活力和能量连运动员都自叹不如。所以，如果父亲或母亲也是个活动量大的人，就尽量带着这个活力十足的孩子一起从事活动，这样彼此都能感到满足和愉快。如果父母很文静，很快就会受不了孩子的折磨，不是任由孩子活动，就是因疲累过度而忍不住大声斥责。因此，父母对自己的状态和情绪的觉察就变得非常重要。精疲力竭时，你可以寻求其他家人的支持和协助，给自己喘息的机会，或者帮孩子找一个可以尽情地宣泄能量的安全场所，这样自己就可以得到短暂的休息，以恢复活力。

错误应对

◆**惩罚孩子**。有些父母接到老师或别的家长的投诉，知道了孩子的不良表现后，会觉得孩子给自己丢脸了，于是就责骂孩子或对其进行体罚，对一个天生能量十足的孩子来说，他并不能意识到自己错在哪里。

◆**控制孩子**。有些父母本身的活动量小，没有相应的精力去陪伴孩子，于是在孩子想要活动的时候强烈禁止，使孩子的能量无法发泄。

◆**忽略孩子的坐不住行为**。现代生活节奏快，竞争激烈，很多父母一头扎进职场，无暇顾及孩子，不能好好地照顾孩子。他们常常把孩子交给年迈的父母，或者干脆让孩子独自在家，久而久之，孩子的行为就变得非常随意和散漫，坐不住的行为就会愈演愈烈。

锦囊妙计

◆**尊重孩子的天生气质**。对活动量大的孩子，父母要给孩子更多发泄精力的机会，对他的活力给予赞美。例如，带孩子去游乐场玩，就是一个不错的选择。这种孩子需要的活动量比一般的孩子大很多，可能从幼儿园下课后，还要去公园跑几圈才能满足，这样晚上才比较容易入睡。父母应尽量避免带他去需要他保持安静、限制他行动的地方，如音乐会、画展或优雅的餐厅等，以免增加孩子的挫折感，给彼此带来麻烦。等孩子的控制力有进步时，再考虑以渐进的方式让他接触这些环境，有机会尝试不同的经验，并且看到自己的成长和进步。这时，从户外音乐会或是儿童戏剧开始，是比较好的选择。若是孩子尚未学会自我控制，但父母又必须带他去安静的场合，父母可预先准备好一些让孩子消耗精力的玩具。

◆ **转移注意法**。准备无聊时的小游戏，活动量大的孩子最怕无聊，他们没事做时就浑身不舒服。在一个被限制的环境下，例如，在长途旅程的车厢中、在餐厅等候用餐时或者等待父母和朋友聊天时，孩子就很容易出状况。这时可以提供一些小游戏，让好动的孩子暂时有宣泄能量的出口，又不至于对别人造成干扰。如，和孩子玩词语或成语接龙的游戏，玩扑克牌，下棋，画画，猜谜语，等等。

◆ **制作"完全对抗无聊手册"**。和孩子一起制作一本"完全对抗无聊手册"，让孩子一页画一种游戏。等下一回孩子又开始抱怨无聊时，就请他去翻翻自制的"完全对抗无聊手册"。

◆ **帮助孩子培养对运动的兴趣**。例如，游泳、打桌球、骑自行车、玩轮滑等，既可发泄精力又可健身，孩子也可以从中获得成就感和正向的自我价值感。现在很多青少年喜欢跳街舞，这也是引导能量正向发展和宣泄的一种好方式。

◆ **以有趣的方式引导孩子帮忙做家务**。例如，父母可把做家务变成竞赛，或想象成一种游戏，提高孩子做家务的兴趣。活动量大的孩子因为随时要准备行动，而且动作很快，只要父母的引导方法得当，他比活动量一般的孩子要勤快得多。父母也可以常请他帮忙跑腿，并给予鼓励。

◆ **帮助孩子了解自己**。在孩子成长的过程中，父母要帮助孩子了解到自己是一个精力充沛的人，让他学习安排自己生活中的作息内容，也让他对自己的活力做出适当的运用和发挥，还要在行动受限的情况下，让孩子为自己的能量找到出口。

（2）因家长的错误干扰而导致孩子坐不住

> **案例**

阳阳今年 5 岁，在幼儿园上大班。阳阳的妈妈十分热情，阳阳看书时，常听到妈妈在嚷嚷："阳阳先吃点心，吃完再看。""来了。"阳阳答，放下手中的图书跑去厨房吃妈妈做的点心。一会儿，妈妈又说："阳阳，给爸爸拿一下报纸。""知道了。"阳阳又放下图书，拿出当天的报纸给刚回家的爸爸。妈妈问："阳阳，手工做完了没有？""做好了。"阳阳回答。妈妈说："光线太暗了，先开灯吧。""好的，妈妈。"阳阳说完便去开灯。

> **分析**

幼儿时期的孩子，他们的行为还没有成型，这就需要父母给予他们正确的引导和帮助。如果环境过于嘈杂、喧闹，父母干预过多，就不利于孩子形成专注的好习惯。如果父母对孩子过于溺爱、放任自流，容易使孩子在学习和生活中随心所欲、自由散漫，久而久之，易造成自我控制能力差、冲动、多动、分心。父母的教育方式、个人气质、素养等都会对孩子产生影响。如果父母冲动、易变、烦躁不安，孩子也会受到影响，变得冲动、注意力容易分散。

> **错误应对**

◆**家长的干扰**。有的父母出于对孩子的关心，在孩子集中注意力做事或学习的时候，不断给孩子下命令，经常把他从专注的活动中拉出来，造成孩子注意力分散。完成对话后，孩子又要花时间再次集中精神，这种情况若长期频繁地出现，会使孩子心不在焉，无法专注于某一件事情。

◆**给孩子的玩具太多**。给孩子玩具从而减少孩子对自己的纠缠是不少父母常用的方法，但采用这种方法有很多要注意的地方，方法恰当可以帮助孩子健康成长，反之则会适得其反。因为太多的玩具会使孩子感到眼花缭乱，每个玩具都会产生一种新鲜的刺激，结果短时间内可能会出现多个刺激，这样无疑是好玩，但孩子玩每个玩具都不能坚持长时间。在这种情况下长大的孩子，日后会经常出现对事物只有三分钟热度的情况，不能忍受沉闷的内容。

◆**环境太嘈杂**。有的家庭环境太嘈杂，缺乏整洁，这些都会影响孩子的专注力。当孩子认真地看书或者玩游戏时，父母却在旁边看电视或者打电话，而且声音很大，这些都会对孩子的行为产生干扰，让孩子很难安静地坐下来做自己喜欢的事情。

锦囊妙计

◆**奖励**。这种方法是最常用也最有效的方法。当孩子能较长时间专注地做好一件事时，父母就给予孩子一定的奖励。奖励方法可以多样化，一般常用的是语言表扬。孩子受到父母的赞扬后，会产生更强烈的兴趣，能比平时更长时间地抗拒诱惑，保持稳定的注意。

◆**提示**。孩子的注意力很容易受外界影响，其抗干扰能力比成年人差。父母可以在孩子开小差的时候采用提示的方法，突然提高说话声音，或突然停止说话。这些不正常情况都会引起孩子的注意，把孩子的注意力重新拉回来。

◆**忽略**。这种忽略只是一种以退为进的策略，更多地用来矫正孩子的多动、冲动、胡闹等注意力分散的行为。具体做法是当孩子出现不适宜行为时，周围的人不予注意，不去理睬他，孩子渐渐地会觉得没意思。一旦孩子安静下来，父母就立即表扬他、奖励他，这样他会感受到适宜行为所带来的自我肯定。

◆**改善教育环境**。如果家庭生活杂乱无章，很难保证孩子会爱整洁、专注。所以父母要给孩子做个好榜样，保持家庭环境整洁、安静，安排有规律的生活。同时，父母可以与老师取得联系，将孩子注意力不集中的情况告诉老师，请老师采取必要的教育手段。比如，将一个经常分心的孩子与一个上课总是认真听讲的孩子安排在一起坐，认真听讲的孩子不会理睬他上课时的一些小动作，而且能起到榜样作用，并适时提醒一下他，帮助他集中注意力。

◆**多陪伴孩子**。父母无论工作有多忙，都要花一定的时间和精力在孩子的身上，看看孩子玩耍和做事的情况，例如：他在玩耍时是否专心，玩得是否投入，阅读时是否常常到处跑，什么最吸引他的注意力，等等。当孩子知道父母很关心他的一举一动时，他做起事来也就会专心些，希望得到父母的赞赏。因此，父母的关心和注意对提高孩子的注意力有很大的帮助。

（3）因学习的任务难度大而坐不住

案例

5岁的菲菲是个活泼的孩子。菲菲的妈妈希望菲菲在上小学之前先把小学一年级的内容学好。与此同时，妈妈也知道注意力是影响孩子学习成绩的关键因素，所以从小便培养菲菲的注意力。"聪明"的妈妈认为可以把学习小学一年级的内容和训练注意力同时进行，于是便为她订下一个学习计划，这个学习计划的内容包括：每天学习中文、英文和大量的阅读内容两次，每次45分钟。开始时，菲菲还很有兴趣，但每次过了15分钟后，精神便开始不能集中。但菲菲的妈妈不许她离开座位，硬要她完成计划的学习内容才行。菲菲觉得很辛苦，有时还哭起来，妈妈"望女成凤"心切，要求她学会了才能休息。渐渐地，菲菲害怕学习了，每到学习时就找地方躲起来，也不爱说话了。

分析

很多父母对孩子寄予了很高的期望，给孩子买过多、过难、过于复杂的图书和玩具，结果繁多和零乱的内容常常让孩子的精神承受不了，使孩子精神疲惫不堪，常常忘记了看过的内容。所以无论父母给孩子看什么或玩什么，都要关心他的精神是否可以承受。对于他看不明白或没有兴趣的内容，硬要他学习，不但会降低他的兴趣，更会导致他注意力不集中。

错误应对

◆**给孩子的学习内容太深太多**。望子成龙是父母普遍的心态，父母经常会不自觉地用揠苗助长的方式来对待孩子的成长，比如一下子给孩子太多的学习内容，或者学习内容超出了孩子现在的能力水平，孩子无法体验到成功的喜悦，只有挫败感，在这种情况下孩子的注意力很难集中。

◆**要求孩子学习的时间太长**。孩子的年纪越小，注意力的稳定性越差，5—6岁幼儿的注意力一般维持在10~15分钟，时间太长孩子便难以坐下来。

◆**对孩子的行为反应过于强烈**。一旦孩子的行为没有达到自己的目标，父母就对孩子非常生气，威逼利诱孩子达到预设的目标，孩子在这样的氛围中就会产生害怕、焦虑、紧张等情绪，便会产生逃避的想法，很难专心地坐下来完成活动。

锦囊妙计

◆**让兴趣引导孩子**。要学业有成，注意力几乎是决定性的条件。父母要知道自己孩子的注意力是否足够集中，可以看他做事是否投入，每次做事是否可以持续一段较长的时间等。爱玩是孩子的天性，如果父母耐心观察就会发现，当孩子做他喜欢做的事或玩他喜欢的玩具时特别专心，这是因为有兴趣做引导令他玩得投入，容易忘记疲劳。父母可以利用这一点来提高孩子的注意力，让他知道这种投入的情况称为专注，专注的孩子能静下心来做事，而且做事的效果也会非常好。

◆**学习内容要适合孩子的能力**。父母给孩子选择学习或者阅读材料时，最好与孩子一起选择，提供他感兴趣及愿意学习的材料。在学习和阅读的过程中，父母可让孩子由易到难、循序渐进地学习，从简单材料的学习中体会到成就感，在解决问题的过程中获得快乐。

◆**给孩子模仿的机会**。每个孩子都有良好的模仿和学习能力，而家人往往是他的模仿对象。如果父母有良好的习惯，孩子很快便会学到。所以父母不妨坐下来，仔细想想自己平时看书或者做家务时是否专心，这些日常生活中的点滴都是很好的示范。

◆**防止孩子过分疲劳**。大脑工作一段时间后会疲劳，从而导致力不从心，不能坚持注意某种事情，甚至对必须进行的学习也难以保持注意。碰到这种情况，休息之后再学习，效果更好。同时，父母在为孩子选择书桌和座椅时，要保证书桌和座椅的高度与孩子的身高相适应，避免不舒适所造成的精神疲劳，这样也能预防孩子因过分疲劳而坐不住。

10 不会倾听

　　语言能力的发展，是以听力发展为先的，有相关研究结果显示：人在清醒的时候，有80%的时间是在进行人际沟通，其中45%的时间用于倾听，在现实生活中时时处处都需要倾听，大到听报告、欣赏音乐等，小到听懂一句话、每个字并做出正确的回应。可见，倾听能力直接影响着人际交往的好坏，倾听能力的强弱也影响着孩子知识和技能的掌握。

　　纵观现实生活，老师和家长们都发现现在的孩子越来越不懂倾听了，孩子的表达能力增强了许多，可是有些习惯却很不好，如大人说话时常插嘴，别人说话的时候不能认真仔细地听，等等。年轻的爸爸妈妈也总被孩子时刻缠着，哪怕是和同事或朋友打电话或和邻居聊天，孩子也总在旁边不停地问东问西，使得爸爸妈妈总要中断与别人的谈话；多数父母也反映，和孩子说话有时候就像"对牛弹琴"似的，孩子根本就没有认真听或者总是心不在焉，于是父母总得不断地重复和强调。久而久之，孩子也习惯了不去倾听父母的要求，因为孩子知道：这次我不听，父母一定还会多次反复强调，所以我没有必要去听。

　　那么，孩子为什么会出现倾听问题，要怎样做才能让孩子养成良好的倾听习惯呢？下面我们将通过一些案例的分析，为家长应对不会倾听的孩子提供一些有效的策略。

（1）缺乏倾听礼貌

> 案例

　　果果是个语言能力发展得很不错的小女孩。她不到1岁就会说话了，2岁不到就会讲简短的故事和哼唱儿歌，比同龄孩子的语言能力要强很多。家里人都很开心,也很骄傲,无论果果什么时候想说话家里人都不会阻止,哪怕是爸爸妈妈正在讨论事情或者爷爷奶奶正在打电话。果果上了幼儿园之后,老师反映她在活动中表现很积极,回答问题也头头是道,不好的是当别人在回答问题的时候她总抢着表达自己的观点,不能认真倾听别人说话。老师经常要提醒她安静下来,其他小朋友才有回答问题的机会。

分析

幼儿语言能力的发展首先是从倾听开始的,而大多数家长只重视培养孩子的语言表达能力,却忽略了孩子倾听能力的培养,因为很多家长都认为听力是与生俱来的,没有必要培养,结果导致很多孩子都出现了不同程度的倾听问题。就像案例中果果的父母只关注到了果果语言表达能力的发展,任何时候只要果果想说都可以自由地进行表达,久而久之,果果总是以自我为中心,缺乏倾听别人表达的礼貌和习惯。要培养和发展孩子的倾听能力,家长必须从培养孩子良好的倾听礼貌和习惯开始,应让孩子懂得在听故事、听别人讲话时,要尊重他人,可以自然地坐着或站着,眼睛看着说话的人,不要随便插嘴,要安静地听他人把话说完。

错误应对

◆**任由孩子想说就说**。有些家长觉得孩子正处于语言能力发展的关键时期,什么时候都以孩子为中心,认为插话等习惯是孩子自信、能干的表现,只要孩子想说就说,往往过分顺着孩子的意思,导致孩子愈加不会倾听。

◆**对孩子有问必答**。随着孩子认知的发展,他们的语言能力也飞速发展,有的孩子开始对父母追问"十万个为什么",孩子有好奇心是好事,可是孩子不顾时间场合的追问从长远来看却未必是好事,特别是有些孩子在爸爸妈妈打电话或者和他人交谈的时候依然纠缠着问个不停,这样就会导致他们学不会等待。

◆**父母的错误示范**。父母都喜欢说"大人讲话,小孩别插嘴",可是轮到自己的时候却是另一个标准。我们经常可以看到父母打断孩子说话的情景,或者当孩子向父母诉说某件事情的时候父母没有用心倾听，有的父母甚至一边做事一边听孩子说话，没有给孩子做出倾听的好榜样。

锦囊妙计

◆**点名游戏**。家长可在生活中运用做游戏的方法来激发孩子倾听别人讲话的兴趣。当孩子已经知道自己的小名或者能用"宝宝"来区别自己与他人时，家长就可以和孩子玩点名的游戏，每次叫"宝宝"的时候要求他看着对方的眼睛同时做出反应，要应答。这样就能从小培养孩子的倾听习惯和倾听礼貌，让他知道，当别人和自己说话的时候必须要做出应答。

◆**引导孩子做好倾听准备**。家长可以先从倾听的外在形式逐渐过渡到内在形式来进行引导，例如在讲故事时让孩子学会坐直，两手不乱摸，眼睛看着说话的人。这是先从孩子的外在表现——坐姿——来引导孩子做好倾听的准备，每天抽出几分钟进行训练。

◆**言传身教**。家长的一言一行、一举一动都会对孩子产生深刻的影响。因此，家长应该注意自己的言行，在孩子倾诉或告状时认真倾听，耐心引导孩子解决问题；在向孩子提问时，耐心等待和聆听孩子的回答，不论孩子的话题多么简单，都应以目光、手势、语言来传递自己的感受，让孩子觉得父母在认真听，在关注他。

（2）缺乏有效倾听

案例

在幼儿园里经常可以看到这样的情景：老师每次提出一个问题之后，幼儿都会争先恐后地举手回答。一个幼儿的发言还没有结束，旁边的幼儿就大声地嚷道"我来，我来……"。更有胆大的幼儿抢着跑到老师面前要求回答问题。幼儿争抢回答问题的声音此起彼伏，老师的嗓音不得不一次又一次地提高，有时甚至要停下当前的活动来维持课堂纪律，因为幼儿都急于表达自己的想法，对其他人的回答缺乏有效倾听，即使老师一再问"谁能回答得和别人不一样"，每个孩子给出的答案也都大同小异。年轻的爸爸妈妈们也非常苦恼，总是收到老师的反馈，孩子不是忘记带这个就是忘记带那个了，因为每次老师布置任务的时候，孩子都没有认真倾听，爸爸妈妈们在接送孩子的时候不得不帮孩子确认老师今天布置了哪些任务和活动。

分析

听是孩子获取词汇、句子及其他信息最重要的途径，当幼儿掌握了一定的词汇量后，便开始尝试说话，幼儿的语言能力正是在听与说的过程中发展起来的。但"听到"和"倾听"有着本质的不同。"听到"是神经和肌肉运动的过程，一般来讲，4—5岁的幼儿就可以达到成人的水平了。而"倾听"，仅从字面上看，是"用尽所有力量去听"，是一种后天习得的行为，是一个包括听到、注意、理解、想象及记忆的心理过程。而要想使"无意识"的听升华到一个复杂的心理过程即"有意识"的倾听，是需要从小培养的。"倾听"比"说"更重要，因为如果没有听到有关的信息，"说"就会无的放矢。

分析上面的案例，可以得出以下结论：幼儿在课堂上争抢着回答问题、表达自己的想法，虽然发展了幼儿的表达能力，培养了幼儿回答问题的积极性，却是以牺牲幼儿的有效倾听为代价的。因为要急于回答问题，幼儿不能有效倾听，致使他们给出的答案重复性的居多，究其原因有两个方面：一方面，教师在平时的教学中总是鼓励幼儿积极回答问题，幼儿为了得到老师的表扬而争着回答老师的问题；另一方面，老师反复多次的"唠叨"行为，也让幼儿养成了不认真倾听的习惯。而父母的包办代替，让幼儿觉得即使我没有听老师交代的事情，也会有爸爸妈妈帮着去记住，这样一来，幼儿更加缺乏有效倾听的动机了。

错误应对

◆ **盲目鼓励。** 家长为了锻炼孩子的胆量和提高孩子的表达能力，经常会鼓励孩子多说,特别是在人多的时候尤其想看到孩子突出的表现,适度的鼓励是必要的,但如果盲目鼓励,甚至让孩子缺乏在群体中倾听的习惯,则得不偿失。

◆**反复唠叨**。有些家长怕孩子记不住说话的内容,跟孩子说话时便不停地重复和强调,反而让孩子丧失了对倾听的兴趣,觉得没意思,这样不管是有效的信息还是无效的信息,孩子都无法掌握。

◆**包办代替**。很多家长在接到老师接二连三的关于孩子的不良反馈后,就开始包办代替了,老师每天交代的事情和布置的任务,家长都替孩子记住了,孩子更没有必要去认真听了。

锦囊妙计

◆**利用"辨错游戏"来发展孩子的有效倾听**。有的孩子经常听说一件事情的时候只听到其中的一部分就听不下去了,回答问题时答非所问,这些都说明孩子倾听的质量不高,听得不仔细、不专心和不认真。因此,家长应有目的地让孩子在日常生活中去判断语言的对错,来吸引孩子注意倾听并加以改正。如,对孩子说"玉米棒结在地下,葡萄结在树上"等,让孩子倾听后,挑出语句中的毛病并纠正。

◆**激发孩子的倾听兴趣**。家长应该把兴趣作为倾听的切入点,捕捉孩子的兴趣所在,激发孩子的倾听兴趣。比如,带孩子到大自然中倾听各种声音,例如:春天倾听春雨滴答的声音,夏天倾听青蛙的叫声,秋天倾听秋虫的吟唱,冬天倾听踏雪的声音等。

◆**让孩子带着问题去倾听**。有目的的倾听能提高倾听的有效性,家长在给孩子讲故事之前先给孩子提一些问题,让孩子听完故事后回答问题,如果孩子答对了就给予小小的奖励。从一两分钟的简短小故事开始练习,一步步地延长孩子能够认真倾听的时间。

◆**利用传话法发展孩子的倾听能力**。孩子能否把自己刚才听到的内容说出来,是印证孩子有没有认真倾听的一个好方法。家长可以在家里和孩子玩传话法的游戏,比如爸爸说一句话,让孩子把这句话传递给妈妈,然后爸爸和妈妈再来确认孩子有没有传达正确,这样就逐渐地培养了孩子倾听的习惯,并且提高了孩子有效倾听的能力。

（3）对倾听的内容不感兴趣，缺乏倾听动机

案例

安安刚刚 6 岁，马上面临着上小学。幼儿园正在进行着幼小衔接的相关活动，比如培养孩子良好的学习习惯和进行前阅读和前书写的准备活动，可是安安的妈妈为了不让安安输在起跑线上，提前给他准备好了小学一年级的教材，每天晚上都会安排一段固定的时间辅导他学习这些教材上的内容。在妈妈教他的时候他虽然很不情愿，可还是表现出一副认真的样子，然而妈妈一提问，他什么都回答不出来，因为安安对这些学习内容一点都不感兴趣。

分析

倾听，顾名思义就是刻意地听，全身心地听，并且能理解言者口语表达的信息，在头脑中将语言转换成意义。由于幼儿年龄小，其思维特点是以具体形象思维为主，无意注意仍然占优势，注意力很不稳定，自我控制和自我调节能力较差，所以家长在培养孩子倾听能力的过程中就需要调动孩子的无意注意和激发孩子的倾听兴趣。案例中的安安对学习内容不感兴趣，也不能理解妈妈教给他的这些超出其能力范围的学习材料，缺乏倾听的动机，因而出现不认真倾听的行为。

错误应对

◆**责骂批评**。有些家长看到孩子在活动中不认真、不能回答出老师的问题，或者家长在与孩子交谈的过程中发现孩子对谈话内容不感兴趣或出现心不在焉的情况，便责骂批评孩子，而不去了解孩子不认真倾听的原因。

◆**语速太快，语气过于平淡**。有些家长可能没有意识到和孩子说话的时候语速需要放慢，仍然保持成人说话的语速和语气，比如，家长在给孩子讲故事的时

候语速太快，以致孩子无法听清楚故事内容，孩子喜欢听抑扬顿挫的故事，而很多家长都是用一种语调和语气来讲的，导致故事无味，孩子自然也不想倾听无趣的内容。

◆**倾听的内容太难**。有些家长望子成龙心切，会提前给孩子准备好很多听读学习资料，上至天文下至地理，完全不考虑是否符合孩子现阶段的接受能力和兴趣，面对无法理解的倾听内容，孩子当然会拒绝倾听。

锦囊妙计

◆**多和孩子进行交谈**。家长应多花些时间和孩子进行交谈，在日常的交谈对话中激发孩子的倾听兴趣。可以问孩子在幼儿园发生的有趣的事情或者遇到的困难，在孩子倾诉时认真倾听，耐心引导孩子解决问题，在向孩子提问时，耐心等待和聆听孩子的回答。

◆**创设宽松的倾听环境**。要培养孩子的倾听能力，家长应该为孩子创设有利于倾听的环境，比如：睡觉前播放节奏缓慢的歌曲，起床时播放轻快的轻音乐，晨间锻炼时播放活泼的音乐，用餐时播放优雅的音乐。

◆**跟孩子说话时要放慢语速**。在跟孩子说话的时候，家长要调整自己的语速，尽量放慢语速，让孩子听清每个字的正确发音，在说话时口型可以稍微夸张一点。给孩子讲故事时，家长可以采取抑扬顿挫的语言，或者利用手势、表情、动作等体态语言来调动孩子倾听的积极性。同时也可以运用悬念法，让孩子对倾听的内容产生好奇，促使孩子认真倾听。

◆**选择适合孩子的倾听内容**。幼儿年龄小，思维主要以具体形象思维为主，家长在为孩子选择故事图画书时，最好选择图文并茂、生动形象的绘本，孩子对倾听的内容有兴趣才能产生倾听动机，认真倾听。

第四部分

生活习惯方面的问题行为

教育孩子最困难的，不是教他认字、写字、算数，而是帮助其养成良好的生活习惯，相信很多家长都认同这一点。为了让孩子吃一口饭，家长讲道理讲得口干舌燥，最后还是没把他喂饱；为了让孩子睡好觉，家长抱啊摇啊，手臂都酸了，一放到床上，他还是立刻就醒；叫孩子刷牙，要讲上十遍八遍，他还是有诸多理由，不想刷还是不刷；饭前洗手、饭后漱口，这些家长更是天天讲顿顿讲，哪次不讲他就不做……有类似经验的家长一定不在少数。其实，要帮助孩子养成良好的生活习惯，家长的教育方法起着关键的作用。比如饮食习惯的培养，如果能够从孩子一出生开始就让孩子养成"自己吃"的习惯，就不会有后面的要家长追着喂、边吃边玩、挑食等问题，刚出生的孩子天生就会努力地寻找奶头，然后紧紧地含住奶头，直到吃饱为止；孩子3—4个月大的时候，家长就可以尝试让孩子自己扶着奶瓶喝奶，孩子会很努力地把奶嘴塞进嘴巴，很努力地让自己喝饱，再很努力地把奶瓶推开，这些都是"自己吃"的开始；对于5—6个月大的孩子，家长可以开始给他一些条状的食物，如苹果条、胡萝卜条、面包条，孩子自己拿着吃，会吃得津津有味；等孩子的手指具有了一定的灵活性以后，就可以让孩子用勺子吃碗里的食物。在孩子成长的过程中，最重要的是家长坚持让孩子"自己吃"，于是吃饭很自然地就成为饥饿的孩子要把自己喂饱的事情，而不是大人费尽心机要完成的任务。良好的睡眠习惯也要从让孩子"自己睡"开始培养，孩子一出生就要睡在自己的小床上，没有大人摇来摇去的干扰，没有不必要的过多的关注，孩子自然睡得香；1—2岁的孩子，吃饱喝足，安静地坐在床上，听爸爸妈妈读书，然后抱着自己最喜欢的熊娃娃，就能安稳地睡个好觉；3岁以后的孩子，洗澡、刷牙，然后亲子共读一个故事，跟爸爸妈妈互道晚安，睡在自己的小屋和自己的小床上，很自然地就会形成习惯，不会缠着大人。让孩子有机会学习做各种各样的事情，鼓励他，即使做错了也不要紧，允许他在错误中学习，孩子就能形成"自己的事自己做"的习惯，自己吃、自己睡、自己刷牙、自己穿衣、自己收拾房间、自己收拾书包、自己完成作业，孩子就能学会负责任，不会丢三落四、毛手毛脚，更不会做错了事还把责任推给大人。能够照顾好自己的孩子，当然充满自信、自主独立，不会成为爸爸妈妈的"问题"。

不幸的是，很多家长不懂得这些道理，于是孩子出现了前面所提到的各种各样的生活习惯问题。解决问题，要马上开始，用正确的方法来应对。接下来的这些案例、分析和建议，相信对家长们会有所帮助。

1 不良饮食行为

在幼儿的生活中,饮食是一件非常重要的事。食物能够为孩子提供生长发育过程中所必需的营养。幼儿时期不仅是人一生中身体成长、肌肉发展最快速的时期,同时也是脑发育的关键时期,这一阶段如果营养跟不上,势必对孩子的生长发育造成不良影响;食物能够维持体力,增强孩子的抵抗力,使孩子少受或免受疾病的侵扰;食物还能够满足幼儿的食欲,给孩子带来味觉上的愉快感和满足感。

但是,在日常生活中,让孩子吃好饭成了令家长非常头痛的一件事,甚至有家长将喂孩子吃饭等同于"打仗":家长端着饭碗,追着孩子到处跑,威逼利诱,想尽办法,就是希望孩子能好好吃饭。在幼儿园里也常常可以看见有很多孩子吃不好饭,因为有的孩子在家里都是由家长喂食,因此,这些孩子没有或不太懂得操作餐具的技巧,而幼儿园里有那么多的孩子一起用餐,老师难以顾及每一个孩子。另外,有的孩子挑食,只吃某一类或某几类食物,营养摄入不均衡,容易造成营养不良。这不仅对孩子的身体发育有不良影响,还易引发孩子在情绪上以及行为上的不良反应。还有的孩子喜爱吃零食,看见饭菜就摇头。

孩子种种不良饮食行为的产生一方面是因为处于幼儿期的孩子缺乏必要的知识经验,自我控制和自我护理的能力差,而随着孩子自我意识的增强,他们逐渐有了自己的想法和主张,不再像处于婴儿期时那样"被动服从";另一方面,家庭教养环境的影响作用也是巨大的,如祖父母的溺爱、家长缺乏科学的营养卫生知识等。一旦不良饮食习惯养成,它对孩子的健康成长是极为不利的。

（1）因受家庭环境的不良影响而出现挑食的行为

案例

苗苗妈妈最近遇到了一个麻烦：苗苗最近越来越不好好吃饭了，特别挑食，不愿意去碰不喜欢吃的菜，小脸也不见了红润。妈妈想了很多办法，哄着他，吓唬他，就是不见效果，要是逼急了，苗苗就哇哇大哭。幼儿园老师平时在吃饭时也很关注苗苗，苗苗对着不爱吃的菜，不是发愁，就是发呆，老师也没什么好办法改善苗苗挑食的行为。

分析

挑食在幼儿中的发生率很高。孩子在出生时，口味是偏淡的，几个月后才会慢慢有味觉。在孩子能够辨别食物的不同味道之后，如果一直给他们吃某种口味的食物，孩子就会习惯这种味道，从而拒绝其他口味的食物或他们从未尝过的食物，这就是挑食。所以，孩子挑食并不像有人说的那样是遗传的，主要原因还是经验的影响。比如，爸爸妈妈自己就挑食，所以家里食物的味道总是很单一或一成不变，孩子没有丰富的食物味道经验，当然不接受新食物，成为挑食的孩子；还有的家长过分迁就孩子，不喜欢吃的就不吃，只做孩子喜欢吃的食物，日久天长，就会形成孩子偏食挑食的习惯；还有的家庭，家里的零食一大堆，而且都是高糖分、高盐分、高热量的食物，孩子总是吃得饱饱的，该吃正餐的时候当然没胃口；一些家长则因为缺乏必要的营养学常识，以为吃肉对孩子的身体发育好，就让孩子多吃点肉，不爱吃青菜也没关系，于是孩子只爱吃肉不爱吃菜。所以，家庭环境对孩子挑食的行为起了决定性的作用。家长首先要掌握科学的营养知识，肉类、蔬菜、水果、米面制品等食物中所含的营养成分是不同的，能够满足身体各方面发展的需要。所以，要让孩子的饮食丰富多样，让孩子吃各种各样天然有益的食物，"什么都吃"，这是最基本的饮食原则。孩子挑食容易造成某一营养元素的缺失，如果不及时矫正，不仅会导致孩子摄取的营养不足，严重影响孩子的身体发育，还会养成孩子任性的坏习惯。

错误应对

◆**哄骗孩子**。"宝宝乖，就吃一口青菜，只吃一口。"有时，孩子也许会吃了这一口，但家长往往不会只满足于这一口，接着又来一句："宝宝真听话，乖孩子，来，这真的是最后一口了。"这样做无疑会让孩子对家长失去信任感。

◆**用不切实际的话语威胁孩子**。"今天不吃青菜，晚上就不准睡觉。"实际上，怎么可能会不让孩子睡觉呢？这么做只会让家长逐渐丧失权威性，在孩子面前说的话分量越来越轻。

◆**孩子吃饭时数落孩子的不是**。家长这样做会影响孩子的情绪，进而影响食欲，导致的后果可能比挑食还严重。

◆**对孩子动手**。这是最不可取的方法，打骂对改掉孩子挑食的行为无济于事，同时还有可能会引发孩子的反抗心理。

锦囊妙计

◆**对于孩子不愿意尝试的菜，爸爸妈妈可以表示出特别的兴趣**。比如，父母夸张地说："哇，青菜可好吃啦，我最爱吃的就是青菜，嗯，真好吃！"孩子都有好奇心，见到这种情形，自然心痒痒的，也想尝一尝。

◆**对于孩子特别抗拒的菜，可以将其与孩子爱吃的菜放在一起烹调**。注意两者比例的分配，孩子爱吃的菜占的比例大一些，不爱吃的菜占的比例小一些，等孩子慢慢适应了口味，再逐渐加大不爱吃的菜的比例。

◆**变换做法，精心烹调孩子不爱吃的菜**。比如，孩子可能不爱吃鸡蛋，那就将鸡蛋蒸、煮、煎、炒……总有孩子能够接受的一种做法。

◆**让挑食的孩子亲自参与饭菜的准备工作**。可以带着孩子一起去买菜，回来后给他一些简单的小任务，如择菜、洗菜等。吃饭时，妈妈可以在全家人面前表扬孩子："宝宝今天真厉害，这道菜是宝宝帮助我一起做的，一定好吃极了！"孩子对自己的劳动成果自然充满兴趣。

◆**鼓励孩子尝一尝不爱吃或从未吃过的菜**。即使孩子只吃了一点也没关系，这样有利于孩子适应不同的口味，改变孩子单一的口味。同时，即使孩子不爱吃某些菜，也可以通过吃别的菜获得相应的营养成分，家长对孩子的每一次尝试都要给予及时的鼓励和表扬。

◆**告诉孩子各种食物的营养、功能以及偏食的后果**。比如，"白萝卜可以润肺，吃了宝宝就不容易咳嗽。""胡萝卜里有维生素A，如果身体里缺乏维生素A就会得夜盲症，到了晚上眼睛会看不清东西，眼睛干涩、痒痛，还会使皮肤粗糙。""偏食会导致抵抗力下降，抵抗力下降了宝宝就会生病，生病要吃药打针，宝宝愿意吃药打针吗？"

（2）因自制力差或模仿他人而出现暴饮暴食

> **案例**

美美是个5岁的小女孩，胖嘟嘟的小脸蛋，非常可爱。小家伙吃饭不用大人操心，不挑食，大口大口吃得可香了。只是，美美太能吃了，除了正餐，零食也不离口，无论看见什么食物都馋，似乎总是处于饥饿状态。爸爸妈妈渐渐发现，美美的体重增长过快，已经将其他同龄小朋友远远甩在了身后。

> **分析**

在很多家长都在为孩子挑食、厌食而发愁时，也有家长为孩子过于能吃而烦恼。案例中的美美就属于饮食无节制，一次吃的量过多，超过了正常胃容量。饮食过度容易造成肠胃负担过重，营养难以保证。同时，一味贪吃还有可能会伤害大脑，损伤智商。处于幼儿时期的孩子，在饮食方面的自我控制能力差，所以遇到好吃的食物就没有节制；还有的孩子因为模仿大人暴饮暴食，吃东西也毫无节制可言。

错误应对

◆ **将孩子爱吃的食物收起来，不让孩子吃。**家长这样做，一旦孩子有机会得到爱吃的食物，会更加毫无节制，更何况，家长也不可能把孩子所有爱吃的食物都收起来。

◆ **听之任之。**"既然孩子爱吃，就让他吃吧，孩子现在正是长身体的时候，多吃点，营养才能跟得上。"任何营养的吸收都有一定的度，超过一定的限度，不但不利于营养的吸收，还有可能危害孩子的健康成长。

◆ **不停地抱怨或取笑孩子。**有的家长由于很担心孩子的体重问题，就成天抱怨，说孩子吃这么多，吃成了大胖子，或者嘲笑孩子"将来可就没人要喽"。这样容易打击孩子的自信心，让孩子觉得自己不可爱，觉得父母不喜欢自己。

锦囊妙计

◆ **培养孩子良好的饮食习惯。**家长要注意培养孩子从小饮食均衡的习惯，科学合理地安排孩子的一日三餐，定时定量，每餐饭合理适量地准备一些孩子爱吃的食物。有时遇到孩子过分饥饿时，家长可以为孩子临时加餐，避免孩子由于饥饿暴饮暴食。

◆ **面对孩子无节制的饮食，家长要忍心对孩子说"不"。**面对孩子的哭闹，很多家长会招架不住，但是退让一次，孩子就会洞察到家长的心理，知道家长心疼自己，下次还会"故伎重施"。在保证孩子不会伤害到自己和他人的前提下，家长可以有意忽略孩子的哭闹，或者转移孩子的注意力。

◆ **做好榜样。**家长要求孩子做到的事，首先要自己做到。对于某些自己爱吃的食物，家长如果毫无节制，孩子会看在眼里，记在心里，并把饮食无节制当成正确的行为。当家长下次教育孩子时，孩子很有可能会反问，"妈妈怎么可以一次吃那么多葡萄？"诸如此类，家长的教育威信将大打折扣。

◆ **全家人一起养成锻炼身体的好习惯。**家长不能只命令孩子去运动，自己却成天坐在沙发上看电视。父母有健康的生活习惯，孩子也就很容易养成健康的生活习惯。锻炼身体要全家动员，家长要身体力行。

（3）因家长不科学的喂养方式而导致孩子吃饭不专心

案例

"嘟嘟嘟，小汽车快快跑，红灯停，绿灯行。"4岁的恒恒在玩小汽车，嘴里的饭已经咀嚼了半天，就是不见往下咽。旁边的外婆端着饭碗，一脸焦急："恒恒，快吃啊，吃完还要再吃一口呢。"恒恒理也不理，又跑到房间里找玩具。这顿午饭吃了将近1个小时才吃了一半，饭菜都已经凉了。从恒恒会走路起，每次吃饭，外婆都端着小碗，跟在恒恒后面跑东跑西，趁恒恒玩时停下来的那一小会儿，赶紧喂一口，就这样，一顿饭往往要大半天才能吃完。

分析

很多家长会发现，孩子不肯在吃饭的时间里乖乖吃饭，总是摸摸这、碰碰那，喜欢边吃边玩。这与孩子从小养成的不良饮食习惯有很大关系。案例中的恒恒从会走路起就由外婆跟在后面追着喂饭，自己却忙着玩耍，这样就使他形成了一边吃饭一边玩耍的认识，再加上孩子本来就专心于自己感兴趣的活动，所以更加难以专心地吃饭了。吃饭不专心不利于食物的消化、营养的吸收。另外，吃饭时说话、走、跑等易使食物误入孩子的气管，严重者甚至会危害孩子的生命，家长应该认真对待这一问题。

错误应对

◆**在家里为孩子准备大量零食，以防孩子正餐没吃饱。** 由于孩子吃正餐时总是不专心，家长担心孩子营养跟不上，所以经常为孩子准备零食或点心，孩子知道就算正餐没吃饱，还有好吃的点心和零食，自然不会认真对待正餐，吃饭不专心的现象也就不会得到丝毫改善。

◆**放任孩子边吃边玩的不良饮食行为**。吃饭不专心容易造成消化系统的紊乱，家长的迁就非常不利于孩子的健康成长。

◆**斥责孩子，催促孩子快点吃饭**。进餐时保持愉快的情绪能使消化液分泌增多，促进食物的消化，斥责、催促孩子会影响孩子胃的正常消化功能。

◆**和孩子谈条件**。"宝宝，你要是乖乖把饭吃完，妈妈再给你买辆小汽车。"这只能处理眼前的问题，无法从根本上解决孩子吃饭不专心的问题。长此以往，孩子会拿吃饭当筹码，当提出的要求没有得到满足时，就会出现拒食的情况。

锦囊妙计

◆**固定孩子用餐的场所、位置和时间**。家长不要追着孩子喂饭，要养成规律性的进食习惯，在餐厅吃饭，有专用的儿童餐台餐椅，吃完才可以离开，每天如此，可以形成固定的条件反射，刺激孩子的食欲。吃饭时不要给孩子玩具，也不要开着电视，玩具和电视都会分散孩子的注意力。

◆**建立饭前常规**。比如，吃饭前，让孩子收起玩具、洗洗小手、在餐桌前坐好，使孩子的生理意识集中到进食上来。

◆**促进孩子的食欲**。这就对家长的烹调技巧提出了要求，家长要努力提高自己的烹调技巧，做出香气四溢的美味菜肴，将孩子的注意力吸引过来，这样孩子当然会吃得香。另外，家长还可以适当加强孩子的活动量，多带孩子去户外走走，锻炼身体的同时也能够增进孩子的食欲。

◆**培养孩子独立吃饭的能力**。从孩子会走路时起，孩子就已经有了一定的能力。此时，家长可以让孩子独立吃饭。让孩子独立用餐不仅可以培养孩子的独立性，还有利于激发孩子吃饭的热情。在喂孩子吃饭时，家长也可以适当让孩子自己用勺子吃一点，随着孩子用餐技巧的熟练，逐渐让孩子独立用餐。

◆**为孩子创造良好的用餐环境**。家长要为孩子创造安静、愉快的用餐环境。比如，用餐前，不要让孩子玩得太兴奋，这样不利于把孩子的注意力吸引到吃饭上来。可以进行一些安静的活动，如散步、说儿歌等，让孩子的情绪稳定下来。

◆**为孩子买一些图案可爱的餐具，或者让孩子挑选自己喜爱的餐具**。孩子都喜欢拥有属于自己的独一无二的东西，有了自己的餐具可以提高孩子用餐的欲望。

（4）因家长态度不坚决而导致孩子爱吃零食

> **案例**

涛涛今年5岁了，特别爱吃零食，和同龄的小朋友相比，他显得又瘦又小。以前妈妈很少给他买零食，怕零食吃多了涛涛就不好好吃饭了。可是外婆心疼孩子，经常带他逛超市，回来就是一大包零食。渐渐地，孩子主食吃得少了，零食倒是整天不离口。妈妈想杜绝涛涛的零食，可孩子又哭又闹，妈妈见了又心软了。

> **分析**

贪吃零食是儿童不良饮食行为的表现之一，绝大部分孩子有这个天性。碳酸饮料、膨化食品、含很多添加剂的肉类零食等不健康的零食，对幼儿食欲的不良影响是有目共睹的。家长爱子心切，对孩子偏爱零食的行为，采取迁就、放任的态度，当孩子不吃饭时就给他零食以补充"营养"，导致孩子用餐无规律，贪零食、厌正食，出现以零食代替主食的现象。同时，不定时地吃零食会增加肠胃的工作负担，影响消化功能，使其营养吸收能力变差。其实，零食也不是不可以吃，但一定要适量且有选择性。

> **错误应对**

◆**禁止孩子吃零食**。零食并非一无是处，很多零食富含各种营养元素，如水果类、奶制品类零食等，孩子可以通过食用零食丰富身体成长中所需的营养元素。

◆**用零食充当孩子的主食**。有些家长尤其是祖辈家长过于溺爱孩子，孩子一哭一闹，就慌了手脚，对于孩子不吃正餐吃零食的要求有求必应。家长寄希望于零食为孩子补充营养。久而久之，造成恶性循环，孩子只会越来越消瘦。孩子健康成长所需的全面营养是零食无法给予的。

锦囊妙计

◆**结合具体事例，通过多种途径教育孩子不要贪吃零食，告诉孩子贪吃零食对身体的危害**。比如，孩子由于贪吃糖果，长了蛀牙，家长可以告诉孩子这是贪吃糖果的结果；隔壁的飞飞由于贪吃了过量的冰激凌生病住院了，等等。让孩子通过具体事例认识到贪吃零食的坏处。

◆**合理安排零食的数量**。家长给孩子安排的零食数量不宜过多，让孩子没有饥饿感即可，以免影响正餐食欲。注意品种选择，所有的零食都应清淡、易消化，要有营养，如新鲜的水果、果干、坚果、牛奶、纯果汁以及小包装的奶制品等。

◆**事先向孩子提出具体的要求，让孩子有心理预期**。比如，一直要求孩子饭前一小时不可以吃零食，睡前不可以吃零食，而不是等孩子吃饭前、睡觉前要求吃零食时再断然拒绝孩子，以免让孩子产生强烈的负面情绪。

◆**与孩子协商，每日或每周可食用的零食数量是多少，制定一个双方都可以接受的标准**，然后再逐渐减少每回约定的数量。如果遇到孩子耍赖，违反约定，家长的态度要温和而坚定，一定不可妥协让步。

2 不良睡眠行为

每个人都有过这样的体验：在获得一次又香又甜又舒适的睡眠之后，会感到精神振奋，心情舒畅，甚至整个白天都会劲头十足。孩子虽然不能准确地表达他们的这种感受，但实际上他们比成年人更需要高质量的睡眠。所以，家长千万不能忽略对孩子睡眠的特殊关照。

合理的睡眠，对幼儿的身体健康和发育以及精神健康有很大意义。幼儿在一系列的身体活动和学习后，身体及大脑处于紧张的状态，同时由于其生理器官稚嫩，身体容易产生疲劳。睡眠时，身体能得到放松，大脑细胞处于保护性抑制状态，能得到很好的休息，并能得到能量和血氧补充，从而调节神经系统功能，改善精神状态，这就有效地促进了幼儿的身体健康及智力发育。同时，睡眠时生长激素大量分泌，有利于促进幼儿的生长发育。幼儿有合理、充足的睡眠，才能保持心境愉快，精神饱满。如果睡眠不合理或欠充足，幼儿会精神萎靡不振或神经兴奋过度，容易发脾气和吵闹。

睡眠对于0—6岁的幼儿来说是极其重要的，良好和充足的睡眠不仅有利于幼儿身体的成长和发育，而且能促进幼儿智力的发展和提升。可是，很多爸爸妈妈却总是为这样的问题头疼：

"我的宝宝晚上精神特别好，玩到晚上十一二点还不肯睡觉，怎么办？"

"我的宝宝喜欢让父母陪着睡，不愿意单独睡觉，怎么办？"

"我的宝宝老是半夜惊醒哭泣，怎么办？"

不要紧，这些都是一些常见的幼儿不良睡眠行为，只要培养孩子良好的睡眠习惯，上面这些问题就可以迎刃而解。

（1）因家长不正确的培养方式导致孩子拒绝独立睡觉

案例

这天，小胖过了他的第四个生日，晚上临睡前，妈妈向全家宣布：小胖已是个大孩子了，该学会自己睡觉了。瞧着小胖吃惊的样子，妈妈鼓励他说："试一次吧！"于是，妈妈把小胖放到一张单人床上，自己斜靠在旁边，可小胖一会儿就醒一次，一宿也没睡踏实，把妈妈折腾得够呛。妈妈索性决定还是让小胖跟自己睡，等他长大一些再一个人睡。

分析

让孩子独睡的习惯还可以提早两年，如果可以的话，宝宝出生后，妈妈就应该为他准备一张小床，让他睡在自己的小床里，小床上放上他的枕头、被子、床单，这样有利于孩子从小熟悉"床"这个睡觉的环境，看到床就意识到"这是睡觉的地方"，从而形成良好的睡觉习惯。

错误应对

◆**吓唬孩子**。假如孩子不愿意单独睡，妈妈便吓唬孩子说，"如果你不自己睡，爸爸妈妈就不喜欢你了，星期天就不带你去游乐场玩了。"家长这样做不仅不能让孩子自愿地独立睡觉，而且即便是为了使父母喜欢自己或带自己去玩而勉强独立睡觉，孩子心里也是很不情愿的，或者会因为害怕而形成退缩的性格。

◆**辱骂孩子**。如果孩子不愿意自己睡，家长就责骂孩子："你怎么那么没出息啊？隔壁的壮壮很小就不和爸爸妈妈睡在一起了，他多厉害啊！"这样的做法是万万不可取的，因为这会严重伤害孩子的自尊，会让孩子不自信，觉得自己不如别人。

◆**强迫孩子**。不管孩子是否愿意，家长坚决把他放在单独的房子里，让他自己睡。由于对黑暗的恐惧，孩子会非常害怕。恐惧是一种警告人们远离危险的信号，有助于人们逃避以减少伤害，但是过度、长期的恐惧，会使幼儿因为恐惧而退缩，不敢尝试新事物，容易形成胆小、不自信的个性。

> **锦囊妙计**

◆**鼓励、支持孩子**。对孩子进行鼓励，让他有信心相信自己可以做到独自睡觉。妈妈也可以以别的小朋友为榜样，如告诉宝宝："隔壁的壮壮好厉害啊，可以自己单独睡觉了，我想，我们家的宝宝也很厉害，也可以做到。"由于有了同伴的影响，孩子也会很愿意自己尝试独立睡觉。

◆**睡前多陪伴孩子，给他讲讲故事**。家长陪伴孩子最好时间不要太长，控制在5分钟以内，而且故事情节不要太离奇或恐怖，因为这样反而会引起孩子兴奋。建议家长通过讲不同小动物睡觉的故事来引导孩子适时睡觉。

◆**孩子（尤其是3岁以下）睡着后，妈妈不要马上离开**。人的睡眠一般分为浅睡眠和深睡眠两个时期。孩子睡着后最初20分钟，属于浅睡眠时期，很容易醒。所以，妈妈最好待在孩子附近做一些事情，万一孩子醒来，也不会因为看不到妈妈而感到害怕、睡不着。

◆**睡眠过程中，千万不能吵醒孩子**。在刚刚睡着后的浅睡眠时期，孩子可能会翻个身、动一动、哭一两声，这时妈妈不用紧张，这是很正常的现象，不要跟孩子说话或抱起孩子。除非情况特别严重，否则不必去理会孩子。父母一旦因为过于担心孩子而把孩子吵醒的话，孩子就可能兴奋得完全醒了，反而不太容易睡着。

（2）因受到刺激或身体不适而导致孩子半夜惊醒

> **案例**

田田是个可爱的小男孩，圆圆的脸，一笑有两个小酒窝，非常招人喜欢。田田今年3岁了，可他有个怪毛病，就是睡觉睡到半夜就会惊醒，又哭又叫又闹，再也不能好好入睡。时间一长，他胖胖的脸蛋也消瘦下来，爸爸妈妈也被他搞得筋疲力尽。

分析

婴幼儿（成年人也一样）半夜醒来是很普遍的问题。大多数婴幼儿夜里会醒2～4次。有些婴幼儿醒来哭喊几声后，就会重新入睡；有的婴幼儿则不是这样，他们醒来后会通过哭闹来寻求帮助或陪伴，要大人又抱又哄才能再次入睡。

错误应对

◆ **用摇晃、抱哄的方式哄孩子睡觉。**在最初的几个月，许多父母会通过摇晃、抱哄或唱歌的办法使婴儿放松并入睡。到6个月大的时候，大多数婴儿已能自我放松并入睡了，父母就不要再用这种方法对待孩子，这样不利于他们养成自我轻松入睡的习惯。

◆ **家人惊慌失措。**爸爸妈妈看到可爱的孩子出现这样的情况，非常害怕，以为孩子得了什么奇怪的病，不知道该怎么办，就会"病急乱投医"，孩子能够感受到大人焦虑的情绪，反而更难入睡了。

锦囊妙计

◆ **寻找孩子睡眠惊醒哭闹的原因。**例如，孩子白天是否受了委屈、听了惊险的故事，睡前是否吃得过饱，是否由于饥饿、口渴、尿床、内衣太紧以致躯体不适，是否由于肠道寄生虫或其他原因导致了腹痛、呼吸道感染导致鼻塞等。父母先要找到原因，才好"对症下药"，千万不要"病急乱投医"。

◆ **多点时间陪伴宝宝。**现在的父母工作都很忙，往往没有时间多陪陪自己的孩子，这样就疏远了和孩子的关系，光用物质弥补不了孩子内心爱的缺失。孩子半夜惊醒可能是因为恐惧害怕，想寻求保护。

◆ **让孩子学会自己入睡。**培养孩子自我入睡的能力对于减少孩子夜间醒来的次数是关键性的一步。形成睡觉前的入睡规律，如唱摇篮曲、看书、拍一拍等仍然很重要。在完成这些有规律的步骤并把孩子放在床上的时候，家长应确保孩子是醒着的。在婴幼儿虽清醒但很困的时候把他们放在床上,他们就能学会如何自己慢慢入睡。

◆**合理安排孩子的活动。**对于幼儿日间的一切活动,包括小睡、换尿布、玩耍及喂食等,家长都要做出有计划的安排,"定时"进行,使孩子获得习惯性的节奏感。

◆**戒除摇着孩子入睡的习惯。**很多母亲借摇动婴幼儿促使其入睡,婴幼儿习惯之后,夜间醒来时往往还是需要大人摇晃才能入睡,无法独自再进入梦乡。因此,家长最好采用渐进的方式,慢慢地戒除摇着孩子入睡的习惯,让孩子在临睡前辗转反侧一段时间,自己学会舒适地入睡。

◆**培养孩子入睡前的饮食习惯。**入睡前不要让孩子吃夜宵,不要喝茶水、咖啡、饮料和吃巧克力,晚饭不要吃得过饱,可以吃一些含有氨基酸的食物。

(3)因家长的教养方式不科学而导致孩子拒绝上床睡觉

案例

晚饭后,快到睡觉的时间了,爸爸对两岁大的儿子说,"该睡觉了,宝宝。"儿子这时正兴高采烈地泡在充满玩具的浴缸里。他和爸爸一直在玩那些鸭子和小船,并说起白天发生的事。对于爸爸的话,他一点反应都没有。没办法,爸爸强行把儿子抱出浴缸。这时,儿子开始哭闹,怎么哄也不睡觉。

分析

案例中的爸爸在孩子玩得正开心的时候,硬逼孩子上床睡觉,导致孩子哭闹不休。爸爸如果能够引导孩子在玩了开心的游戏之后,再做一点安静的活动,如听音乐或者听故事,然后再上床睡觉,让孩子知道什么时间该做什么事情,做完一件事情后又该做什么事情,这些既定的规律就能给孩子一种有序、自制和安全的感觉。如果孩子知道接下来会发生什么,他就会感到放松并有一种安全感,就好像他确信醒来后会再次见到家长一样。

错误应对

◆**孩子拒绝上床睡觉时，父母强行要求孩子睡觉。**家长硬把孩子拉入他的房间、放到床上、关上灯的做法，不但不能使孩子快速入睡，反而会激起孩子的反抗心理或者一个人在黑黑的房间里由于恐惧更难以睡着。

◆**随意改变孩子的睡觉时间。**家长不能因为今天家里来了客人或带孩子出去玩，回来晚了，就改变孩子的睡觉时间，一定要让孩子每天定时、定点入睡，这样孩子才能形成良好的睡眠习惯。

◆**以别的方式引诱孩子上床睡觉。**比如，告诉孩子，"妈妈让你玩会儿玩具或者让你看会儿电视，你就乖乖地上床睡觉，好吗？"有时候，这样做的结果会适得其反，使孩子越玩越开心、越玩越兴奋，而且不断地提出新要求，更不肯乖乖上床睡觉了。

锦囊妙计

◆最好在孩子出生后的几个星期里就让他养成良好的睡眠习惯。

◆睡觉前必须排除一切刺激，避免使孩子出现兴奋或疲乏的现象。例如，家长不让孩子做喧闹的游戏，不玩爱不释手的鲜艳玩具，安定孩子的睡眠情绪，使之较易入睡。

◆**孩子发出睡眠信号时便开始按照规律进行。**尽管许多孩子的睡眠时间很有规律，但家长还是要根据孩子的状态灵活处理。注意观察孩子疲劳的迹象，如打哈欠、揉眼睛、烦躁、缠人以及活动时不能集中精力等。

◆**孩子难以入睡，家长应让他穿着睡衣。**假如他过一会儿睡着了，家长就无须叫醒他换衣服，只需把他放到他的小床上就行了。

◆提早给孩子洗澡，这能使他精神放松，并早点入睡。

◆做一些可以让孩子放松的活动，如洗澡、看书、祈祷、亲吻等。

◆**给孩子创设舒适安静的环境。**舒适安静的环境是孩子睡好觉的一个重要条件。除了没有噪声，床铺也要舒适，符合孩子的年龄特点，要让孩子使用幼儿专用的寝具而不是用大人的寝具，最好不要亮着灯。孩子在通宵开灯的环境中睡眠，可导致睡眠不良、睡眠时间缩短，进而减慢发育速度。因为幼儿的神经系统尚处于发育阶段，适应环境变化的调节机能差，卧室内整宿亮着灯，会改变孩子适应昼明夜暗的自然规律的进程，从而影响正常的新陈代谢，危害生长发育。

（4）因身体原因或其他原因而导致孩子出现不良睡眠姿势

案例

这天中午，小朋友们都睡下之后，教师来回巡视他们的睡眠情况，有些小朋友睡觉的姿势很好，而且睡得很熟、很香。不过，教师发现丽锦小朋友是趴着睡觉，胳膊直接搭在下巴上，脸上的表情看着很不舒服，这种睡觉姿势醒来是最累的，教师赶紧轻轻地把她翻过来。后来，教师又发现好几个小朋友睡觉的姿势不太好，有的缩在被窝里把头盖着，有的手托下巴歪在床上，还有的腿蜷缩在一起，教师一个一个地帮他们调整好姿势。

分析

上面是一个发生在幼儿园里的幼儿午睡的情形，可见，幼儿的睡姿千奇百怪。如今，很多家长忽视孩子的睡眠姿势，认为孩子只要能按时睡觉、睡着就可以了。其实不然，睡眠应是身体全面放松的时候，睡眠姿势直接影响睡眠质量，从而影响到醒后的活动，所以，培养幼儿良好的睡眠习惯，使他们保持正确的睡姿是非常重要的。我们知道一般幼儿以右侧卧位睡眠姿势睡觉较好，因为这样能使心、肺、肝、胃、肠等器官处于自然位置，保证呼吸通畅，并使胃中食物顺利向肠道输送，还可使全身肌肉放松，有利于恢复体力和生长发育。案例中的幼儿园老师把幼儿的不良睡姿都调整过来，这样更有利于幼儿身体的健康发育。家长在家也可以观察孩子是否有某些不良睡眠姿势，如果有，应及早加以干预。

错误应对

◆**不当回事,觉得孩子采用哪种睡姿都可以,只要舒服就好**。其实,家长要孩子舒服是很好的想法,但不能因为迁就孩子就不惜以损害孩子的健康为代价。因为有些睡姿对孩子的健康是不利的,家长不能听之任之。

◆**把孩子叫醒,规定孩子必须怎么睡**。有些家长看到孩子的不良睡姿可能会很生气,为了惩罚孩子会做出一些过激行为,如马上叫醒孩子,强行要求孩子按正确的睡姿睡觉。

锦囊妙计

◆**让孩子知道正确睡姿及其重要性**。家长可用玩具小熊当道具,让孩子知道什么样的睡姿是正确的,并通过演示启发孩子说出不正确的睡姿对人体的伤害,让孩子真正了解睡姿正确的重要性,并在自己睡眠时会对姿势采取有意注意,从而逐渐改变不良睡眠习惯。

◆**当孩子的身体不适时,便会出现一些不良的睡姿,家长应当经常注意观察,及时调整孩子的身体状况**。比如,面朝下、屁股抬高,像青蛙那样趴着睡,常常是因身体有热,有时还会伴有口腔溃疡、烦躁不安等。有的孩子入睡后反复折腾,这常常是因为胃内有积食,当然还会伴有大便干燥、腹部胀满等症状。如果孩子睡前不吃油腻或难以消化的食物,衣被厚度适中,就可以避免这些现象。

◆**运用儿歌进行教育**。家长用儿歌对孩子进行正确睡姿的培养,寓教于乐,既能吸引孩子的兴趣,也能让孩子从中学到正确的睡姿。

◆**向他人请教**。如果家长实在不放心或不知道该怎么做,可以去请教有经验的家长或是长辈,或者去请教儿童保健专家。听听他们的意见和看法,家长会获益匪浅。

(5) 因年龄发展特点或身体不适而导致孩子出现自慰行为

案例

悠悠今年5岁了，从3岁时开始，睡觉前就喜欢紧夹双腿，有的时候还把被子夹在两腿中间。每次夹腿的时候，悠悠会出汗、面红、全身紧张，两只拳头握得很紧。现在，她夹腿的次数越来越频繁了，在幼儿园午睡也夹腿。父母对此行为十分反感，担心孩子是不是在哪里"学坏了"，却不知道怎么办才好。

分析

很多孩子在睡觉前后，甚至平时会有夹腿或摩擦生殖器官的自慰行为。研究表明，刚出生半年的婴儿就已经探索到自己的生殖器官，并且知道抚弄生殖器官能够获得安慰和舒适的感觉。儿童抚弄生殖器官的行为，也称为"儿童自慰"。这些自慰行为并非由性欲引起，而是因为紧张、无聊或者需要安慰才出现，一直会持续到青春期。儿童自慰的方式除了用手抚弄生殖器官外，女孩还有夹腿、在凳子的角上摩擦阴部等行为，男孩还有俯卧在床上摩擦生殖器官、用其他物品摩擦生殖器官等行为。

儿童偶尔的自慰行为是健康正常的行为，与其他常见的行为，像挠痒痒这些日常的小动作性质相似，成年人不要不分青红皂白地给孩子抚弄生殖器官的行为赋予成人的"性"色彩。如果孩子频繁抚弄生殖器官，影响了日常生活和健康，则需要深入分析其原因，看看有没有生理上的成因，如皮肤感染、过敏等。

错误应对

◆**过分紧张，打骂孩子**。儿童自慰是儿童性发展过程中的正常经历，父母对此不必过分紧张，父母的紧张、打骂、阻止会加重孩子的负罪感和耻辱感，这对孩子性心理的发展是非常不利的。所以，儿童自慰的危害不是自慰行为本身，而是父母的阻止、紧张和打骂使孩子处于一种痛苦的挣扎状态。孩子控制自己行为的精神力量尚未建立起来，身体的本能使孩子产生自慰行为，而父母的谴责又使孩子认为自己的行为很羞耻，想停止，但又不能控制，在这样的循环中挣扎便是孩子为自慰感到痛苦的根源，这才是自慰给孩子带来的真正危害！如果父母懂得儿童性发展的规律，就能够使孩子不受伤害。

◆**错误认知**。认为孩子"自慰"是缺乏某种营养物质，比如缺锌，所以给孩子补锌；或认为孩子的关节有问题，于是为孩子求医问药，结果却仍没见好转。

锦囊妙计

◆**不必大惊小怪**。这是很自然的行为，家长不必大惊小怪。如果父母无法接受孩子的自慰行为，可以诚恳地告诉孩子："在我们家不允许这样做，孩子。"但是，家长不要恐吓或欺骗孩子，说自慰的孩子会被坏人抓走、手背上会长黑毛等。

◆**检查孩子的生殖器官有没有感染、过敏，衣物是否不适等。**

◆**对于一般的自慰行为**，如孩子偶尔触摸生殖器官，父母要学会视而不见。不要给孩子任何强化的行为，如笑孩子、强制将孩子的手拿开、吓唬孩子等，如果这样做，孩子反而会更多地出现这种行为。

◆**帮助孩子建立隐私观念**。对于有自慰行为的孩子，父母应该告诉孩子这种行为是隐私的行为，要在自己的房间或避开外人进行。孩子6岁以前，家长应教导孩子不可以在他人面前随意暴露自己的身体；不可以随意看或触摸父亲和母亲身体的隐私部位；任何人不可以随意看或触摸自己身体的隐私部位；尊重他人的身体隐私；性活动是隐私的行为，要回避他人。如果父母和幼儿教师帮助孩子建立了健康的隐私观念，孩子将受益终生。

◆**转移孩子的注意力**。当孩子无聊的时候，自慰行为发生的可能性会提高。如果父母实在觉得孩子的自慰行为太频繁了，无法接受，可以通过睡前转移孩子的注意力来减少其自慰行为。比如，睡前给孩子讲讲故事，让孩子在爸爸妈妈温柔的声音中入睡。

3 不良卫生行为

如果让家长在一个干净、讲究卫生的孩子与一个全身肮脏的孩子之间做一个选择,毋庸置疑,大家都会喜欢那个干干净净的孩子。

然而放眼四周,我们常常会看见和发现很多孩子没有养成良好的卫生习惯,有的没有养成饭前便后洗手的习惯,有的还有吃手指的坏毛病,还有的吃饭时弄得饭菜满地都是……

这大概都是"王子病"和"公主病"惹的祸。现在的孩子都是家里的宝贝疙瘩,他们在家里被爸爸妈妈、爷爷奶奶、姥姥姥爷一大群人护着、爱着、宠着,家长关心的重点放在孩子的智力发育上,而没有用心注意孩子的卫生习惯,孩子的不良卫生行为因为没人纠正,久而久之就成为不良习惯。《辞海》中对"习惯"的解释是"经过重复或多次练习而巩固下来并变成需要的行进方式"。可见习惯不是遗传得来的,它是在后天的生活环境中习得的。从生理机制讲,习惯是一种后天获得的条件反射,它是经过多次重复、强化而形成的条件反射。养成某种习惯的人,一旦到了特定场合,习惯就会表现出来。

生命之初的儿童时期是一个人身体与心智相协调的时期,新生命在这时处于最重要的初级塑造阶段,这就需要成人为他们创设有利于其健康成长的环境,让他们养成有利于健康的行为,并使之成为习惯,使他们人人手中握着"健康的金钥匙"。因此,从小培养孩子良好的卫生习惯,不仅能促进孩子的身体发育,同时,还能促进孩子心理品质的更好发展,为孩子的学习和将来走向社会提供重要基础。

良好的卫生习惯有助于降低幼儿感染疾病的几率,促进幼儿的身心健康发展。幼儿阶段是形成良好卫生习惯的重要时期,家长要重视幼儿良好卫生习惯的培养。

（1）因习惯没养成而不肯刷牙

案例

森森是个4岁的小男孩，由于没有养成每天刷牙的习惯，高兴时就刷牙，不高兴时就不刷，刷牙时也不认真，敷衍了事。所以，妈妈发现他的牙齿都黑了，很难看，而且长了蛀牙，有时森森会牙痛得很厉害。

分析

孩子在长出第一颗牙齿的时候就应该开始保护好牙齿。大部分孩子刚开始会排斥把牙刷放入口内，特别是对于1岁左右的孩子，他们对牙刷及牙膏都是较敏感的。要让孩子自然而然地接受及养成刷牙的好习惯。对于不愿意刷牙的孩子，家长应耐心地探明原因。比如，有的孩子不喜欢牙膏刺激舌头的感觉，有的孩子怕牙刷捅到牙根，有的孩子怕将牙膏咽下，等等。家长应注意为孩子选择适合其使用的牙刷和牙膏，训练其掌握正确的刷牙姿势和顺序，掌握吐刷牙水的方法。当孩子愿意刷牙后，家长还要经常督促孩子刷牙，让孩子养成主动刷牙的好习惯。在刷牙之后，父母要及时称赞他们。

错误应对

◆**过分干预**。有的家长看到孩子经常不刷牙，就会像间谍一样对孩子的行为进行调查，如检查牙刷湿了没有等。家长这样的行为会令孩子反感，可能会让孩子更加不爱刷牙了。

◆**吓唬孩子**。家长看到孩子不愿意刷牙，特别是对年龄小的孩子，就会吓唬孩子，如对孩子说"不刷牙的话，老鼠就来亲嘴巴"等。

锦囊妙计

◆**让孩子了解刷牙的重要性**。借助于电视里、图书上或超市里有关牙膏的广告和知识，让孩子知道牙齿和人的皮肤一样也需要清洁，否则就会像树长虫子那样，出现蛀牙、牙疼等症状，严重的还要将牙拔掉。

◆**教孩子关注自己的牙齿**。当孩子长出第一颗牙齿时，家长就应有意识地引导孩子关注自己的牙齿，可以带孩子到镜子前看看自己的牙齿，还可以让孩子张大嘴，和孩子比比谁的牙齿又白又亮，培养孩子爱护牙齿的意识。

◆**可以利用孩子好胜和好比较的心理，与身边的小朋友比一比**。孩子身边那些有蛀牙的小朋友，是教育孩子坚持每天刷牙的好教材。

◆**教给孩子正确的刷牙方法**。先用水冲一下牙刷，然后把牙膏挤在牙刷毛上，牙膏不要挤得太多，和牙刷毛的长度一样即可。把挤有牙膏的牙刷放在杯子里蘸点水。刷牙时要上下刷。先刷门牙的外侧，再刷两边牙的外侧；刷牙齿的里边，应将牙刷竖起来刷；刷牙齿的横断面，应将牙刷平着刷。用水漱口后再按以上顺序刷一遍。刷牙后，将牙刷冲洗干净。存放牙刷时，应将牙刷有毛的一端向上放在杯子里，使牙刷保持干燥，以免细菌寄生。选择牙膏时，应选择刺激性小、含氟的牙膏，保证孩子养成良好的刷牙习惯。

◆**身教法**。模仿是孩子的天性，对于孩子卫生习惯的培养，"以身立教"非常重要，身教法就是榜样示范法，是用成人的行为习惯影响孩子的一种方法。父母要陪孩子一起刷牙，帮其形成早晚刷牙的好习惯。

◆**循序渐进**。在孩子开始刷牙后，可以给孩子一天的作息时间表中安排刷牙这一项内容。教孩子自己刷牙，不要指望一步到位，马上全部学会。刚开始可以让孩子用牙刷和杯子，模仿成人的动作，让孩子对刷牙感兴趣，再慢慢地让孩子学会正确的刷牙方法。

◆**用游戏或儿歌的方式吸引孩子刷牙的兴趣**。家长和孩子边刷牙边唱儿歌，让刷牙变得有趣。比如，"我会刷牙"的儿歌：小牙刷，手中拿，张开我的小嘴巴。上面牙齿往下刷，下面牙齿往上刷，左刷刷、右刷刷，里里外外都刷刷。早晨刷、晚上刷，刷得干净没蛀牙。刷完牙齿笑哈哈，露出牙齿白花花。

(2) 因习惯没养成而饭前便后不洗手

案例

路路有个坏毛病，就是不愿意洗手。妈妈经常教育他说："饭前便后要洗手！不洗手，细菌吃到肚子里就会肚子疼！"路路呢，每次看到妈妈站在旁边的时候就会好好洗手，不在时就敷衍了事，不是沾湿一点，就是用毛巾随便擦一擦。一次，路路玩了橡皮泥，吃饭的时候，路路跑进卫生间，用毛巾擦了一下，就迫不及待地跑到饭桌前，拿起一个鸡腿就啃了起来。下午的时候，路路就告诉妈妈他的肚子不舒服。

分析

有许多孩子，由于没有养成饭前便后洗手的习惯，吃饭时脏脏的小手就拿着碗筷进餐，有时为了方便，直接用手抓着食品往嘴里送。俗话说，病从口入。用不干净的双手进餐，对健康非常不利。

孩子对"饭前便后要洗手"的口号可以说是烂熟于心，但实际上很多孩子却办不到。由于幼儿认知发展的限制，缺乏对卫生、细菌、疾病等相关概念及因果关系的认识，加之病菌的特殊存在方式，导致幼儿对手的卫生与疾病的引发等关系认识不清，常常嫌洗手麻烦而不认真洗。孩子因为不了解洗手的重要性，认为手不黑就很干净，即使洗手也是敷衍了事，稍微洗洗、擦擦便完事，从而很难养成饭前便后认真洗手的习惯。

错误应对

◆**禁止孩子用双手去玩或摸东西**。很多家长看到孩子经常玩得手脏脏的而不洗手就吃饭，认为不卫生，不利于孩子的身体健康，就禁止孩子去玩。

◆**大声呵斥孩子**。有的家长看到孩子用脏脏的小手拿东西吃，由于担心孩子的健康便从孩子手中拿走食物，大声对孩子吼叫，甚至动手打孩子。在这种情况下，孩子记住的只是家长的粗暴行为，对正确的行为反而忘诸脑后。

◆**将孩子拉去洗手或用毛巾来帮孩子擦手**。家长对孩子的健康总是放在心上的，看到孩子不讲卫生，心里都会着急，会想方设法帮孩子将手洗干净。慢慢地，孩子认为不洗手的话，妈妈也会来帮自己擦手，于是养成了依赖的习惯，而不会主动去洗手。

锦囊妙计

◆**告诉孩子为什么要洗手**。告诉孩子洗手的道理，手接触外界难免带有细菌，这些细菌是看不见、摸不着的，如果不将双手洗干净，手上的细菌就会随着食物进入肚子，人就会因为吃进不洁的东西而生病。有条件的家长，可以带孩子通过显微镜观察，认识人手上的细菌，帮助孩子了解洗手的重要性。如果家长能详细地给孩子解释，相信他能明白，会慢慢养成良好的习惯。

◆**耐心提醒孩子勤洗手**。有的孩子贪玩、性子急，不是忘记洗手就是不认真洗，家长应经常耐心地提醒孩子洗手，不要因孩子不愿意洗手而采取迁就的态度，因为如果父母不时刻提醒，孩子就会以为这件事不重要，逐渐忘记去做。

◆**教给孩子正确的洗手方法**。家长应教给孩子正确的洗手方法：先用水冲洗手部，将手腕、手掌和手指充分浸湿后，用洗手液（或香皂）均匀涂抹，让手掌、手背、手指、指缝等处都沾满丰富的泡沫，然后再反复搓揉双手及腕部，最后用流动的水冲干净。孩子洗手的时间不应少于30秒。

◆**以身作则**。家长一定要以身作则，上完洗手间洗完手或饭后洗完手不妨高调地告诉孩子，让孩子看到好榜样，自然就会跟着去做。家长也可以在洗手间显眼的位置贴上一些提示，提醒孩子如厕后要洗手。

◆**用儿歌或游戏等方式教孩子养成洗手的好习惯**。家长可以通过讲故事的方式告诉孩子为什么要洗手，不洗手、不讲卫生会有什么后果；教会孩子《洗手歌》："掌心对着掌心搓，手掌手背用力搓，手指交错来回搓，握成拳头交替搓，拇指握住较劲搓，指尖放在掌心搓。"家长和孩子一起边洗边唱，让孩子学会正确的洗手方法；告诉孩子什么时候要洗手，如吃饭前要洗手、小手弄脏了要洗手、上完厕所要洗手等。爸爸妈妈还可以和孩子进行比赛——"看谁小手洗得最干净"，以游戏的方式引导孩子自觉洗手。

◆**奖励孩子正确的行为**。在孩子不需要大人提醒而饭前便后洗手时,家长应及时表扬,强化他们正确的行为,久而久之,饭前便后洗手也会成为孩子生活习惯的一部分。

(3)因习惯没养成而随处乱放衣服

案例

霞霞是个5岁的小女孩,长得很漂亮,也很讨人喜爱,她非常喜欢穿漂亮的新衣服,妈妈也会把她打扮得漂漂亮亮的。但霞霞有一个不好的地方,每次从幼儿园回到家,脱下的衣服乱放,不是放在沙发上就是丢在某个角落,到第二天要穿的时候就会找不到,经常弄得手忙脚乱,导致上幼儿园迟到。

分析

现在的孩子生活在幸福之中,不仅享受祖父母和父母无微不至的关爱,富裕的家庭还会有保姆的照顾。孩子不仅不需要做家务,还处处受到照顾,便很容易养成依赖的性格,甚至什么都不会做,什么都不想做。即使是他们捣乱了,也会有人来帮忙"处理后事"。案例中的霞霞只会享受穿新衣服的快乐,喜欢别人夸她漂亮,但是没有养成摆好自己衣服的好习惯,随处乱放。孩子的好习惯是在大人的教导和长期的实践训练中逐渐养成的,不是自然而然形成的。家长不要做孩子身后那个"吸尘器",而是要让孩子学会对自己的行为负责,学会承担自己行为的后果,养成好的卫生习惯。

错误应对

◆**埋怨孩子**。孩子将衣服乱放,第二天早上穿时找不到,家长就会数落埋怨孩子:"要你放好衣服你不听,现在就找不到,上学迟到挨老师的骂活该!"

◆**帮孩子收拾好**。有的家长看见孩子乱放衣服,一开始可能还会对孩子说要把衣服放好,时间一长,就懒得再费口舌,当孩子将衣服乱放之后,家长就在其身后收拾好。

锦囊妙计

◆**跟孩子订立协议**。父母最好跟孩子订立协议,要让他知道每个人在家里都有责任,收拾自己的衣服就是其中之一。如果他不好好收拾衣服,父母是不会替他收拾的,父母一定要说到做到。

◆**给孩子提供一个固定存放衣服的地方**。父母应该给孩子提供一个完全属于孩子的、固定的存放衣服的地方,要求他必须打理整齐,并不时对其加以检查。

◆**自然后果法**。孩子将衣服乱放而第二天早上要穿找不到时,家长要让孩子承担行为的后果。比如,上学迟到挨老师的批评或者跟小朋友约好一起玩自己却迟到,等等。孩子明白行为的后果,尝到了这些不良行为的苦果,自然就会受到教育,逐渐改变这些不良行为。

◆**创设整洁的家庭环境**。要孩子学会并养成良好的卫生习惯,首先必须给孩子创设一个习惯形成的整洁环境。父母要以身作则,给孩子树立一个好榜样,孩子看到父母怎么做就会模仿着做。

4 丢三落四

成语"丢三落四"形容做事马虎粗心，不是丢了这个，就是忘了那个。现在的孩子大多有丢三落四的习惯，常听见家长议论孩子不是找不到玩具，就是丢了衣服……幼儿园也经常会发生这样的事情。比如，幼儿园里的马老师为培养孩子的责任意识，让孩子每周五将教材带回家，星期一再将教材拿回来用，结果能够带回来的很少。布置一些其他任务时也出现了这种情况。幼儿园里的张老师每年学期结束时总会整理出许多手帕，这些手帕都是班级小朋友在教室里拾到交给老师的，而且手帕都非常新，她问全班小朋友，可是没有一个人前来认领。原来小朋友根本不认识自己的手帕，所以尽管丢了手帕，但不知道哪一块是自己的，干脆不要……

孩子丢三落四是常见现象，形成的原因大致有以下四种情况：一是生活缺乏条理，没有形成良好的生活习惯；二是年龄小，自理性、独立性较差；三是记忆力较差；四是患有某种疾病，如感觉统合失调。

对于经常丢三落四、忘东忘西的孩子，如果大人总是好心地帮他设想、安排一切，或是一味地溺爱他，没有正视他的偏差行为，到头来容易造成孩子的过度依赖心理，随着孩子长大，其偏差行为可能会日益严重。那么为了改变孩子丢三落四的行为，家长应该怎么做呢？以下一些建议提供给家长作为参考。

（1）因幼儿的行为习惯不好而导致的丢三落四

案例

真真今年4岁了，小家伙性格开朗，是一个可爱的"小公主"，但平时总是丢三落四。很多次，带出去的玩具，她都不小心丢了。最近孩子们中间流行玩啪啪圈，妈妈也给真真买了一个，她喜欢得不得了，非要把它带到幼儿园去。

一上幼儿园，真真没想到同班的很多同学都有和她一样的啪啪圈，或许是因为太多了，弄不清楚了，妈妈接她的时候，一问啪啪圈到哪里去了，她却不知道。喜欢的东西没有了，她心里自然难过，后来妈妈又给她买了一个。

第二天，妈妈千叮咛万嘱咐，别再把它弄丢了，并告诉她如果不玩了就放在书包里。真真认真地点着头，让人感觉到她真的听进去了。没想到，接她回家的时候，第二个啪啪圈也丢了。看着真真那一脸的茫然，妈妈也舍不得责备她，真是拿她没办法。

分析

类似这种丢三落四的现象在孩子中表现特别突出。所有的病都是有根源的，治病的前提是要明白病因。丢三落四是天生的吗？肯定不是，完全是后天形成的，而且是日积月累形成的。有些家长缺乏培养孩子良好习惯的意识。本该由孩子做的事情，全由大人包了，像削铅笔、整理书包这些小事家长都要插手。孩子习惯了依赖大人，不能好好地管理自己的东西和事情，就容易丢三落四。

错误应对

◆**顺其自然**。有些家长认为孩子还小，丢三落四是正常现象，长大了自然就会好。其实，这是一种错误的观念，小时候不纠正，长大了这种情况可能会愈演愈烈。所以，对孩子丢三落四的不良习惯家长应及早矫正，不要幻想"孩子长大懂事了，自然而然就好了"。矫正时，家长要有耐心和恒心，不能急躁。

◆**唠叨**。三四岁的幼儿，正处于第一反抗时期，如果父母不断重复唠叨，反而会引起孩子的反抗心理。所以，不要一直强调孩子忘东忘西的行为，当孩子有进步的表现时，不妨大方地夸奖他。同时，父母应为孩子创造能稳定情绪的环境，让孩子能慢慢减少丢东西的次数。

> **锦囊妙计**

◆ **培养孩子认真的态度**。有时候孩子丢三落四是因为马虎，家长要有意识地培养孩子做事认真、善始善终的良好习惯。

◆ **让孩子自食苦果**。必要的时候可采取"自然后果惩罚法"，就是让孩子因丢三落四而吃苦头。例如，孩子忘了带学习用品，家长一定不要给他送去，让他因此吃点苦头。又如，孩子总是丢失文具，家长一定不要马上给他买新的，让他因此吃点苦头。痛定思痛，对自己的毛病产生反感，有利于增强孩子改正毛病的自觉性。

◆ **养成自理习惯**。俗话说："习惯之始如蛛丝，习惯之后如绳索。"杜绝孩子丢三落四的习惯，最重要的是让孩子养成自理的习惯。家长要给孩子指出行动的方向，规定其要达到的目的，并经常检查督促。要通过有规律的"按时吃饭""按时睡觉、按时起床""饭前便后要洗手""常剪指甲"等，对孩子进行反复的实践锻炼，让其形成良好的习惯。

◆ **具体的教导**。具体教孩子如何做才不会忘东忘西。例如：要带去幼儿园的东西，在前一天晚上睡觉前就要全部准备好，放在桌上或明显的地方；脱下的衣服，必须放在固定的地方；用过的物品，一定要物归原处。若教导了之后孩子仍会健忘，父母就得适时提醒："你都准备好了吗？""用完有没有记得放回原处？"

（2）因幼儿年龄小而导致的丢三落四

> **案例**

城城一直有丢三落四的毛病，读大班的时候老师总说他是个小迷糊。他经常掉这掉那，铅笔、书、笔盒几乎天天丢，有时甚至连书包、算盘都会忘记。每天下午，城城要到一楼去学珠心算，害得老师从三楼给他送到一楼去，真是辛苦大班的两位老师了。

分析

幼儿因为年龄小,自理能力和独立性差,缺乏收拾、整理、保管好自己东西的"责任感",不懂得应该为所做的事负责任。孩子的年龄小,兴趣变化也比较快,当他们的目标从写字转变为珠心算时,他们对写字的兴趣就完全没有了,这时要他们抑制学珠心算的情绪,回来收拾学习用具,他们当然很不情愿。

错误应对

◆**溺爱孩子**。孩子的自理能力差,往往起始于父母对子女的娇惯。有些父母觉得孩子小,生怕孩子苦着累着,从叠被子、洗衣服,到打洗脸水、倒痰盂都一一代劳,甚至到了小学高年级和中学后,还是一切包办代替。这就抑制了孩子活动的内驱力,削弱了他探索外界事物的主动性,表现在学习和日常生活中就是会出现怕苦畏难、消极懒惰、缺乏恒心等现象。所以,懂得教育孩子的父母,都很注意对孩子生活自理能力的培养。

◆**听之任之**。家长不舍得孩子为一些小东西伤心,孩子丢了东西就再给买新的,而不知道适时地教孩子爱惜来之不易的东西。孩子对东西不知道珍惜,丢了不知道伤心难过,反而可能会因为丢了旧的父母就会给买新的而高兴。

锦囊妙计

◆**教孩子懂得珍惜**。孩子一掉东西,父母就马上买,这样不但不能使孩子改掉丢三落四、忘东忘西的毛病,反而易使其养成不珍惜物品的习惯。父母与其买新的东西给孩子,还不如和孩子一起想想看、找找看,借以提醒他注意自己的东西,不要随便乱放或丢弃,养成对自己东西的责任感。

◆**给孩子立点规矩,健全生活制度**。家长应指导孩子,把自己的东西放在固定的地方,以便拿放方便。很多家长由于工作繁忙,家里乱七八糟,找东西的时候总要浪费很多时间。这样的家庭环境造就的孩子也多半是随手乱放、随地乱扔东西的人。只有家长做好榜样,将大人和孩子的东西放置整齐,各自归类,才有利于孩子养成做事有条理的好习惯。

◆**对待年龄较小的孩子，宜用游戏方式**。先陪孩子一起玩一阵，玩过后一起收拾玩具：一起商量把玩具如何摆放，如何收藏，这样做会令孩子觉得有趣，乐于跟随，然后告诉他为什么要这样做。训练几次后，再慢慢让孩子自己去完成。每次当孩子收拾好玩具后，家长要及时表扬和鼓励。孩子偶尔一两次忘了收拾，家长千万不要责骂，而要用比较艺术化的语言加以提醒，如："今天你忘了把玩具送回'家'，它躺在地上好难受呀！"这时，孩子便会马上去收拾。

◆**做一个"懒爸爸"或"懒妈妈"**。家长不要过分溺爱孩子，只要是孩子力所能及的事情，就让孩子自己做。即使孩子动作慢一些，家长也不要不耐烦地代为完成，但要在必要时给予适当协助，让孩子从小养成对自己的事负责的态度，从收拾自己的玩具、用具、打扫房间的卫生、洗小衣物等小事做起，培养他的劳动兴趣。

◆**"管""放"结合**。培养孩子的自理能力，要做到"管""放"结合。所谓"管"，就是在孩子办某件事时，要过问一下，估计一下有什么困难，预先做一些必要的指导；所谓"放"，就是要放手让孩子去做。在做的过程中，孩子才会增长才干。

（3）因幼儿的记忆力差而导致的丢三落四

> 案例

悦悦今年6岁，上幼儿园大班，晚上回来后妈妈问他在幼儿园吃了什么饭，他不记得，就连10以内的数字妈妈教了很多遍他都记不住，记忆颜色也是如此。妈妈很着急，不知道该怎么提升悦悦的记忆力。

分析

3岁前，孩子的无意注意占绝对优势，鲜明、生动、直观的形象容易引起注意。3岁后，孩子的有意注意初步形成，但稳定性低，持续的时间短。一般情况下，小班孩子能集中注意力3～5分钟，中班孩子为10分钟左右，大班孩子为10～15分钟。记忆力对孩子的学习来说非常重要，记忆力强的孩子，学习时总是无往不胜。但孩子的记忆力参差不齐，有些孩子记性特别好，有些孩子转眼即忘。那么，记忆力究竟是不是天生的，它能通过后天努力改进吗？有学者曾说过，人的大脑记忆力很惊人，容量大到可以记下一所图书馆的藏书。由此看来，没有什么是人们记不下的，关键是记忆要靠方法。

错误应对

◆**父母期望过高**。父母的期望过高，交代的事太多，孩子的思绪就变得复杂，心思忙，注意力被分散，当然就忘记现在要做什么了。此外，长期焦虑不安、缺乏安全感的孩子，对事物学习的坚持度也会降低。

◆**打击孩子的自信心**。孩子记不住时，有的家长会斥责孩子："你什么都记不住，一点记性也没有，对你说了也是白说。"家长要了解孩子记忆的不足之处，以及记不牢或记不准确的原因，耐心帮助，要多给予鼓励，从小培养孩子对自己记忆力的信心。

锦囊妙计

◆**给孩子创造安静的环境**。嘈杂、混乱的环境，容易使孩子分心，例如：上课时，教室外面有轰隆轰隆的车流声或教室内有其他同伴的干扰，孩子就会分心，而且搞不清楚老师交代的功课，因此忘记作业、忘记带物品的事也就经常发生。家长在家里也要创造安静的学习环境，以便孩子能专心地记忆所学的东西。

◆**提升孩子的安全感**。孩子只有感觉到安全了，才能静下心来专注地做自己感兴趣的事情。

◆**专注度训练**。对于注意力分散的孩子，父母可选择孩子最感兴趣的游戏，（如积木、拼图、配对游戏等）来训练孩子的专注度。从 5 分钟开始，逐渐延长时间，难度也可逐步增加，这样不仅可以培养孩子的专注度，还可以培养孩子的逻辑思维能力和记忆力。

◆**培养孩子良好的记忆力**。有些孩子丢三落四是因为记忆力较差。家长要做到以下几点：第一，开展各种有趣味的活动，使孩子的多种感觉器官参加活动，提高其记忆力。比如，和妈妈一同出门前，让孩子帮助妈妈检查要带的东西；上学前从头到脚检查自己，看看还缺什么东西没带；每次把老师留的作业记在本子上；有些简单的事可让孩子记在手上；当孩子忘记了某件事情时，不要马上提醒，让他自己回忆。第二，用孩子能理解的语言交谈，并向孩子提出明确要求，调动孩子有意记忆的积极性。例如，去动物园看动物，事先对孩子提出要求，回家后启发孩子通过回忆说出动物的名称、特征等。第三，帮助孩子复习，不断强化，防止遗忘。例如，爸爸给孩子讲故事后，要求孩子待会儿讲给妈妈听，第二天再讲给别的小朋友听。

◆**教一些记忆技巧**。例如，帮助孩子准备一个记事本，养成每天记事的习惯（没有书写能力的用图画表示）；帮助孩子用贴标记的办法辨别物品，将物品分类摆放，贴上类别标记，好取好放。

◆**丰富孩子的生活**。有生活经历才有记忆，有的年龄很小的孩子，由于"见多识广"能记住和讲出很多见闻。因此，家长要给孩子提供丰富的生活环境，给他玩各种彩色的、有声响的、能活动的玩具，听音乐，多和孩子讲话，给孩子念儿歌、讲故事，带孩子去公园，和孩子一起做游戏。在耳濡目染中，对形象鲜明的、感兴趣的或让其高兴或惊奇的事物，孩子都会留下深刻的印象，并较长时间保持在记忆中，在遇到新的事物时会引起联想，更容易记住新的东西。

(4) 因幼儿感觉统合失调导致的丢三落四

> **案例**

琪琪是个聪明活泼的小男孩，现在上幼儿园大班。可是最近妈妈发现，琪琪写作业时常常丢三落四，如经常把"12"抄成"21"，写字时把偏旁部首颠倒甚至写错，把"大刀"写成"大几"，把字母"b"写成"d"；写字速度也很慢，字迹不端正，大大小小的，本子也被他弄得很脏。为此，琪琪被妈妈责骂过，甚至打过，可他总是一脸的委屈。觉得自己明明认真写了，可还是经常出错，他不理解：怎么自己就检查不出来错误，而妈妈就能呢？

> **分析**

记忆过程包括信息的摄取、储存和提取，人并不是一生下来就具备了良好的记忆能力，需要经过大脑与外界不断地沟通才能逐渐发展起来，因为记忆过程并不是通过一个感觉通道来完成，有时是通过视觉系统，有时是通过听觉系统，或者通过其他系统。但是，如果感觉通道出现障碍，或大脑对感觉信息的整合处理不够迅速，就可能影响记忆质量。原来，琪琪不是"懒孩子"，而是因感觉统合失调而产生学习障碍的孩子。所谓学习障碍是指智力正常，但由于听、说、读、写、算等学习能力落后而导致的成绩低下现象。学习障碍有很多种类型，琪琪属于其中的视知觉障碍。这类儿童因视觉分辨、视觉记忆和视—动统合（手眼协调）出现问题而表现在书写、抄书、做题或写字方面出现所谓粗心的行为。

> **错误应对**

◆**不问原因**。有些家长不知道孩子是因为学习障碍才造成的丢三落四，以为是孩子粗心大意或是故意偷懒，而对孩子进行打骂，对孩子的"屡教不改"感到生气、伤心。殊不知，孩子也不想这样。因此，只有找准原因，才能早些对孩子进行感觉统合训练。

◆**一味地惩罚孩子**。当孩子写作业出现错误时，家长总责罚孩子重抄或重写，以为这样就可以让孩子长点记性，下次不再做错，这样不仅浪费了孩子的时间，也让孩子从内心里产生对学习的厌倦甚至反感。

锦囊妙计

◆ **从小给予孩子充足的刺激**。爱尔丝博士认为，7岁以前人脑像一部感觉处理机，对外界事物的感觉，主要来自感觉印象，孩子在这段时期经常动个不停，忙于寻找感觉刺激，很少用大脑去思考问题，所以这段时间是他们的感觉运动快速发展时期。孩子在此期间内，如能通过适当的活动获得感觉运动的经验，对日后读书写字等认知学习、保持情绪稳定以及适应社会，都将有极大的帮助。所以，在孩子还小的时候，家长就需要给予其足够的视觉、听觉、触觉刺激和精细动作的训练等。

◆ **对孩子进行心理训练**。训练视觉系统的方法有：训练孩子在纸上走迷宫；观看一个图形10秒钟，然后，背着它画下来；在一大堆数字中找出某个数字并划掉；在许多复杂线条中，找出某个特殊图形，或数出有几个特殊图形；将一些未完成的图形完成，等等。训练听觉系统的方法有：让孩子大声朗读一篇短文，然后复述它，看能记住多少；给孩子读数字，让他按照特殊的要求做速算；给孩子听一些音乐节奏和旋律，让他重复，等等。

◆ **开发和培养孩子的视知觉能力**。家长不要以为视力就是视知觉，视知觉是一种心理过程，也是一种学习能力。首先，家长可以让孩子多练习手工、剪纸，即让孩子多动手，改善其精细动作的准确性。其次，当孩子的作业有错误时，家长不必总惩罚孩子重抄或重写，可以先离开这一问题，让孩子多画画。其实画画与写字一样都涉及手眼协调能力的锻炼，但由于孩子通常更偏爱画画，所以它具有更好的训练作用。最后，家长可以与孩子玩一玩传统游戏，如弹玻璃球、扔飞镖、丢沙包等，这些游戏也可以培养视觉与动觉统合的能力。

◆ **如果孩子患有比较严重的感觉统合失调，就需要在心理医生的帮助下，接受一些专门的心理训练来矫治**。例如，有的孩子玩电动转椅从来不感到头晕，特别喜欢能旋转的游乐项目；有的孩子则相反，连乘车也会头晕。前者是由于前庭器官过于迟钝，外界的信息进不去，后者是因为前庭器官过于敏感，有一点儿不平衡的信息都会引起反应，这些都是前庭器官功能不调的表现。前庭器官是负责人的注意力和协调性的中心，所以，针对前庭器官功能的训练对提高孩子的注意力、增强记忆力非常重要。训练的方法是在心理专家的指导下，运用平衡木、转桶、秋千、蹦床等器械进行。

5 毛手毛脚

"我家灵灵昨天做值日生,又打破了两个碗!""我家明明前两天主动要求帮我打扫卫生,结果弄得满地都是水!""我家鹏鹏昨天在家摔倒了,头上又多了个包!"……幼儿园门外几位接孩子回家的家长正在热烈地讨论着自家孩子的事。结果,家长们发现,孩子们或多或少都存在一些毛手毛脚的问题行为。

生活中我们也常常会看到这样一些情况:孩子出手没轻没重,小小的巴掌,一出手,就在妈妈手臂上留下五个手指印;走路时常摔倒,东磕西碰,一不小心就会打破东西;家里新买的玩具小汽车,还没玩一会儿就被孩子摔掉了一个轮子。这些都是孩子毛手毛脚的表现。总的来说,毛手毛脚的孩子做事往往只求快,缺乏耐性,出手不知道轻重,因此,做事很容易出错。毛手毛脚现在已经成了很多孩子的通病,一方面是由于孩子年龄小,对身体的掌控能力有限,手脚协调能力较差;另一方面,家庭环境对孩子的影响也不容小视。比如,杂乱无序的生活环境,饮食、休息的时间不规律,家长因为溺爱孩子而对孩子的事全部包办,等等。

在处理事情的过程中,毛手毛脚的孩子常常出现心有余而力不足的现象,屡次失败也大大打击了他们的自信心,他们会质疑自己的能力:"为什么我总是毛手毛脚,什么都做不好呢?"长此以往,孩子会产生焦虑、抑郁的倾向,对心理健康产生不利影响。对于已经入学的孩子来说,毛手毛脚已然成为他们在学习上最大的"敌人"。如何帮助孩子搬走毛手毛脚这块"绊脚石"呢?家长需要根据孩子的表现具体分析,有针对性地采取适宜的方法,帮助孩子改掉做事毛手毛脚的坏毛病。

（1）因缺乏节奏感和韵律感而导致的毛手毛脚

> **案例**

雯雯是幼儿园大班的孩子，脸颊上有两个甜甜的小酒窝。这天是周末，妈妈带着雯雯去李阿姨家做客。李阿姨的女儿小新和雯雯同龄，虽然不在一个幼儿园，但也时常一起在公园里玩。雯雯刚到李阿姨家，小新就兴奋地跑出来，拉着雯雯去看她刚搭好的积木大楼。雯雯看见小新的积木大楼很喜欢，伸手想摸摸，谁知，经雯雯这一碰，"大楼"轰然倒塌了。雯雯傻眼了，小新看着自己的杰作被毁，眼泪在眼眶里打转。

> **分析**

雯雯并不是故意要去推倒小新的积木大楼，只是因为喜欢，想用手摸一下，却碰倒了积木。雯雯的毛手毛脚是因为缺乏节奏感和韵律感。节奏感和韵律感是指儿童通过运动培养起来的对时间快慢的感觉。缺乏节奏感的儿童经常不能控制动作的快慢和缓急，肌肉力量的控制能力不足会导致孩子出手不知轻重。雯雯虽然心里想的是轻轻摸一下积木，但没有控制好手部动作的轻重，所以一出手就碰倒了积木。当孩子出现这种现象时，家长不要一味地责怪、训斥孩子，可以带孩子到专业机构测试一下，找到问题的原因。如果孩子是由于缺乏节奏感和韵律感而导致毛手毛脚，可以通过科学训练，提高孩子的能力，从而改善这一问题行为。

> **错误应对**

◆**不问事情原委，批评孩子。** 比如，"雯雯你这么毛手毛脚，以后妈妈不带你来李阿姨家玩了！"雯雯并非故意推倒小新的积木大楼，这样的批评很容易伤害孩子的心，让孩子感到委屈。

◆**唉声叹气，对孩子表示失望。** 比如，"唉，你这孩子，总是这样毛手毛脚，以后可怎么办？"年幼孩子的自信心尚在建立过程中，妈妈的否定，无疑会对孩子的自信心造成重大打击,从而怀疑自己的能力,"妈妈也觉得我什么都做不好,我以后肯定什么都做不好了。"

◆**对于孩子的毛手毛脚听之任之**。有的家长认为孩子年龄比较小,做事会毛手毛脚,等年龄稍长后,做事自然会细心点、专注点。可是坏习惯一旦养成,很难随着年龄的增长而自己消失。

锦囊妙计

◆**训练孩子的节奏感和韵律感**。对于缺乏节奏感和韵律感的孩子,训练是纠正其毛手毛脚问题行为的最好方法。家长可以和孩子一起做游戏,如拍球、跳绳等,而滑滑梯也可以训练孩子的平衡感、促进感觉动作的协调能力。对于严重缺乏节奏感和韵律感的孩子,如感觉统合能力失调,家长应该带孩子去专业机构做系统的训练和治疗。

◆**帮助孩子建立自信**。毛手毛脚的孩子由于常常做错事,因此会对自己的能力产生怀疑,没有自信,而缺乏自信的孩子往往会对一件事情的成功与否更加在意,在事情还未开始或是正在进行时就担心自己是否能做得好。他们无法全身心投入,自然手忙脚乱,更容易出错。因此,对于毛手毛脚的孩子,家长应该尽可能多地为他创造成功的机会,尽可能将家里容易被打破的东西收好,减少他们非主观犯错的可能。另外,给孩子比较简单、容易完成的任务,慢慢增加难度,或者将较难的任务进行分割,让孩子分阶段、分步骤完成,帮助孩子逐步建立自信。

◆**对孩子的失误表示宽容理解**。即便是成年人在做事的过程中也会出现失误,更何况是身心尚处于发展阶段的孩子。打破一个杯子,或碰倒一桶水,孩子可能并非故意为之,家长若对孩子过于严厉,揪住失误不放,会给孩子造成很大的压力,使孩子产生焦虑的情绪,继而引发心理问题。对于孩子的失误,家长可以即时指出,让孩子即时更正,同时夸奖孩子做得好的地方。

（2）因生活环境原因而导致的毛手毛脚

> 案例

敏敏家："滴滴滴、滴滴滴……"早晨7点，闹钟响起。敏敏的妈妈立刻起床，匆忙穿好衣服，洗漱完毕后，一边冲进厨房，一边大声喊敏敏起床。等早饭准备好，已经7点半了，而敏敏仍然在蒙头大睡。妈妈赶到卧室，终于把敏敏喊起来。敏敏知道快迟到了，一阵手忙脚乱地穿好衣服，洗漱完后，奔到饭桌前，小手一伸，"砰"的一声，一杯牛奶摔到了地上。

军军家："滴滴滴、滴滴滴……"早晨6点，闹钟响起。军军的妈妈摁下闹铃，起床，穿戴洗漱好后，进入厨房做早餐。7点，妈妈喊军军起床，把军军要穿的衣服鞋子全都准备好，接着，走到军军的小书桌前，帮军军整理好小书包。军军穿好衣服后，妈妈已经为他准备好了洗漱用具，军军端着小盆，准备将洗脸水倒掉，怎知一不小心将水倒在了身上，成了"落汤鸡"。

> 分析

敏敏和军军都是毛手毛脚的孩子，其实这两个孩子处于截然不同的两种生活环境中。一种生活环境是父母生活条理性较差，如敏敏的妈妈在生活中也毛手毛脚，家里的物品存放零乱，需要用时就满屋子寻找，同时也没有培养孩子良好生活习惯的意识；军军则是另一种生活环境，父母生活条理性较强。本来军军的家庭可以给孩子很好的影响，但是军军的妈妈却很细致地安排好孩子的所有事情，代替孩子完成本该由他自己完成的事情，让孩子逐渐养成了依赖的习惯，而一旦少了家长的帮忙，就变得毛手毛脚。

> 错误应对

◆给孩子贴标签。"你这孩子，整天毛手毛脚的，什么都做不好！"家长给孩子贴上了"毛手毛脚"的标签之后，不仅会使孩子的自尊心受损，也会打击孩子的自信。孩子往往就会认定自己什么事都做不好。这对改善孩子的问题行为没有一点帮助。

◆**对孩子施以不恰当的惩罚**。例如，让孩子自己清理碎掉的玻璃杯。这样的后果惩罚法可能是以牺牲孩子的安全和健康作为代价的，极为不妥。孩子年龄小，并不知道如何正确地清理摔碎的玻璃杯，如果用手去捡，很容易扎到手。对于年幼的孩子，妈妈可以让孩子在旁边做辅助工作，帮忙拿簸箕和扫帚，帮忙将碎玻璃倒入垃圾桶。

◆**过分宽容**。每当孩子由于毛手毛脚犯错误时，家长不批评也不惩罚，而是十分宽容地帮助孩子弥补所犯的错误，甚至因为害怕孩子再犯错而包办孩子所有的事情。殊不知家长的这种宽容已经演变成为溺爱，让毛手毛脚这一问题行为与孩子如影相随。

锦囊妙计

◆**为孩子营造整洁、有序的生活环境**。杂乱无章的生活环境不利于孩子良好行为习惯的养成。家里应该保持整洁的环境，家中的物品应该摆放有序，有其固定的位置，孩子不管拿了什么东西，用完之后应该放回原处。

◆**形成良好规律的生活习惯**。充足、合理的睡眠，不仅对孩子的身体健康和发育有利，也对改善孩子毛手毛脚的问题行为有很大意义。由于幼儿的器官稚嫩，在一系列的身体活动和学习后，容易产生疲劳。充足、合理的睡眠能使幼儿的身体和大脑得到很好的休息，减少焦躁情绪，让幼儿做起事来更有耐心。

◆**为孩子提供合理的膳食**。均衡的营养会为孩子的成长发育提供充足的养分。家长平时注意合理调剂饮食，避免孩子暴饮暴食、贪吃零食等不良饮食习惯的养成。不要让孩子摄入过多的脂肪，摄入脂肪过多，脂肪就会在脑细胞中堆积，造成孩子思维能力减弱。膳食中多加入一些维生素、粗纤维类食品。教孩子定时做深呼吸，随时为大脑补氧，保持头脑清醒。

◆**为孩子制定适宜的标准，不要给孩子太大的压力**。对于孩子，家长可谓爱之深、疼之切。在给予孩子最好的物质环境的同时，家长更有一颗深切的望子成龙之心，要让孩子赢在起跑线上。因此，对于名目繁多的各类兴趣班，家长恨不能全部报上，让孩子成为全才，如此高的标准，无异于给孩子套上了沉重的枷锁。孩子在承受巨大压力的同时，没有心思学好任何一项技能，反倒是做什么事都不用心，毛手毛脚。因此，家长需要视孩子的具体情况，并结合孩子的兴趣，为孩子制定适宜的标准，让孩子有足够的耐心和时间专心地完成一件事。

◆**培养孩子的观察能力**。细心的观察是克服毛手毛脚的一大法宝。毛手毛脚的孩子因为平时没有细心观察的态度和能力，因而对于许多事物一知半解，做起事来也容易出错。家长可以在生活中培养孩子的观察能力。比如，在傍晚出去散步的时候，和孩子一起讨论树叶是什么颜色的、蝴蝶有几对翅膀、花朵有哪些形状等，并引导孩子用心观察。此外，一些益智类游戏，如"找不同"等，适合年龄稍大的孩子，家长可以和孩子一起玩。孩子不知不觉就会在日常生活和游戏活动中提高观察能力。

◆**以身作则**。父母是孩子的第一任老师，对孩子各种行为习惯的养成都有很大的影响。因此，家长要做好孩子的榜样，避免毛手毛脚，这样在孩子好习惯的培养上才有说服力。

（3）因性格原因而导致的毛手毛脚

> **案例**
>
> 兵兵是个虎头虎脑的5岁小男孩。对这个孙子，爷爷真是有喜有忧，喜的是兵兵聪明，忧的是兵兵毛手毛脚。兵兵很喜欢画画，画得也很快，可每次画完让妈妈看时，不是将老虎画成了三条腿，就是将小白兔画成了一双短耳朵。一次，妈妈买了几个苹果回来，兵兵吃完苹果就开始画画了。"我今天画个大苹果吧！"说着，兵兵拿起水彩笔，三下两下就画了一个大苹果，兵兵得意地将画拿给爸爸看，爸爸看后哈哈大笑起来，兵兵仔细一看傻了眼："啊，我怎么把苹果画成蓝颜色的了？"爷爷在一旁看着兵兵的模样，摇了摇头："这孩子什么时候才能不这么粗心大意？"

分析

案例中的兵兵是一个外向且急于求成的孩子。兵兵的画画得很快，由于急着完成，画画时粗心大意，每次都会出现这样或那样的错误，少画一条腿、画错耳朵、涂错颜色等。粗心大意的孩子大多性格急躁，争强好胜，急于求成，缺乏耐性，难以静下心来做事，觉得做得快就是做得好。

错误应对

◆ **批评过于严厉。**"你画的是什么？画得太差了！"这样的正面打击，会严重伤害孩子的自尊心和自信心，不仅会使孩子对自己的画画能力失去信心，更有可能浇灭孩子对画画的热情，放弃这个爱好。

◆ **不顾事实，一个劲儿地吹捧孩子。**"哇，兵兵画得太棒了！"这么做极易使孩子盲目自信，助长其虚荣心。这些与事实不符的赞美，会让孩子受不了一点打击，一旦有人否定他的画，他就会觉得难以承受。

锦囊妙计

◆ **帮助孩子形成良好的心态。**家长首先要告诉孩子："在爸爸妈妈的心中，你永远是最棒的！凡事争取第一是好事，但不能急于求成。"与此同时，家长应该让孩子认识到，不论做什么事，要想做好，都要从基础做起，心急吃不了热豆腐。家长经常这样教育孩子，让孩子一步一个脚印地学习、做事，孩子就会养成办事认真、有条不紊的好习惯。

◆ **培养孩子的专注力。**缺乏专注力的孩子容易受自身情绪和外界环境的影响，难以耐心且专心地做一件事，一个声音、一块蛋糕就会将他们的注意力吸引过去。孩子如此三心二意，做起事来自然毛手毛脚，容易出错。所以，孩子改正毛手毛脚的问题行为还需要具备较高的专注力。家长可以在游戏中训练孩子的专注力，如"拍掌游戏""传话游戏"等。游戏能引发孩子的兴趣，使孩子心情愉快，保持稳定和集中的注意力。在活动过程中，孩子对活动的目的理解得越深刻，专注力维持的时间就越长。

◆**即时提醒，即时纠正**。改掉孩子毛手毛脚的问题行为，不是一朝一夕的事情，要一点一点来。家长要让孩子在日常生活中加强锻炼，让孩子多做一些力所能及的事情。在做事情的时候，家长要教给孩子一些做事情的方式方法。孩子做得不对时，家长要及时纠正，避免让孩子的同一种错误反复出现。在潜移默化中，孩子就会认识到自己的问题，并努力改正。

◆**让孩子认识到做事毛手毛脚的危害**。对于许多孩子来说，认识到做事毛手毛脚的危害是改变坏习惯的第一步。家长可以找一些这方面的故事，比如《毛手毛脚先生》，或者把自己身边、孩子身边的人和事编成故事讲给孩子听。这种形象生动的教育方式可以让孩子很自觉地接受"毛手毛脚不好"这一观念，效果也比总是呵斥他们"怎么总这么毛手毛脚""再这么毛手毛脚就罚你……"要好得多。

◆**对孩子有意的毛手毛脚行为予以选择性忽视**。孩子时常有引起成人关注的强烈愿望。有的孩子发现，只要一做错事就会得到家里人的关注，因而乐此不疲，养成了毛手毛脚的坏习惯。因此，对于孩子刻意为之的毛手毛脚行为，家长可以视情节严重程度有选择性地予以忽视，让他们想借此引起关注的需要得不到满足，等他们随后出现好行为时加以鼓励，以此抑制孩子故意毛手毛脚的行为的发生。

6 晃头眨眼

每个孩子都有自己独特的性格和特点、独特的习惯和脾气，这些方面就构成了儿童在日常生活和学习中千差万别的行为方式。由于受遗传、家庭或者其他一些外部环境的影响和制约，儿童有可能习得一些奇怪的行为和习惯，进而表现在日常生活、学习的各个方面。当家长发现孩子存在的问题行为之后，要与孩子进行交流，了解孩子的这种行为是从哪里获得的，是模仿家庭成员还是模仿其他一些小朋友学会的，让孩子知道这种奇怪的行为可能会带来什么样的影响，并制订一个教育引导的计划，让孩子逐步改正一些影响不好的行为。

幼儿正处于成长发育迅速的阶段，他们的学习、模仿能力特别强，容易受外部环境的影响，特别是一些与众不同的、新奇有趣的事情，最容易引起他们的注意和模仿。因此，家长如果不想让孩子养成某个奇怪的行为习惯，首先要检查家庭生活环境中有没有这样的榜样。下面通过一些详细的案例，说明孩子晃头眨眼行为的各种成因，以及家长看到这样的行为应该从哪些方面分析和处理。

（1）因后天习得而形成的晃头眨眼行为

案例

陈女士的儿子小豪，6岁，是一个活泼可爱的孩子。陈女士发现，自孩子上次从爷爷家回来以后，总是爱左右摇晃脑袋，而且不断地挤眉弄眼，像个"小傻瓜"一样。在经过提醒以后，小豪能暂时改正，过后又开始不断重复。陈女士以为孩子得了什么病，就问小豪有没有头部或身体不舒服，小豪给出了否定的答案。"既然没有什么不舒服，那你为什么一直不停地晃头眨眼呢？"陈女士问儿子。儿子天真地摇着他的小脑袋说"因为好玩"。乍一听陈女士有点蒙了，但仔细回想一下，陈女士想起了那天在去小豪爷爷家的路上，母子俩曾经遇到一个乞讨者，可能由于某种残疾，他一边晃着头，一边眨着眼，吸引了小豪的注意。当时陈女士也没在意，没想到孩子的模仿能力这么强，居然乐此不疲。

分析

一方面，幼儿处于一种对外界好奇、好学的智力和心理迅速发展阶段，因此，家长应该对呈现给孩子的现象和事物有所选择，尽量呈现有益于他们身心发展的现象和事物；另一方面，幼儿对于什么行为可以做、什么行为没有礼貌缺乏认识。其实，一些不良行为在孩子眼中只不过是"好玩"，但在家长的眼里却是"好的不学，坏的倒学得快"。事实上，这种出于好奇的模仿行为过一段时间之后，随着孩子兴趣的减少，自然就会消失。

当孩子表现出晃头眨眼的行为时，家长不要急于责骂阻止，要采取积极的态度，与孩子沟通，观察孩子的日常行为，了解孩子习得这种行为的原因，然后根据实际情况处理。

错误应对

◆ **打骂孩子，急于给孩子贴上"问题儿童"的标签**。家长遇到孩子出现晃头眨眼的不良行为习惯时，容易产生"小混混"的联想，觉得这么小的孩子不学好，得好好管教一番。

◆ **简单地将模仿行为与孩子的将来联系起来**。有的家长为了纠正孩子晃头眨眼的行为，故意吓唬孩子说他模仿乞丐，将来肯定会是一个小乞丐。这样的话语不仅不会让孩子相信，影响孩子对父母的信任，而且无形中在向孩子传递一个歧视乞讨者的信息，不利于培养孩子关心弱者的博爱胸怀。

锦囊妙计

◆ **与孩子交流、沟通并用一些合理的奖惩方法，消除孩子晃头眨眼的行为习惯**。通过沟通交流，找出造成孩子形成晃头眨眼行为的根源——究竟是模仿他人还是由于紧张，然后和孩子共同制定一些规则，当孩子遵守规则时，就满足孩子合理的要求，比如，让他玩玩具或给他渴望获得的小红花，使孩子晃头眨眼的行为逐渐消退，直至消失。

◆**耐心给孩子讲解残疾人的独特行为方式**。让孩子明白残疾人是由于疾病的缘故，没办法控制自己的身体，才不断晃头眨眼，这是一件痛苦的事情。要尊重残疾人，不要随意模仿他们，这样对于他们来说可能意味着嘲笑，是非常没有礼貌的事情。

◆**跟孩子一起做游戏，转移孩子的注意力**。当孩子出现一些晃头眨眼的行为时，家长可以跟孩子做一些游戏。比如，"我是雕像"的游戏（和孩子面对面地坐好，让孩子把手放在自己的膝盖上，除了呼吸，必须像雕像一样一动不动，就连动动手、耸耸鼻子都不可以，更不允许有晃头眨眼的行为）、"时间飞逝法"（在纸上画出几颗五角星，要求孩子只要在10分钟之内没有出现晃头眨眼的行为，就可以自己用画笔涂上喜欢的颜色）等。用一些孩子感兴趣的游戏，来消除其晃头眨眼的行为习惯。

◆**加强家庭和幼儿园之间的沟通**。家长要按时参加幼儿园定期举行的家长会，家长除了要了解孩子在幼儿园里的生活和学习情况，也应了解孩子在幼儿园里的行为习惯。如果孩子出现晃头眨眼的不良习惯，家长和老师应共同商量对策。

◆**教育方法要一致**。家庭中除孩子之外的每位成员对孩子可能都有自己的一套教育方法，大家意见不同时，绝对不能当着孩子的面提出来，否则孩子就会寻求意见不同者的庇护，孩子的不良行为难以得到纠正。因此，家庭成员要协商改掉孩子不良行为习惯的方法，并且按照规定严格执行，不给孩子"钻空子"的机会。

◆**让小朋友们之间相互监督**。让小朋友之间制定出适合他们的规定（以一种游戏的方式），谁违反规定谁就要遭到"惩罚"，这有利于孩子在游戏之中改掉自己的不良行为习惯。

（2）因先天发育不良而表现出晃头眨眼的行为

案例

环环现在上幼儿园中班，在2.5岁的时候被诊断出患有抽动症，平时不管在家还是在幼儿园里都精力充沛，过分活跃。最近妈妈发现，只要环环一对着镜子就会不断摇头晃脑、挤眉弄眼，一边看着镜子里的自己，一边还伴有轻微的瘆人的声音，提醒一次好一点，不过马上就会再犯。妈妈针对环环的这种行为实施了一系列的措施，包括把镜子收起来，不给环环照镜子的机会，用环环爱吃的烤肠来奖励环环每天晃头眨眼次数的减少。尽管妈妈尝试了很多方法，但效果始终不明显。

分析

抽动症的典型表现是不自主的刻板动作，如频繁地眨眼、做鬼脸、摇头、耸肩、发出咳嗽声等。在这里，环环晃头眨眼的现象就属于抽动症中的活动过度。由于环环的脑部有轻微的功能障碍，所以他注意力不能集中、容易分心和活动过多。对这种孩子的矫正治疗，家长不能急于求成，不能要求过高，需要征求专家的意见，按照专业的建议逐步进行，使孩子渐渐适应治疗方法。

错误应对

◆ "破罐子破摔"。有的家长认为，孩子已经被诊断为抽动症了，他自己也难受，还是不要管他了，他喜欢怎么动就怎么动吧！

◆ 当众训斥孩子晃头眨眼的不良行为。有些急性子的家长，一发现孩子出现不良行为，不管是在家里还是在公共场合，都不顾孩子的感受，直接大声训斥，这样做会严重伤害孩子的自尊心，使孩子在别人面前抬不起头来。

锦囊妙计

◆ 多听讲座。有条件的家长，要经常参加特殊教育机构举办的讲座，从特殊教育机构的专家那里获取科学的指导方法来帮助孩子。而且，在特殊教育机构的交流会中，家长之间能够坦诚地交流自己对孩子实施的方法，互通有无，相互借鉴。

◆**聘请特教助理进入孩子的课堂，陪读**。通过调查分析孩子晃头眨眼行为的原因，制订全面的援助计划，一步一步帮助孩子形成良好的行为习惯。

◆**争取多方配合**。家长尽量争取与幼儿园教师和其他家长进行充分的沟通，让师生都理解孩子的行为原因，一起帮助孩子进步。

◆**协商解决**。家长与幼儿园协商，在幼儿园中安排一个空间作为孩子个别训练使用的场地，当孩子需要个别辅导的时候，可由家长或特教助理对孩子进行个别教育。

◆**转移注意力**。家长可以使用转移注意力的方法，比如讲故事、做游戏等。

◆**药物治疗**。有效的药物是右旋苯异丙胺和常用的利他林，这些药物通过影响对脑的前部区域很重要的神经介质来改变这一区域的活动（这里仅作参考性建议，准确的药物治疗方案请以专业医疗机构的意见为准）。有研究表明，对于大约80%的患儿，兴奋剂可以延长儿童持续专注的时间，使其控制冲动、努力工作并减少与任务无关的活动、噪音及捣乱行为，同时还可以提高儿童的社会活动能力以及与父母、教师和同伴合作的能力。

◆**饮食疗法**。家长应控制孩子的饮食，让孩子多食含锌（如蛋类、肝脏、豆类、花生等）、铁（如肝脏、禽血、瘦肉等）丰富的食物，应少食含醋氨酸（如挂面、糕点等）、甲基水杨酸（如西红柿、苹果、橘子等）、铅（如皮蛋、贝类等）、铝（如油条）的食物。

（3）因身体不适而表现出晃头眨眼的行为

小哲5岁，前一段时间晚上一直要求妈妈陪他一起看热播的动画片《铠甲勇

士》，一看就看到很晚，妈妈催他上床睡觉，往往催几次以后才不情愿地去睡觉。半个月前妈妈发现小哲喜欢不停地眨眼睛，刚开始以为只是小孩子淘气做鬼脸，可是反复提醒后，仍不见好转，并且症状越来越严重。问他为什么要眨眼，他只是说这样会舒服些。

案例 2

莉莉 3 岁，因为父母工作忙，一直被放在外婆家。几天前，莉莉就告诉外婆耳朵痒痒，用手挠耳朵，并且不断地晃头。外婆起初没把莉莉的话放在心上，只帮莉莉清理了一下耳朵。这几天莉莉的这种症状越来越明显，她会表现出莫名其妙的烦躁，用手不断地抓耳朵，小脑袋摇得跟拨浪鼓一样，外婆实在是不知道该怎么办了，就打电话把莉莉的妈妈叫过来，带莉莉去医院检查后，医生诊断为急性中耳炎。

分析

儿童频繁眨眼临床上称为异常瞬目综合征，过去往往以为是结膜炎引起的，单纯以滴抗生素滴眼液处理，效果不好。随着此病在儿童中的发病率不断升高才受到广泛的重视和研究，从而明确了发病的原因多与屈光不正、视疲劳、眼部慢性炎症刺激或异常抽动有关。案例 1 中的小哲，因为一直热衷于看动画片，离电视屏幕近，看的时间长，难免会出现眼睛干涩、不断眨眼的现象。

晃头病是一种神经科的疾病，如锥体外系出现问题。案例 2 中的莉莉不属于晃头病，只不过是由于外部原因，如洗澡时耳朵进水、游戏时不注意进了异物导致的中耳炎。父母是孩子的守护神，孩子出现问题，首先是向家长求救，家长不要不以为然，稍微不注意，就有可能造成严重的后果。

对儿童频繁晃头或眨眼处理不当，会影响其正常生活、学习甚至身心发育，家长应搞清楚状况并予以理解、矫正。

错误应对

◆**一味责罚**。家长看到孩子出现晃头眨眼的行为时，没有问清楚原因，一味地打骂和训斥，这样只会严重地打击孩子的自信，解决不了任何问题。

◆**不予理睬**。有些家长认为孩子只是淘气，觉得好玩才不停地晃头眨眼的，过一段时间就没事了，从而对孩子的这种行为不去理睬。

◆**态度不严肃**。家长看到孩子晃头眨眼的行为，反而逗弄孩子，并因此开玩笑，让孩子觉得受到了关注，行为频率反而会增加。

锦囊妙计

◆**适当控制**。孩子的自制力差，这就要求家长适当控制孩子看电视、电脑、DVD等的时间，最好控制在1个小时之内，以少量多次为好。

◆**具备基本的科学用眼知识，正确引导孩子用眼卫生**。家长应该让孩子有充足的睡眠时间，养成早睡早起的好习惯；有意识地教会孩子每天做眼保健操，看书时保持30~35厘米的距离，看电视时距离屏幕至少两米；定期带孩子去公园散步，亲近大自然，缓解视力疲劳。

◆**当孩子出现晃头眨眼的行为时，要及时询问原因，对症下药**。如果孩子是从别处模仿来的，家长就要说服教育。如果是孩子身体不适，家长就应该带孩子去医院就诊，不要拖延就诊时间，否则会延误孩子的病情。

◆**注意孩子游戏时的安全问题**。当出现泥沙等异物入眼、入嘴、入耳情况时，应及时给予清理。

◆**进行常识教育**。家长要加强对孩子的常识教育，使他们认识到频繁晃头或眨眼是一种不良习惯，并教育有此习惯的孩子在出现症状时，不要过分在意。

7 尿裤尿床

幼儿的尿床问题行为令许多家长头痛不已。据资料统计：儿童4—5岁后，尿床行为锐减为10%。但是，有1%～5%的孩子直到十四五岁，尿床行为仍然存在。有调查资料显示：每5个尿床儿童中有4个是男孩；12岁的男童中仍然尿床的占12%。当然，其中大多数儿童进入青春期后就不再尿床了。

父母一定要在孩子年幼时对其进行如厕训练。1岁以内，婴儿的大脑、神经、肌肉尚未发育成熟，不宜进行排尿训练。1—2岁时，幼儿有尿意了，可他们的膀胱容量小，排尿次数较多，父母每两小时左右给孩子一次排尿机会，可通过一定的信号（如吹口哨）来提醒孩子排尿，要避免因长期使用尿布而引起的任意排尿习惯。此时期内，白天尽量不用尿布，晚上仍需用"尿不湿"。幼儿3—5岁时，训练重点应放在白天主动排尿、晚上被动排尿上。两岁后幼儿白天大多能控制排尿，但夜间还不行。此时，白天父母教会孩子有尿意要立即示意，父母需带孩子去厕所排尿，即使用便盆，也要把便盆放在厕所里，以防止孩子养成随地大小便的习惯。5岁后，幼儿已能够自己脱裤子、提裤子和擦屁股了，因此家长可以让孩子独自上厕所。在训练孩子独自大小便的过程中，即使孩子有时做得不够好，父母也应该鼓励孩子自己完成，为孩子将来独立生活打好基础。

儿童缺乏控制排尿的能力，以及出现与自己年龄不相称地昼夜经常不自主排尿行为，表现为白天尿裤和夜间尿床，这被称为遗尿症。现实中很多家长反映孩子的尿床行为以及尿裤子行为，这些让家长感到很苦恼。有时孩子在幼儿园尿裤子，让其他小朋友嘲笑，回来后变得很自卑和不安。对于这种情况，父母要给予充分的宽容和关怀，千万不要打骂、训斥和讥笑，以免加重孩子的自卑与不安。同时，要分析孩子遗尿的原因，有针对性地进行帮助和矫正。孩子有遗尿症的原因通常有以下几种：神经系统缺陷和躯体疾病、难以觉醒、心理因素、心不在焉或过度贪玩。以下通过一些案例来进行分析。

（1）因情绪紧张而尿裤子

案例

庆庆，5.5岁，上幼儿园大班。最近家长反映，庆庆一受到批评就尿裤子，而且只要玩竞赛游戏，到紧张时刻就会尿裤子。据幼儿园老师说，庆庆在幼儿园活动中也常尿裤子。庆庆是个性格十分内向的孩子，再加上班上的小朋友都嘲笑他，进而加重了他的尿裤子行为，导致他更加沉默寡言了。

分析

有些幼儿一遇到不愉快的事情就会情绪紧张，遇到不顺心的事情就感到愤怒，这些情绪反应会给他们的排泄系统带来消极的影响，造成小便失禁。另外，这跟幼儿内向的性格有关。有些幼儿比较敏感，对任何事情的发生都怀着一种忧心忡忡和不安的心理，同时又不愿把这种紧张心理向别人吐露，从而使不安的心理和情绪更加严重，尿裤子就是这种心理和情绪影响的结果。而且，其他小朋友的嘲笑，也使这些孩子感到更为紧张和羞愧，从而使尿裤子的行为更加严重。庆庆之所以会尿裤子，应该从这几个方面来分析，从而针对形成的原因采取相关措施。

错误应对

◆**责怪甚至打骂孩子**。家长在孩子尿裤子之后大加斥责，说一些伤害孩子自尊心的话。例如，"你真是没用，5岁了还尿裤子。""丢不丢人，没见过这么大的人还尿裤子的。"或者恐吓孩子，"再尿裤子，就不送你去幼儿园了。"采取这些做法的后果是，孩子的情绪会越来越紧张，结果不但没有让孩子停止尿裤子，反而给孩子带来了自卑和内疚心理。孩子自己对尿裤子这种行为是无法控制的，家长应该摆正心态，将重点放在帮助孩子学会控制上，而不是责骂孩子的过错。

◆**不顾孩子的面子，将孩子尿裤子的事情说出去**。家里来客人了，妈妈不顾孩子的感受，跟客人说"你看，我家宝宝5岁了还常尿裤子，也不知道怎么回事"。虽然家长不是恶意的,但这时孩子会觉得特别不好意思,羞愧不已,本来很想在客人面前好好表现一番,结果连与客人说话都会觉得不好意思。

◆**顺其自然**。很多家长认为小孩子尿裤子是件正常的事情,长大后这种行为自然会消失,于是对这种事情不管不问。这样的态度可能会导致孩子误以为尿裤子是可以允许的、无所谓的,当孩子再长大一些仍然尿裤子时,家长再也容忍不了开始责罚,就会让孩子觉得无法理解。

锦囊妙计

◆**安慰、关爱孩子,缓解孩子的紧张情绪**。家长一定要耐心地告诉孩子,尿裤子不是什么大事情,很多人小时候都会尿裤子,长大后自然就不会了。家长一定要想方设法缓解孩子的紧张情绪,如果发现孩子在紧张、焦虑或兴奋时出现尿裤子的现象,那么,对孩子进行放松训练是治疗的关键。一旦发现孩子尿裤子,家长要尽力不让其他小朋友知道,防止小朋友们嘲笑他。一旦孩子尿裤子,遭到同园小朋友的嘲笑,家长一定要给予安慰。

◆**教孩子将心中的紧张心理向别人吐露**。孩子因为过于内向,心里对尿裤子担惊受怕又从不说出来,家长要鼓励孩子说出心中的感受。平时家长要让孩子多见些世面,多接触人或事,多给予鞭策和鼓励,去除神经质的倾向,纠正胆小怕事的性格,一旦表现出勇敢的行为就立即给予表扬,使孩子建立起自信心。

◆**保持耐心**。家长对尿裤子的孩子应有极大的耐心,要经常询问孩子是不是要排尿,如需要就马上去厕所。如果孩子有一次主动如厕,家长就应及时进行表扬或给予物质奖励。这样反复多次以后,孩子就会觉得主动如厕有好处,也就会有意识地去洗手间。

（2）因过度贪玩而尿裤子

案例

点点，4岁，上幼儿园中班。最近家长发现点点老尿裤子。有时家长提醒了就不会这样，但是家长有时因为忙忘了提醒，点点就会尿裤子。幼儿园的老师也说点点常尿裤子，如果点点正玩得高兴，这时老师提醒大家去小便，点点就不愿停下手边的活动，最后就尿裤子了。

分析

幼儿排尿的敏感度本来就很低，有尿也忍不住，对什么时候该排尿不能做出正确的判断。另外，有些孩子也会因为玩得太高兴了，意识不到或者根本不理会膀胱发出的信号，以致尿裤子。案例中点点的情况就属于这种。家长应该鼓励孩子自己意识到该去小便了，并能主动中断玩耍去上厕所。还有一个原因可能是幼儿的神经系统缺陷和躯体疾病。约有10%的遗尿症儿童有泌尿系统的生理缺陷或尿道感染，先天发育不良或后天慢性病引起的虚弱也会导致遗尿症，因为发育迟缓易产生不适当的大脑皮质抑制现象，使膀胱功能减弱，情况严重时家长应带孩子就医。

错误应对

◆**责骂、嘲笑孩子**。例如，家长说"你都这么大了，还尿裤子，羞不羞啊"等伤害孩子自尊心的话，甚至很愤怒地打孩子，使孩子感到沮丧，甚至自暴自弃。其实，很多幼儿都有类似尿裤子的情况，这种情况不算严重，只要家长稍加引导和干预，这种行为会慢慢消失。

◆**给孩子施加压力**。家长对孩子说"如果下次再尿裤子就要处罚你"等类似的话，或过分批评，这会给孩子造成心理负担，这样孩子的行为不但不会得到改善，还会加重孩子的挫败感，甚至开始害怕。

◆**家长抓着这件事不放**。孩子一犯错家长就提孩子尿裤子的事情，而且常在其他家长或小朋友面前提及。其实，家长不必严厉责备孩子，因为孩子自身对这种事情会有羞耻感和负疚感，如果家长再严加责备，会影响孩子自信心的培养。

◆**过度提醒**。每过一小时就让孩子如厕，结果孩子严重依赖提醒，长此以往，家长很难做到一小时提醒一次，万一哪次忘了，孩子又会尿裤子。

锦囊妙计

◆**对孩子进行排便训练**。主要分两步：第一步，训练孩子按时大小便，规定好孩子大小便的时间，如果到了规定上厕所的时间，就带他到卫生间，让他坐在马桶上，如果做得好的话，就对他进行表扬。然后延长排便的时间间隔，可以使孩子的膀胱容量逐渐增大，鼓励孩子排尿时故意中断排尿，从1数到10，然后把尿排净，以提高膀胱括约肌的控制能力。第二步，引导孩子独立大小便，在这一过程中一定要遵循不能提示孩子上厕所的原则。

◆**采取惩罚的方法来教育孩子**。对孩子讲清楚，如果他在外面玩或是做有意思的活动时尿裤子了，就说明他不能在玩的同时记起上厕所。这时，家长不要因此训斥或体罚他，但是家长可以不允许他到外面玩或参加那项有趣的活动，除非他能够做到不再尿裤子。孩子下一次又尿裤子时，家长可以立即中断他的玩耍。但"中断"的时间不宜太长，而且不要过于气愤或体罚孩子。如果家长做得太过分了，反而会阻碍孩子学会上厕所，训练也就失败了。家长对孩子讲话态度要亲切，不要怒气冲冲地大声训斥。要记住，家长的任务是帮助孩子克服他自己也不希望发生的尿裤子的毛病。

（3）因饮食不当而尿床

案例

洋洋，6岁，上幼儿园大班。近半个月以来，洋洋老是尿床，平均每几天就尿床一次，严重时一个夜晚会尿床好几次。此前，洋洋偶尔有尿床行为，但最近几周，家里的晚餐大多是稀饭或汤类，这可能导致了孩子的夜间尿床行为。

分析

一般来说，遗尿的儿童比较难以觉醒，特别是他尿床的时候难以把他唤醒。父母在半夜时一般都不愿意把孩子叫醒，让他去排尿，觉得孩子睡得正香，叫醒了不太忍心，于是就在孩子处于半睡半醒状态时抱着他，让孩子撒尿。这样时间长了，就会养成孩子在睡眠中排尿的习惯。一旦这种习惯养成，孩子就很容易尿床。另外，可能因为晚餐多是稀饭或汤类，含的水分太多，致使孩子夜尿过多。因此家长一定要耐心找出孩子尿床的原因，采取相应的措施。

错误应对

◆**对孩子的尿床行为反应过于强烈**。家长多次提及孩子的尿床行为，责怪孩子尿床给自己造成的麻烦，在外人面前说一些让孩子感到羞愧和内疚的话，孩子会感到很羞愧，很有压力。

◆**忽视孩子的尿床行为**。有的家长认为孩子尿床是小事，以后会慢慢好的，结果很可能导致孩子习惯性尿床。

◆**将尿床归结为孩子故意犯的错误**。孩子自己对于尿床也会感到羞愧不安，这并不是孩子故意的行为。

锦囊妙计

◆**培养孩子有规律的生活习惯**。建立合理的饮食起居规律，避免孩子过度疲劳及精神紧张。睡午觉可以避免孩子夜间睡得太熟而尿床，如果孩子半夜能自己醒来上厕所，大多数尿床的毛病会在半年内痊愈；按时睡眠，睡前不要让孩子过于兴奋，不要进行剧烈的活动；养成每天睡前排空尿液的好习惯；条件允许的话，可以在孩子临睡前给他洗个澡，使其能舒适地入睡，减少尿床问题的产生。此外，被褥要干净、暖和，尿湿之后应及时更换，不要让孩子睡在潮湿的被褥里，潮湿的被褥会使孩子更易尿床。

◆**调整饮食**。平时宜常进食具有补肾缩尿之功用的食物，如猪膀胱、鸡肠、猪脊骨、塘虱鱼等。饮食不宜过咸或过甜，忌食生冷，晚餐少进汤粥、饮料及高蛋白食物。晚饭中少放盐，少放水。

◆**睡觉前不要让孩子过度兴奋，让孩子养成睡觉之前排空小便再上床的习惯**。父母要培养孩子自觉起床小便的习惯。入睡前提醒孩子自我默述"今晚×点起来小便"，父母还可以在孩子经常遗尿的钟点到来之前叫醒他，让他在清醒状态下小便。

◆**憋尿训练**。孩子白天出现尿意时主动控制暂不排尿，开始可推迟几分钟，逐渐延长时间。

◆**心理、行为治疗**。它包括一般性的心理支持和特殊的行为矫正。前者主要是指父母对孩子的尿床要有正确的态度和适当的教育方式，不要歧视或嘲笑，也不要打骂，而要理解孩子尿床后的不安心理，给予安慰和关怀，以消除孩子的紧张情绪。后者主要是指对孩子进行心理辅导，尽量减轻其焦虑情绪，必要时可配合放松训练，使孩子的紧张情绪松弛下来。同时，家长应鼓励孩子积极参与文娱活动和体育活动等，这既可增强其体质，也有助于增强其自信心，使他把害怕遗尿的心理转移到别的活动上去，减少遗尿次数，直至遗尿现象消失。

8 不会等待

莫言说，"等待是一生最初的苍老"。是的，人的一生是在等待中度过的。动物也如此，树下蚂蚁排着队伍，慢慢地、有序地将食物分开运回自己的家里。小朋友是什么时候学会等待的呢？在出生前，规律宫缩、见红、破羊水等告诉妈妈自己即将出世，胎儿在子宫里等待着；婴儿尿了拉了，身体动来动去，屁股扭来扭去，等待着妈妈拿新的纸尿裤来换；婴儿肚子饿了，一开始哼哼、手舞足蹈，边等边用鼻子辨别母乳的味道，寻找妈妈在哪里，等久了便开始通过哭告诉妈妈，自己在等着吃奶；上幼儿园，孩子一个个地排队滑滑梯，中午坐在座位上等着老师分饭菜，准备吃饭……

可是也有一些小朋友会有不同的表现，例如：在大人分餐时，孩子不排队，不顾前面的同伴，立马跑到最前面去拿东西吃；老师提问时，其他小朋友纷纷举手等待老师来点名，孩子迫不及待地站起来大声回答；孩子在任何场合都爱说话，却不会倾听他人的言语，没有耐心等待别人的回应等。孩子的这些表现都属于不会等待。究其原因有二：一是在安全感发展的关键期——婴儿期，孩子的生理和心理需求没有得到及时的满足。二是父母不重视或存在教育观念的偏差，父母越是急于给孩子周全的照顾，越会造成孩子不懂得等待、生活自理能力差。

父母该如何耐心、细心地引导孩子学会等待呢？接下来我们会通过案例分析，具体介绍一些有效的小方法和小技巧。

（1）婴儿期的孩子需要大人时时刻刻的爱和呵护

在广州的华侨医院，安安是5天大的小宝宝，他准备和妈妈一起出院回到家

中。安安肚子饿了、拉屎了、想睡了……都会小声地咿咿呀呀,仿佛叫着"爸爸妈妈快快来"。安安只需一声呼唤,妈妈和外婆就会立即来到安安的身边。外婆先检查安安的纸尿裤里是否有尿或屎,接着边说话边帮安安换干净的纸尿裤,然后再抱着安安放到妈妈身边,让他吃母乳。

分析

0—18个月大的婴儿,是建立安全感的关键期。大人听到婴儿的咿呀声或哭声,会及时到达宝宝身旁,回应宝宝。这可以建立宝宝与大人之间的信任与安全感,给后期的延时满足以及耐心等待的习惯的培养打下了坚实的基础。

错误应对

◆宝宝哭了不要马上去抱他。"对于小婴儿,不要一哭就去抱他,以后他会一直要求你抱他。""不要和宝宝说话,反正说了他也听不懂。"

◆妈妈和宝宝分开睡。有的妈妈认为宝宝太小而且不会认人,不会排斥不熟悉的面孔,所以让婴儿和妈妈分开睡。

◆大人只顾着忙手头上的事情,忽略了宝宝的要求。

锦囊妙计

◆对宝宝的需要及时做出回应。6个月前的宝宝不会一开始就哭着要大人回应,他会小声咿呀、扭头闻妈妈的味道,大人了解他的需求后立即到场,宝宝会确信自己是被大家爱着的、照料着的,在他的世界里是安全的、不孤独的,是不需要担心焦虑的。

◆2岁前的孩子,需要大人时时刻刻的细心照料。孩子小,不会说话,但不代表他不会接收外部信息。大人在帮婴儿换纸尿裤时,也在培养他的耐心,大人可以和婴儿说说话,看着他的眼睛告诉他:"宝宝尿尿(拉粑粑)了,现在爸爸(外婆或奶奶)帮你换干净哦!换好了我们再去找妈妈吃奶,好不好?"

◆3岁前和爸爸妈妈在一起。有些家庭请了保姆,晚上让宝宝和保姆或老人家睡，其实这个方法不可取。3岁前的孩子最好由妈妈来照顾他睡觉。孩子的鼻子可以闻到妈妈的味道，耳朵可以听见妈妈的呼吸声和心跳声，这和他在妈妈子宫里就建立起的安全感顺利延续，有助于他建立新的安全感。

（2）3岁以后，没有延时满足，总是有求必应

案例

在玩具反斗城的乐高柜台前，5岁小男孩依依抱着爸爸的大腿，大声哭喊着要爸爸买一盒大的乐高积木。爸爸拒绝了，因为旁边的购物篮里已经放了很多玩具模型和玩具小车。围观者议论纷纷，依依的爸爸很无奈，不知如何是好。

分析

依依已经习惯了愿望和期待一个一个都得到满足，如果得不到满足，依依就会不高兴，并大发脾气、不依不饶。在生活中，或许每个家庭都会遇到这种情况，如果爸爸妈妈处理不当，碍于面子想用一时的满足来换回孩子片刻的安静，那么孩子会渐渐失去自制力、不会等待，长大后就无法承担相应的责任。

错误应对

◆ "好好好，现在就买玩具给你。"许多父母拗不过孩子，就只好答应孩子的要求。

◆ 父母没有坚持原则，意见不一。爸爸有爸爸的敷衍方式，妈妈有妈妈的应对方法，导致孩子无所适从。

锦囊妙计

◆ 让孩子在3岁前建立良好的安全感。孩子得到无微不至的爱的呵护，逐渐建立自己的安全感，建立与爸爸妈妈之间的信任感，这种踏实的感觉会降低孩子

的索求欲望。

◆ **父母要做孩子的榜样。**当孩子在家玩玩具或在商场仔细观察玩具时,你却急于离开,这种做法不妥。其实你不妨耐心地等等孩子,你愿意等孩子,告诉他愿意等 5 分钟或 10 分钟,这种以身作则的等待和自我控制,也会让孩子乐意去学会等待。

◆ **将时间观念传递给孩子。**从孩子上幼儿园开始,就要告诉他并且向他介绍和解释时间的概念。比如,提前告诉他周末的安排,"今晚早点睡觉,明天早早起床去公园玩""今天你已经吃了巧克力了,下星期天才能吃零食""再过两个星期就放暑假,就可以带你回老家和表哥玩了",等等。

◆ **说到做到,及时鼓励。**父母不能言而无信,也不可以随便就答应孩子的要求,如果答应了孩子的要求,就要说到做到。当孩子能接受父母的延时满足要求时,父母应该马上积极地回应孩子,表扬孩子做得好。

(3)因模仿大人的情绪反应,孩子也学会了不等待

案例

"六一"儿童节这天早上,奇奇的爸爸妈妈准备带奇奇去儿童公园玩,约了滴滴出租车。这时,路口有点堵车,奇奇妈妈等不及打了很多电话催滴滴司机,打的过程中,她的语气与神情已经很不耐烦了:"你为什么这么久还不来啊?我的导航位置是正确的,你怎么开了这么久?我会去投诉你的!"车终于来了,大家都上了车,奇奇妈妈还是一脸的不开心。到了目的地,奇奇没有和司机叔叔说再见,下了车对着爸爸说:"今天太慢了,待会儿不能玩很久了。"说完奇奇跑到滑梯旁边不排队,就蹭着往前,排队的小朋友看见了让他排队,奇奇根本不理,继续插队。

分析

孩子学习和接收外部信息是快速的,眼看耳听,会第一时间观察大人平时

处理事情的方式，进而转化为自己的处理方式。孩子天生就会模仿大人，模仿同伴，如果父母在生活方面经常有不稳定、不耐心、烦躁的表现，那么孩子就像父母一样，因为父母的表现已经像数据一样录入了孩子的系统。生活中的事情往往是计划赶不上变化，但父母仍需和孩子一起从容、冷静地面对。

错误应对

◆父母在孩子面前对任何事情都持一种不耐烦的心态。

◆催促他人做事情要快，自己做事情却没有主次之分，对紧急事情没有优先处理。

◆不问青红皂白，等不了他人、等不了事情的进展，对别人高要求，自己却拖拉应对。

◆人多需要排队的时候，自己带着孩子插队或直接站到最前面。

锦囊妙计

◆**耐心再耐心**。父母的情绪反应如果有负能量，也会传染给孩子。当父母遇到客观原因不可改变现状时，只能改变自己的心态。堵车、等司机、等车来，都是等，父母冷静地等，孩子也会和父母一样，遇事不焦急，等待交通灯变绿灯、等待滴滴司机的到来，而不是恶语相对。

◆**先解决紧急事情再处理次要问题**。爸爸妈妈试过自己管理好自己的时间吗？当工作与家庭的事情多的时候，在焦头烂额之际，我们应该分清主次，先把紧急的事情放在第一位处理，集中精神优先解决，解决好之后再想办法处理第二件事情。父母有主次之分，孩子也会潜移默化地学会淡定而不是着急无措。

◆**父母以身作则**。父母要严格要求自己、做好自己、控制自己，不能想做什么就做什么。比如看电视，不能想看什么就看什么、想什么时候看就什么时候看，可以试着相互商量制定规则，全家一起遵守：7点大家一起看新闻；晚餐后可以由孩子决定看一个他喜欢的节目，看完就准备睡觉；周末大家商量着看大家都喜欢的节目，但是不能超过晚上九点。家里的每个人都要做有规矩、守规则之人。

9　生活自理能力差

　　幼儿期是孩子慢慢脱离父母的照顾，从完全依赖父母到开始独立的过渡时期，是培养和训练孩子的生活自理能力的关键时期。生活自理能力是指幼儿在日常生活中照料自己生活的自我服务性劳动的能力，主要包括穿脱衣服鞋袜、进餐、盥洗、入睡、如厕、收拾整理自己的物品等，更高要求的生活自理能力还包括幼儿能认识和表达自己的情绪，能正确对待自己的坏情绪，能处理和同伴的关系等。

　　幼儿生活自理能力差最主要的原因是家庭的教养方式出现了问题。有研究显示，家长的教养态度和幼儿的生活自理能力水平是高相关的。如果家长的教养态度是重视型的，那么他们就特别注意培养孩子的生活自理能力，孩子的自理能力最强；如果家长的教养态度是放任型的，那么他们就不管和不教孩子生活自理的技能，孩子的自理能力一般；如果家长的教养态度是保护型的，那么他们就小心翼翼地保护孩子，不让孩子自己做很多事情，孩子的自理能力最差。

　　据相关统计，在中国 70% 的幼儿 3 岁前主要由老人照顾，进行"隔代教育"的爷爷奶奶也容易重养轻教，对孩子的生活照顾无微不至，大包大揽，认为孩子还小，自理的事情等他长大后就会做了，或者认为学习生活自理的事是幼儿园老师的责任，在家里不用教，养成孩子事事依赖大人的坏习惯。有的家长对孩子的教育越来越重视，对各种兴趣班的投资日渐增多，却忽视了对幼儿生活能力的培养，家长对孩子多上了几个兴趣班引以为荣，而没有一个学习项目是关于孩子的自理能力培养的，家长也不在日常生活中去教孩子学习生活自理，能帮忙做的都不让孩子做，让孩子以学习为主。还有的家长有一定的意识让孩子学习生活自理，但是没有坚持、嫌麻烦，或者经常批评孩子，当孩子做得不好的时候就指责，导致孩子认为自己没有能力做好，久而久之就不想做，没有自信心，依赖家长做。

如果幼儿不能在家中学习和练习一些基本的生活自理技能，上学后就容易表现出不能适应学校生活，不喜欢、不愿意去上学，不能和同伴和谐相处等问题，影响幼儿的健康发展。只有幼儿在实际生活中有充分的机会去练习自理能力，才能养成幼儿自己照顾自己的好习惯，为幼儿今后的生活奠定良好的基础。下面通过一些详细的案例，说明幼儿不能照顾自己的各种原因，以及家长看到这样的行为应该从哪些方面进行分析和处理。

（1）因家长的忽视、包办溺爱造成幼儿的生活自理能力差

> **案例**

醒醒是家中的独子，今年3岁了，从小就和爷爷奶奶、爸爸妈妈生活在一起，是家庭的中心。大家都很爱醒醒，因此什么事情都不舍得让他做，奶奶在醒醒小时候就追着喂饭，醒醒不会握勺子吃饭，上厕所不会擦屁股，衣服也不会自己穿脱，玩具散落满地也不会收拾，每天过着衣来伸手、饭来张口的"幸福生活"。妈妈担心地对奶奶说："醒醒马上就要上幼儿园了，是不是应该学习一下生活自理？"奶奶却坚持说："不用学，小孩子长大了，上了幼儿园自然就会了。"

> **分析**

上面是目前非常典型的家长包办代替导致孩子不能生活自理的案例。爸爸妈妈忙于工作，主要是爷爷奶奶照顾孙子，而爷爷奶奶是最容易溺爱孩子的群体，怕孩子弄脏衣服、吃不饱所以喂饭，怕孩子早上起来冷了热了生病，就主动帮孩子穿衣服，孩子哭闹不愿意收玩具就帮孩子收拾。当父母想让孩子自己动手时，爷爷奶奶却舍不得，通常做父母的都会退让。

经过调查，有三分之一的幼儿因为习惯一切由家长包办代替，没有自己尝试和练习的机会，久而久之就什么都不想学，什么都学不会。家长怕孩子吃苦受累什么都替孩子想到了、做好了，长此以往，孩子就不懂得如何照顾自己，也不懂得关

心父母和周围的人，不懂得珍惜和付出，以自我为中心，不爱劳动。

错误应对

◆**家长包办代替**。家长为孩子做好了一切，照顾得过于周全和仔细，无意中剥夺了孩子自己动手的机会。

◆**家庭教育观念不统一**。父母把孩子交给老人带，自己不闻不问，老人溺爱孩子，父母不好意思坚持自己的意见。

◆**家长忽视**。家长只重视孩子学习能力的培养，不重视孩子生活能力的培养，平时不教导孩子如何进行生活自理，觉得麻烦，宁愿自己帮忙做，让孩子有更多的时间上各种兴趣班。

◆**家长有错误的认知**。一部分家长认为自理能力是幼儿园老师应该教的，家长没有责任，只要上了幼儿园老师自然会训练孩子穿衣吃饭，在家里不用特别培养。

锦囊妙计

◆**父母和家里的老人都要改变教育观念**。想让孩子学会自己照顾自己，家长首先要学会放手，忍住自己想去帮孩子做事的冲动，放手让孩子自己去做，家长对孩子的态度要由"我来做就好了"转变为"我陪你一起学着做吧"。先从简单的刷牙、吃饭开始，让孩子一步一步地、一件事一件事地完成，从家长完全代替，到家长帮一部分忙，再到家长在旁边用语言指导，最后完全放手让孩子独立完成。要相信孩子有自己照顾自己的能力，只有家长放手了，给孩子空间去尝试、去练习，孩子才能开始学会如何照顾自己，才有机会成为一个身心独立的孩子。

◆**全家人都要有正确的育儿理念**。家庭中的老一辈非常辛苦，为孩子的确付出了很多，但是当两代人的教育观念发生冲突的时候，爸爸妈妈还是应当坚持自己的育儿观念，平时要和家里的老人多沟通，关注育儿资讯，分享新的育儿观念和方法给老人，动之以情、晓之以理。平时爸爸妈妈工作较忙无暇顾及孩子，在周末和假期就要尽量坚持自己带孩子，借此机会多训练孩子的生活技能。

◆**重视孩子生活自理能力的培养，促进孩子的全面发展**。幼儿的全面发展包括体、智、德、美等方面，幼儿的生活自理意识可以促进其独立人格的形成及社会交往能力的发展，幼儿的生活自理技能（比如左手拿碗，右手用勺子舀饭放进嘴里）能促进幼儿手眼的协调，幼儿的各种生活自理活动（比如洗脸、喝水、收拾东西）都能促进幼儿精细动作和大动作的发育，从而促进幼儿身体和智力的健康发展。家长应从孩子全面发展的角度出发，培养孩子的生活自理能力，只有身心健康发展，孩子才能更好地发展学习能力。

◆**配合幼儿园的教育**。幼儿园教师的确会在小班开始就训练幼儿的生活自理能力，但生活自理能力的培养还需要家长在家里的配合教育。教师在幼儿园会教幼儿各种生活自理技能，从如何用勺子吃饭，到如何穿衣服、穿鞋子，再到如何排队上厕所、喝水，在不同的阶段会教不同的生活常规。但是幼儿如果在家里不自己做，老师教的技能就得不到巩固，许多孩子经过一个周末或者假期，刚刚形成的一些自我照顾技能就荡然无存。因此，家长应该定期与幼儿园老师沟通，了解最近老师对幼儿生活自理方面的要求，比如上小班用勺子吃饭，而上中班就要用筷子吃饭。家长在家里也配合老师对孩子有一样的要求，相信孩子会很快学会照顾自己。

（2）因家长没有掌握正确的引导方法而造成幼儿的生活自理能力差

琪琪4岁了，性格活泼开朗。琪琪的玩具以前都是妈妈收拾的，妈妈认为琪琪长大了，应该开始自己收拾玩具。这天琪琪玩了很多玩具，妈妈想让琪琪把不玩的那些玩具收起来。琪琪继续在玩洋娃娃，妈妈一开始就提醒琪琪，但提醒了几次琪琪好像都没有听到。妈妈就开始拉住琪琪进行严肃的批评教育。琪琪胡乱收拾了一通之后，妈妈又指责琪琪笨，连玩具都不会收，很多玩具都放错了位置。琪琪因此哭闹起来，这样妈妈就更生气了，让琪琪去一旁罚站，认为琪琪是因懒、不懂事而不愿意去收拾自己的玩具。

分析

琪琪妈妈有一定的训练琪琪自我照顾的意识，但是没有掌握正确的引导方法。新精神分析学派的代表人物埃里克森指出，4—7岁的儿童已有了自尊的发展和自我意识的产生，所以这个年龄段的幼儿很乐意独立完成与自己有关的各项工作。

作为家长，也应适当了解幼儿生活自理能力发展的特点与规律，适时进行自理训练，放手让幼儿尝试，体验到成功，感受到自己的事自己做的成就感。当琪琪不愿意去收拾玩具的时候，琪琪妈妈只是在一旁用语言提醒，同时也没有注意到琪琪正专注于手上的事情，所以没有听到妈妈说的话。当琪琪没有收拾玩具时，妈妈使用了责骂的方式，当琪琪收不好玩具时，妈妈采用了罚站的教育方式。在这个案例中，其实并不是琪琪不愿意收拾，而是妈妈没有进行有效的引导。那么家长该如何进行有效的引导呢？

错误应对

◆**家长只是要求孩子去做，没有详细的示范和分解活动的过程，过于心急。**幼儿因年龄尚小，还不能很好地理解复杂的活动过程，在自理时常不懂程序和方法，碰到实际困难，爸爸妈妈不是耐心地教会孩子，而是一味指责惩罚孩子，导致孩子没有自信心，不愿意或者没办法学会生活自理。

◆**家长对孩子要求过高，不理解孩子的动作发展水平。**比如，有的家长要求2~3岁的孩子使用筷子吃饭，孩子怎么都拿不好筷子，还把饭洒得到处都是，家长不理解2~3岁孩子的手腕腕骨还没有发育完成，手指的精细动作还达不到拿筷子吃饭的要求。

◆**家长嘲笑和打击孩子。**当孩子刚开始学习如何照顾自己的时候，总是会做不好，或者经常犯错，家长一看孩子做得不好就责备孩子"笨死了"，对孩子说

"还是我来做得了"，这样会使孩子失去做事的乐趣和自信心。

锦囊妙计

◆ **榜样性原则**。以前玩具都是妈妈收拾的，因此琪琪并没有太多收拾玩具的经验。如何给玩具归类，如何把玩具放入不同的箱子、放在不同的位置，琪琪做这些事情都需要妈妈的示范和引导，妈妈最好一开始就和琪琪一起做，而不是仅仅用语言指挥。当妈妈和琪琪一起收拾一段时间，琪琪熟悉了收拾玩具的流程后，妈妈再慢慢开始进行语言引导。妈妈在要求琪琪收拾好玩具的同时，自己也要在家里把自己的东西收拾好，做好琪琪的榜样。

◆ **鼓励性原则**。"好孩子是夸出来的"。当孩子有点滴进步时，家长一定不要忘记夸奖他、赏识他。可以设置"星星榜"专栏，用星星的数量来表示孩子的进步，孩子得到一定数量的星星可以换一个礼物；设置"小手真能干"的照片墙，用镜头把孩子能做到的生活自理的活动拍下来，让孩子直观形象地看到自己在哪些方面很能干。

◆ **循序渐进的原则**。家长要尊重孩子的身心发展规律，循序渐进地引导孩子进行生活自理方面的学习。刚开始要一步一步地教孩子，孩子学会之后再慢慢放手，到最后只在旁边观察和用语言指导。同时家长要多了解幼儿的动作发展阶段，比如：两三岁的孩子可学习用勺吃饭、自己洗手、自己刷牙，和爸爸妈妈一起收拾玩具；4岁的孩子可学习用筷子吃饭，折叠被子、整理床铺、穿脱衣服，扣扣子，系鞋带；五六岁的孩子要穿脱衣服迅速、整齐，洗脸洗手要洗得很干净等，还要逐步学会做一些简单的家务劳动，如洗碗、洗袜子、扫地、浇花等。

◆ **持久性原则**。培养孩子的生活自理能力不是一朝一夕就能完成的，也不是孩子学会了就可以放松要求的，当孩子想偷懒、想依赖大人或者生病时，要调整孩子的情绪，耐心地加以引导，等情绪稳定或孩子的身体恢复时，继续要求孩子自己动手。

◆ **生活性原则**。家长除了要有意识地培养孩子的生活自理能力外，平时在生活中也要抓住各种机会，让孩子经常训练和巩固。如：做饭时让孩子帮着洗米、择菜，吃饭时让孩子拿碗、盛饭，洗衣服时让孩子自己洗自己的袜子等。

（3）因身心发展问题造成幼儿的生活自理能力差

案例

5岁的华华患有轻度的自闭症，语言和动作发展比较迟缓，但是数学和记忆能力非常好。幼儿园老师每次讲的要求华华都能记住并且复述出来，但让华华去做的时候他却不能很好地完成，总是比同龄人差一些。华华在穿脱衣服、进餐方面还是比较困难，需要老师帮助，但对自己喜欢的玩具能收拾得井井有条，每次放的位置都一模一样，叠被子叠得方方正正，有时候会反复叠到自己满意为止，如果老师阻止就会大哭大闹。

分析

对于某些患有疾病（如多动症、自闭症、耳聋等）的特殊儿童来说，生活自理是一个非常重要却又非常困难的训练项目，其生活自理能力的发展水平都会明显低于正常的同龄儿童。对于这样的孩子，家长首先要仔细观察孩子的生活自理能力和别的孩子相比有没有差异，做到早发现、早治疗、早干预，帮助孩子更好地适应将来的生活。

错误应对

◆**错过最佳治疗时期**。家长没有仔细观察自己的孩子和别的孩子在生活自理能力上的差异，错过了孩子的最佳治疗时期。

◆**不接受幼儿园教师的检查建议**。家长不愿意接受幼儿园教师提出的建议，不带孩子到医院检查和确诊、治疗，认为孩子只是还小，长大一点就好了。

◆**不找专业机构给孩子治疗**。家长明确知道自己的孩子有哪方面的问题，但是不找专业的机构进行治疗，把希望寄托在幼儿园教师的身上。

锦囊妙计

◆**及早发现差异，及时就医**。家长要从孩子婴幼儿时期就仔细观察孩子的动作发展水平是否和同龄人一致，3—12个月时是否会注视成人并与成人互动，12个月时是否能初步拿勺子吃饭，1.5岁能在想如厕的时候告知大人，2岁时能自己穿鞋，等等。当孩子和同龄人有明显差异时，家长应及时带孩子就医。

◆**让孩子接受专业的教育和治疗**。特殊儿童都需要接受专业的教育和治疗，大部分疾病都是越早发现，越早干预，康复的几率就越高。

◆**运用各种游戏活动训练孩子的生活自理技能**。游戏是幼儿最喜欢的活动，家长可以利用孩子的这个特点，经常开展"喂宝宝""给宝宝穿衣服""送玩具宝宝回家""培乐多泥做面条"等有趣的活动，让孩子在游戏中学会吃饭、穿衣、整理玩具等基本的生活技能，再通过家长的正确示范和鼓励强化，帮助孩子将这些经验迁移到实际生活中。

◆**要持之以恒，反复训练**。幼儿的生活自理能力是在实践中不断巩固的。特殊儿童的每一项生活技能都要分解，家长一步一步地教，不断地重复，直到孩子能够掌握。

10 不会做家务

在生活中，有一些幼儿劳动观念薄弱，怕脏怕累，不会做家务，不珍惜别人的劳动成果，产生这些问题的一个重要原因就是，近些年来社会、学校尤其是家庭忽视了对幼儿进行家庭劳动教育。一项关于小学生做家务时间的调查研究表明：美国孩子每天做家务的时间为 70 分钟左右，韩国孩子为 40 分钟左右，英国孩子为 30 分钟左右，而中国孩子却不足 20 分钟。很多父母总是抱着"孩子还小、不懂事"的心态，认为教孩子做家务太麻烦，还不如自己做。有的父母认为做家务浪费了孩子的学习时间。2 岁的美国幼儿已开始学习自己扔垃圾，而中国的幼儿却在学习背古诗。家长不让孩子做家务，使孩子失去了关心家庭、锻炼自己做家务的能力的机会，造成了许多孩子不会做家务的现象。

幼儿可以做的家务活动包括：①整理自己和家人的东西，比如收拾玩具，晒、收、叠衣服，收拾房间等。②与进餐相关的活动，比如择菜、洗米、煮饭，洗菜、扫地、分发餐具、擦桌子、收拾碗筷等。③清理活动，比如扫地、拖地、倒垃圾，洗自己的小内裤、小袜子，洗自己的玩具，帮助大人清洗家里的东西，晾晒衣物等。④照顾花草宠物，比如给家里的花草浇水，照顾小动物，给小动物喂食洗澡。⑤力所能及的其他活动，比如给妈妈倒一杯水，帮爷爷奶奶拿鞋子等。

哈佛大学学者做过一个关于孩子做家务的研究，研究的结果是：爱做家务的孩子和不爱做家务的孩子，成年之后的就业率之比为 15：1，犯罪率之比是 1：10。在孩子的成长过程中，家务劳动与孩子的动作、认知能力、道德的发展有密切的关系。所以，教会孩子做家务并不是一件可有可无的小事。那么，家长怎样才能让孩子喜欢做家务呢？下面介绍一些有用的小方法。

(1) 因家长保护过度而导致孩子不会做家务

案例

欣然是一个5岁的小女孩,聪明伶俐,能唱会跳。爸爸妈妈都很注意培养欣然的艺术天赋,周末都忙着带欣然去上各种艺术培训班。奶奶请欣然帮忙擦桌子,妈妈却说:"我来擦吧,让欣然快去练钢琴,明天就要回课了。"吃饭时爸爸请欣然分发一下大家的碗筷,妈妈紧张地说:"那多危险呀!万一欣然把碗打碎了,受伤了,可怎么办呢?"就这样,欣然的妈妈什么家务都不让欣然做。

分析

案例中的家长对孩子过度的进行保护,怕孩子做家务的时候受伤,或者怕孩子做家务浪费时间,这是不正确的育儿观念。作为家庭中的一分子,做家务也是幼儿对家庭应尽的一份责任和义务。由于家长的过度保护,可能导致孩子不能很好地适应学校生活,缺乏生活自理能力,独立自主的能力不够。做家务不仅锻炼了孩子的动手能力,提高了其生活自理能力,也让孩子懂得了为家人付出,懂得了关心和照顾别人,培养了孩子的责任感。同时做家务还能让孩子感到自己是有用的,可提高孩子的自信心。所以家长不应过度保护孩子,过度的保护反而阻碍了孩子的发展。

错误应对

◆**认为做家务有危险,就不让孩子做**。家长认为孩子做家务有危险,怕孩子在做家务时受伤,怕孩子劳累,就不让孩子做任何家务。

◆**认为做家务会占用孩子的学习时间,就不让孩子做**。家长认为做家务会占用孩子的学习时间,孩子还小,应该以学习为主,做家务对孩子没有任何帮助。

◆**怕孩子做家务时弄脏衣物,就不让孩子做**。做家务时孩子可能会弄脏衣物,这样家长要在孩子做完家务后给孩子重新换一套衣服,所以干脆不让孩子做家务。

◆**没有耐心教孩子做家务**。因为孩子对家务活动的流程还不熟悉,做家务的时候容易把东西搞得更脏乱,家长怕累、怕麻烦,认为还不如自己做更快更方便,没有耐心教幼儿做家务。

锦囊妙计

◆**让孩子从照顾自己学起**。父母可以让孩子从照顾自己的事情开始学习如何做家务,比如,自己学习将衣服穿好、放好,自己的玩具自己收拾好,把脏衣服放进洗衣篮子里。家长要让孩子认识到做家务也是自己应该承担的工作。

◆**家庭中的劳动教育要注意要求的一致性**。在对孩子做家务的观念上,家长要保持一致。父母中的一方对孩子提出劳动要求,却遭到另一方的干涉,或另一方代替孩子完成,这样是不好的。教育要求的不一致会使教育效果大打折扣,甚至起到反面的教育作用,对孩子的成长会产生不利的影响,比如,孩子会感到无所适从、不知所措,或者向袒护自己的一方撒娇并哭闹,因为他得到了一方家长的支持,所以更加逃避做家务。

◆**根据孩子的年龄特点引导孩子做家务**。为了避免孩子在做家务的时候出现危险,父母给孩子安排家务要考虑孩子的年龄特点,难易程度要适合孩子,循序渐进地提高孩子做家务的能力。同时要教给孩子保护自己的办法:一些易碎尖锐的物品不要让较小的孩子触碰;对于危险性比较高的家务,比如洗碗、切食物、修剪花草等,爸爸妈妈要和孩子一起去做,对孩子进行具体指导,帮助孩子改进劳动技能,引导孩子反复练习。

◆**耐心地教孩子做家务,让孩子不排斥做家务**。当孩子越帮越忙,把现场搞得一塌糊涂、乱七八糟的时候,爸爸妈妈一定要耐住性子,教孩子正确的方法,亲身示范。要记住,孩子没有办法一次就学会,而需要从犯错中学习。如果怕孩子弄脏衣物,可以在做家务之前给孩子穿上防护衣,父母给孩子的家务学习提供一个轻松愉快的氛围,孩子才不会排斥做家务。

◆**培养孩子做家务的自信心**。当孩子有了一定的做家务的经验之后,父母可以和孩子一起设计一份工作计划表,和孩子一起讨论他能做些什么样的家务,喜欢做什么样的家务,按照每1~2周学习做一个新的家务的速度,让孩子按照自己的意愿，去尝试做更多的家务，建立做家务的自信心。

（2）因纵容孩子的懒惰心理而造成孩子不会做家务

案例

佳佳是一个5岁的小男孩，喜欢赛车和悠悠球。平时吃完饭他就赶紧跑到自己的玩具柜前玩玩具。妈妈请佳佳一起帮忙收拾晚餐后的餐桌，佳佳专注地玩着玩具，不开心地说："我不喜欢擦桌子，我要玩赛车呢！"爷爷请佳佳帮忙浇花，佳佳装作很累的样子说："爷爷，我很累了嘛，我想去睡觉了。"就这样佳佳每次都找各种理由逃避做家务。

分析

家务活是相对比较单调和枯燥的活动，幼儿不喜欢做家务也是正常和可以理解的。但是家长不能因此就不要求孩子做家务，孩子不习惯帮忙做家务，就会逐渐形成懒惰的心理。同时家长也要帮助孩子找到做家务的乐趣，比如，体会到把家务做好之后的成就感，物品归纳有序、整洁干净带来的舒适感，每天在固定时间做固定家务的秩序感，和爸爸妈妈一起做家务的幸福感，等等。

错误应对

◆**心疼孩子**。家长心疼孩子，不舍得让孩子干粗活累活，长期形成了孩子不愿意付出劳动的心理。

◆**纵容孩子**。当孩子找借口不做家务时，家长并不坚持，默认了孩子的懒惰行为。

◆**家人的不当认识和做法**。家庭中只有妈妈做家务，或者只有爷爷奶奶做家务，其他人不参与家务活动，孩子会认为做家务只是妈妈的事，或者只是女性的事。有的家庭甚至全家都不做家务，主要靠保姆或者请钟点工做家务。孩子认为家人都不做家务，自己也不用做。

◆**家人的抱怨**。妈妈或其他家人经常在孩子面前抱怨做家务多么劳累、多么无聊，会让孩子觉得做家务不是一件开心的事情。

锦囊妙计

◆**家长以身作则，做好榜样**。在家务劳动方面，孩子一开始是模仿成人的行为，家长应该利用孩子善于并喜欢模仿的本能，当好孩子的第一位老师。家长不能在孩子面前抱怨家务的繁重和劳累，家庭中的成员都应该适当地分担家务，让孩子感受到做家务是家庭中每个人的责任。

◆**适当安排家务劳动，引导孩子保持对做家务的兴趣**。对学龄前儿童来说，重复做一件事会让孩子感到枯燥、乏味，所以给孩子安排家务劳动时，应在孩子熟悉某个家务活动后，变换任务内容，不断提高难度，让孩子保持对做家务的兴趣。

◆**当家长要求孩子一起做家务的时候，应当态度温和而坚定**。家长应告诉孩子，他已经长大了，不是小宝宝了，必须像家中的其他人一样做一些力所能及的家务。家长不能因为孩子怕苦怕累就不让他做家务，或者孩子一哭闹就妥协。

◆**给孩子提供适合他操作的工具**。不要给孩子一个比他还高的拖把，给他一个小小的拖把来拖地，超市或者网店上会售卖一些儿童专用的劳动工具，比如小扫帚、小拖把、小刷子等，适合儿童尺寸的工具可以引起孩子做家务的兴趣，孩子也更容易操作，可降低危险。

◆**利用好玩的游戏引导孩子爱上做家务**。"过家家"是3—6岁幼儿最喜欢的角色扮演游戏之一，幼儿在角色扮演游戏中模仿和体验成人世界的活动，为长大后的生活做准备。妈妈可以和孩子玩煮饭的游戏，利用玩具、餐具等与孩子玩炒菜、煮饭的游戏，在"吃完饭"之后，邀请孩子一起将桌子、盘子、碗收拾干净。经过角色游戏，孩子熟悉了家务劳动的过程，妈妈也可以在比较轻松愉快的氛围中教给孩子家务劳动的方法和技巧。

◆**为孩子做家务提供一些奖励和适当的表扬**。表扬和奖励会对孩子养成良好的习惯带来极大的帮助，但要防止过度和不切实际地赞扬孩子。家长可以把家务的项目分成许多小项目，用不同的图案表示，孩子每天做一个家务后，可以在相应的图案后面贴一张星星或者小红花的贴纸，当贴纸达到一定数量时，可以奖励孩子一件他所希望得到的合理的奖品。

第五部分

行为矫正的原理和方法

孩子的发展过程千差万别，家长要应对的问题层出不穷。当您的孩子身上出现本书描述之外的问题行为时，您是否能够对问题进行简单的分析，并探索出解决之道呢？在这个部分，我们将介绍行为主义与认知主义两大主要派别的心理治疗和行为矫正的原理及方法，帮助您掌握分析孩子的问题行为及纠正问题行为的方法和技术，让您不仅知其然，而且知其所以然。所谓授之以"鱼"不如授之以"渔"，这是我们写作这一部分乃至全书的由衷的目的。

1 行为主义的方法

行为主义关于行为矫正技术的研究，起始于 20 世纪二三十年代。其初期发展相当缓慢，原因主要是 20 世纪 30 年代以后，精神分析疗法正处于鼎盛时期，新生的行为矫正技术理论正好与精神分析的观点相对立，因而不能引起人们的重视；其次是由于其原理所依赖的许多实验都来自动物，故一时难以为人们所接受，并且那些已在应用的行为矫正技术原理，没有足够的临床资料支持，其疗效也不显著。30 年代后，随着斯金纳的参与，行为矫正和治疗技术得到迅速发展。到今天，行为矫正技术已被应用于人类的各种社会问题，正在发挥越来越大的作用。

行为主义的行为矫正法，是对人类行为进行分析和矫正的过程。分析是指识别环境和某一特定行为之间的相互作用关系，从而识别该行为产生的原理或确定为什么个体具有他所表现出来的行为；矫正是指开展和实施某些程序和方法，以此帮助个体改变他的行为，包括通过改变环境来影响行为，对人的行为进行矫正，从而达到心理治疗的目的。换言之，行为矫正是一个着眼于改变个体行为而不是改变人格的学习过程。

行为矫正法的主要特点是：

- 行为矫正的目标集中于行为而非其他，是用来改变个体行为，而不是个性特征的。例如，行为矫正不用来改变"恐惧症"，而是用来改变患有恐惧症的个体所表现出来的问题行为。
- 行为矫正拒绝对行为的潜在动因进行假设，只是强调当前环境事件的重要性。行为矫正强调个体行为发生时直接相关的环境事件的影响作用，从中找出控制个体行为的各种环境事件（找出行为发生的前因或后果），进而提出改进措施，对行为进行矫正。例如，一个孩子有撞墙的行为，家长发现孩子是在得不到家长的关注时才撞墙的，根据这一点，我们可以提出

"让家长多关心这个孩子"作为治疗措施。平时,在对个体行为进行原因分析时,要找出的是影响行为的环境事件,而不是仅以症状类别作为原因。

- 不重视过去事件的影响。虽然,对过去事件的考察是有用的,有助于分析造成个体当前行为的原因,但个体在明了这些原因后,依然难以采取恰当的行为,因此,行为主义主张分析影响个体行为的当前环境事件,并提出矫正措施进行训练,效果才会理想。
- 强调对行为改变的测量。行为主义治疗学派通常要对实施行为矫正前后的目标行为进行测量,以考察矫正策略的效果,以便及时调整对策。总之,行为主义治疗学派不追究个体的过去,不追究个体的内心,它只注重行为发生的瞬间(与行为发生紧密相关的时刻),从中考察前因后果,同时对行为进行测量、记录。

行为矫正的方法较多,既可以通过矫正消除个体某些不良的行为,也可以通过强化使个体建立一些新的良好行为;既可以通过刺激控制和刺激控制的转移来消除个体不良的行为,也可以通过行为链接使个体呈现一些新的良好行为。行为矫正的方法是多种多样的,在选择方法时要因人而异,没有相对固定的方法,只有在分析了个体情况后采用一种最适合的方法来建立或消除某些行为。下面介绍一些主要的行为主义方法。

(1) 行为塑造

行为塑造,就是使用行为主义的一些方法,让施教对象建立之前没有的新的行为习惯。在日常生活中,父母常常有意无意地运用行为塑造技术来教育孩子。例如,1岁左右的学步儿童,当他刚刚迈出第一步时,父母总是欢欣鼓舞地表扬孩子,强化了孩子迈步这一有意或无意的偶然行为,增加了这一行为重复的可能性,让孩子乐于迈出第二步、第三步,这样不断练习,最后使孩子学会了走路,这就是一个新行为(新习惯)的塑造过程。

行为塑造技术适用于建立孩子新的行为习惯,而不是改变孩子的不良行为习惯，消退技术则有助于消除孩子的不良行为。从长期来看，仅仅消除孩子已有的不良行为习惯，效果并不长久。由于其行为动机仍然存在，在某些时候，孩子很容易"故伎重施"，使本已消除的行为再次出现。只有在消除孩子不良行为习惯的同时，运用行为塑造技术帮助孩子建立新的、适当的行为习惯，才能通过"好行为代替坏行为"，从根本上杜绝不良的行为习惯。

例如，孩子受到同班同学欺负，很生气，就跟对方打起架来，如果家长仅仅教育孩子"打架是不对的，无论出于什么原因，都不应该动手，你应该为打人付出代价"，并为此惩罚孩子，这样的教育、惩罚，可能可以让孩子明白"打人是不对的"，但无法解决"当被别人打时怎样保护自己"的问题。所以，下一次遇到欺负行为时，孩子忍无可忍，还是会出手打人。所以，家长不仅应该让孩子认识到打人是不对的，不应该采取打人的办法解决问题，而且应该教会孩子正确的处理方法是什么，当别人欺负自己时，除了打人，还可以怎么做，才能既保护自己，又符合学校纪律和社会道德的要求。

下面我们一起来了解一下行为塑造技术。

行为塑造的基本技术有正强化和负强化。

①正强化

强化，就是在孩子出现目标行为之后，设置某个刺激，从而鼓励这种行为再次发生。正强化就是在孩子的目标行为之后设置孩子喜欢的刺激，以此提高目标行为的发生概率。这种孩子喜欢的刺激叫作正强化物。

哪些东西可以用做正强化物呢？

爸爸妈妈都知道，如果孩子做了一件值得夸奖的事情，除了口头表扬之外，有时还可以给予物质鼓励，如一件新玩具、一顿孩子想吃的大餐等。这些表扬、奖品都是正强化物，是孩子喜欢和想要的。

根据强化物的性质，可以将所有的这些奖励分为三类：原级强化物、次级强化物和社会性强化物。

原级强化物就是最直接的物质奖励，如糖果、文具、玩具、红包等。原级强化物直接满足孩子的本能需要，效果显著，能够让孩子迅速体会到满足感。

次级强化物就是原级强化物的"抽象取代品"，如小红花、分数、筹码等。

次级强化物要起作用，必须对应原级强化物或社会性强化物，因为这些小红花本身是不能给孩子带来任何满足的，但是小红花积累到一定数量，孩子就能获得一件奖品（原级强化物）或者某项荣誉（社会性强化物）。次级强化物不能即时满足孩子的需要，但是比原级强化物更能鼓励孩子持之以恒地表现出好行为，有助于培养孩子坚持、等待的良好意志品质。

社会性强化物就是非物质化的奖励，如拥抱、表扬、荣誉等。相比原级强化物和以原级强化物为基础的次级强化物而言，社会性强化物的优点是并不直接满足孩子的本能需要，而是鼓励孩子为得到荣誉而努力，有助于培养孩子的荣誉感和高尚的品质。恰到好处地运用社会性强化物，还能培养孩子的自信心和自尊心，让孩子面对困难和挑战时更勇于承担责任和解决问题。

正强化有时会被误用，用于鼓励孩子的一些不良行为，但教育者却浑然不觉。

案例

凡凡在玩具店里面看上了一座可拆装的积木城堡，说什么也不走了，一定要妈妈买回家。妈妈认为凡凡已经有类似的玩具了，没有必要再买一套，所以就不同意购买。凡凡开始哭闹，引得店里的顾客都围过来看，售货员趁机说："孩子那么爱玩，就给他买一套吧！也是益智类玩具呢！"妈妈无奈之下只好买了一套。

分析

妈妈最后还是如凡凡所愿买了城堡玩具。虽然妈妈并不喜欢凡凡哭闹，更不愿意奖励凡凡的哭闹行为，但是事实上，这套城堡玩具是哭闹行为带来的结果，是凡凡想要的东西，所以，城堡玩具客观上构成了对凡凡哭闹行为的奖励。

怎样才能有效地运用正强化技术呢？

◆尽量使用社会性强化物或者次级强化物，以培养孩子良好的意志品质为目标；

◆奖励应该在行为之后才出现，如果家长提前支付，效果将大打折扣；

◆不要为了让孩子表现出好的行为，家长就在行为发生之前用奖励"引诱"

或者"贿赂"孩子——虽然家长并没有提前支付奖励，但是以后孩子就会变得唯利是图；

◆当孩子表现出哭闹等不良行为时，家长不应该满足孩子的要求。

②负强化

负强化，就是在孩子做出目标行为之后，通过免除某样孩子不喜欢的待遇，达到提高该行为发生概率的目的。这种对孩子不喜欢的事情的撤销，就叫作负强化。

日常生活中的负强化是怎样运用的呢？

爸爸妈妈平时经常会使用负强化。例如，指导孩子练习钢琴时，家长要求孩子反复练习比较生疏的曲子，直到弹得连贯流畅才停止。孩子可能很快就厌烦弹同一首曲子了，但只有当目标行为——连贯流畅的弹奏——出现时，才能让孩子停下这件让他厌烦的事情。

又如，有的爸爸平时比较严肃，当孩子边吃饭边到处跑的时候，妈妈总是耐心地追着喂，爸爸则不动声色地板起脸来，让孩子感到很紧张，只好乖乖地坐到自己的位置上，这时候爸爸的脸色又"阴转晴"，和蔼可亲起来了。这也是一种负强化。

负强化也会被误用吗？当然会！

> **案例**

小浩不小心打破了盛水仙花的玻璃盆，妈妈发现以后很生气，责问小浩："肯定是你干的'好事'吧！"小浩吓坏了，于是撒了个谎："不是我，是小猫跳来跳去打翻的。"妈妈没有深究就信以为真，打了小猫一顿。

> **分析**

下次遇到同样的压力，小浩还会不会撒谎以躲过责罚呢？当然会。本来，妈妈平时对小浩比较严厉，经常责骂小浩。小浩由于对责骂的害怕，在案例中不得不以撒谎来逃避，而且奏效了。那么这一次"逃过了责骂"，就是一次负强化，强化的对象就是撒谎。

负强化与正强化，都可以增加目标行为的发生概率。两者相比，在使用上有什么要注意的地方呢？

◆一般情况下，家长应该主要使用正强化，给孩子营造积极、乐观的成长环境。

◆家长在对孩子的行为做出处理和反应之前，一定要想清楚"这对于孩子而言意味着什么"。

③惩罚

惩罚是指当行为者在一定情境或刺激下表现出某一行为后，即时使之承受厌恶刺激（惩罚物），或撤除其正在享用的正强化物，那么其以后在类似情境或刺激下，该行为的发生概率就会降低。比如，一个孩子在游戏的时候抢了别人的玩具，老师发现后，要求他归还抢来的玩具，而且告诉他，因为他表现不好，他不可以继续参加游戏，要到隔离区去"好好想一下"。这就是惩罚，这个孩子可能因此而减少或不再发生抢别人玩具的行为。

有时候，负强化和惩罚很容易混淆。家长只需要记住这一点就对了：负强化是用于"增加"目标行为的发生概率，而惩罚则是用于"减少"目标行为的发生概率。也就是说，负强化可以塑造良好行为，惩罚则用于消退不良行为。

爸爸妈妈们对于惩罚这一教育方法应该不陌生，但是未必都能恰当地运用，有时候甚至越罚孩子越不服，或者引起亲子关系的紧张。请看下面这个例子。

案例

天馨喜欢反反复复地开门关门。这天晚饭后，妈妈在洗碗，天馨又开始关门开门，声音很响，妈妈从厨房出来，责备了天馨几句："玩门很吵，不要玩了！"然后，妈妈继续进厨房洗碗。天馨看妈妈走了，又开始开门关门，声音更大。妈妈忍不住从厨房出来，很是生气，"叫你不要玩门，真烦，再玩我就打你！"天馨停了一会儿，见妈妈忙去了，于是再次开门关门，声音更大了。这下妈妈真的生气了，"叫你不要玩，你偏要玩，你不听话，专门跟我作对，我打你，打死你！"巴掌噼噼啪啪地打在天馨的屁股上，天馨大哭起来。

 **分析**

这样的累进式惩罚最不可取。首先,天馨很可能认为妈妈对他的行为是有一定的忍耐度的,"事不过三",就一定没事。其次,反复的责骂没有效果,妈妈也容易变得不耐烦,如果妈妈和孩子之间经常演绎这样的过程,亲子关系会变得紧张。再次,责骂和打对于天馨关门开门这个行为的作用并不好,他需要明白的是开门关门很危险,极容易伤着自己,而且声音很大,会吵着左邻右舍,所以,家长应该跟他讲道理,应该在孩子出现开门关门的行为时就非常强硬地表示"零容忍"——"这是非常危险的,绝对不可以玩",同时要明确告诉他如果他再次出现这种行为会得到的惩罚——"如果再玩,我会毫不犹豫地把你关进房间里,一个小时不准出来",接着耐心地跟他讲道理,"玩门很容易夹伤,妈妈可不想你受伤。关门的声音这么响,会吓着妈妈,还会吓着邻居。你不如去玩积木、堆城堡吧,堆起来再推倒,然后再堆一个不一样的,这样也很好玩呀!"明确的惩罚加上说理,效果最好。当然,对于这种行为还有一个更好的解决方法,就是使用门夹套,这种东西是专门为有幼小孩子的家庭设计的,用上它,门就开着不能动,想玩门的孩子,因为门动不了,很快就会放弃,其实这也是因为这种行为(玩门)得不到强化(有声音,很好玩),所以也就不会被增强的缘故。

要用好惩罚,也需要一些小诀窍:

◆有言在先。对于孩子首次犯的"无心之失",不一定要施加惩罚,但应该与孩子约定,下次犯同类错误,会有怎样的惩罚,不要让孩子觉得不公平,"明明上次你都没有罚我,为什么这次却罚?"

◆运用自然后果惩罚。有一些不良行为,会自动为孩子带来惩罚,甚至不需要家长劳心。例如,孩子一向都按时完成作业,但是有一天嫌麻烦不想做了,家长不必急于威胁逼迫他完成作业,只需要等到第二天交作业的时候,老师自然会按照班级规则惩罚不按时交作业的学生。

◆不要轻易让孩子内疚。在大多数情况下,惩罚应该作为孩子某些行为、选择的责任而出现,不应该让孩子过于内疚,甚至否定自己的价值或认为爸爸妈妈不爱自己。但是,如果孩子的错误与道德、品格相关,则另当别论。

◆惩罚应该尽量及时实施。尤其是对年幼的孩子，拖得太久就失去意义了。

（2）扭转不良习惯

习惯是因为个体常常接触某种新的情况而逐渐适应或在长时期里逐渐养成的、一时还不容易改变的行为、倾向或社会风尚。习惯本身没有好坏之分。只有当个体出现对自己或社会不利的不良行为——如吮吸拇指、斜眼、眨眼、咧嘴、攻击性行为、撒谎行为，并且这种行为持续、一贯地进行以致不利于孩子的全面发展时，我们才会把它称为不良行为习惯，才需要改变它。

如何改变孩子的不良习惯？德国学者托马斯·坎佩斯说："用习惯去克服习惯。"他认为，"人们通常说，习惯很难根除。其实，这种说法并不准确。习惯不可能根除，只能够被替换。换句话说，你只能够替换而不能抹去一个坏习惯。这就像如果没有替代品，简单的戒烟行为是不可能成功的那样。"国内也有学者认为："要改掉一个坏习惯，最好的方法是培养一个好习惯。"因而，对于孩子的那些坏习惯，我们应该采取"替换而不是抹去"的解决思路。当然，我们更要有目的地选取好习惯来取代坏习惯。只有这样，才能够避免一个坏习惯刚刚离开，另一个坏习惯又接踵而至。下面这些是行为主义基本原理指导下的克服不良习惯、培养良好习惯的方法。

①代币制

代币制实际上是一种取代原始强化物的方式。这是在斯金纳的操作条件反射理论，特别是条件强化原理的基础上形成并完善起来的一种行为疗法。代币具有现实生活中"钱币"那样的功能，即儿童可换取多种多样的奖励物品或感兴趣的活动，从而获得价值。用代币作为强化物的优点在于不受时间和空间的限制，使用起来极为便利，还可进行连续的强化；只要儿童出现预期的行为，强化马上就能实现；用代币去换取不同的实物，可满足受奖者的某种偏好，可避免对实物本身作为强化物的那种满足感，而不至于降低追求强化（奖励）的动机。在儿童出现不良行为时可扣回代币，使正强化和负强化同时起作用而造成双重强化的效果。"代币制"的具体操作方法如下：

- 根据孩子存在的不良行为，如赖床、乱扔书本、啃手指等，选择目标行为，如6:30起床、把书本摆放好、不啃手指等。
- 确认代币或"标记"。如五角星、贴纸、小红旗、印花等一些马上可以利用的实物或象征性的东西，它们可以随时被发放且不易被复制，不具有其他实用功能，只能在行为矫正交换系统中使用。
- 选择支持代币的强化物。所谓代币的强化物就是以代币换取的物品或服务，如食物、娱乐权利等，并建立兑换规则，如完成何种动作和目标行为可以得到多少代币、出现某种不良行为罚多少代币、多少代币可换取某一种物品或服务等。

案例

强强10岁了，上小学三年级，最让老师和妈妈头疼的是强强书写随便、字迹潦草，字与字之间、行与行之间的空间距离感弱，写出来的字大小不均匀，疏密不一致。在非方格纸上书写时，字迹就更加没有约束了，简直可以用天马行空来形容。老师拿到他的作业常常不知道怎么改。妈妈下决心帮助儿子克服这个缺点，于是她和儿子商量，如果认真写字，可以得到他最喜欢的超人玩具，还可以去野生动物园游玩。一听有好玩的东西，强强很高兴就答应了。于是，妈妈制定了一个具体的写字量化考核表。考核表中的10项内容都是围绕强强写字来设计的，每一项内容都对应一定点数的代币，如对照字帖练习100字，笔顺正确，获得代币点数8点；数学作业字迹清楚，没有扣分，获得点数5点。等到强强累计了一定的点数，就可以去妈妈那里领取奖品。为了得到心爱的奖品，强强开始认真写字了，两个月过去，他的字写得工整多了，妈妈欣慰地笑了。

分析

妈妈对强强的不良行为进行纠正选用的就是代币制，因为制订了详细的、可操作性的行为目标，并选用了强强喜欢的强化物，所以妈妈的方法很快起到了作用。

实行"代币制"时，应注意：

◆对短期目标行为的表述要有明确的界定，不能使用含糊的词语。比如，避免说："不能看太久电视。"应明确表述为："每天只能看30分钟电视。"

◆确立目标行为时，要明确表述孩子有什么好行为可以获得代币。比如，"数学作业满分"就比"能够很好地完成数学作业"更明确具体。

◆强化物的兑现需要一定的时间、精力和财力花费，这是父母在使用代币法之前要考虑好的。家长不能随随便便地说，得到100点就带孩子去旅游，结果等到孩子真的积够了100点，才发现自己根本没有假期可以带孩子去旅游。

②习惯扭转法

用习惯扭转法治疗神经性习惯是非常有效的一个方法，包括咬指甲、揪头发、吮吸拇指及一些嘴部的不良习惯，如咬唇和磨牙。习惯扭转法是提供一种带有惩罚性质的替代性行为，从而限制原先的不良习惯性行为。例如，对有咬指甲习惯的学龄期儿童来说，对抗反应就应该是用手握紧铅笔1～3分钟或攥紧拳头1～3分钟。对孩子使用习惯扭转法时，父母应给予具体指导。

案例

鸿鸿7岁了，还喜欢啃指甲，妈妈对他试了各种办法，还是不能让他改掉这个坏习惯。有一次，妈妈特意放了一部动画片给鸿鸿看，片中内容讲到人的手接触外界最多，在指甲缝中和指尖上沾有大量的细菌、病毒等病原微生物。指甲缝是细菌滋生的场所，虫卵在指甲缝中可存活多天。孩子在咬指甲时，无疑会在不知不觉中把大量病菌带入口腔和体内，导致口腔或牙齿感染，严重的还会引发消化道传染病（如细菌性痢疾）或者肠道寄生虫病（如蛔虫病、蛲虫病等）。形象的动画片给鸿鸿留下了深刻印象，啃指甲的时候，妈妈听到了他的喃喃自语："蓝猫说了，咬指甲容易生蛔虫。我不要长虫子。"他开始有意识地控制自己啃指甲的习惯性动作了。

分析

鸿鸿7岁,有了一定的自我控制能力,而且明白啃指甲带来的危害,所以可以给他实施习惯扭转法了。

实施习惯扭转法的步骤大致如下:

◆教给孩子分辨识别习惯性行为出现的情况,如想办法让孩子知道自己什么时候最爱咬手指头。

◆教给孩子掌握在习惯性行为出现时运用的对抗反应,如对自己说,"妈妈说了,咬指甲容易生蛔虫。我不要长虫子。"

◆让孩子想象用对抗反应来控制习惯性行为时的情景,如想象肚子里不再有蛔虫,不再闹肚子疼了。

◆父母要给予必要的督促,当孩子成功地使用对抗反应而不再出现习惯性行为时,一定要及时给予表扬,这叫社会支持。

实施习惯扭转法时,家长应注意选择的替代性行为必须是一种比较自然的行为,不太容易引起别人的注意;同时,要求孩子的自我控制能力较强。

③刺激控制法

通俗地说,刺激控制法就是控制孩子产生某种行为的环境。行为心理学把环境表述为"刺激"。它认为,某个刺激能使孩子产生相应的行为,而另一刺激就不会引起相同的反应。因此,控制了这个刺激,也就控制了孩子的行为。父母通过行为分析跟随行为发生的种种事件,以了解行为发生的原因,从源头上控制孩子行为习惯形成的因素。

案例

9岁的轩轩已经有55千克了,小小年纪就已"大腹便便"。仔细观察,原来轩轩基本上一天零食不停口。坐在客厅的沙发上看电视,茶几上放满了薯片、薯条、大白兔奶糖、香蕉,一集动画片看下来,轩轩就消灭了两包薯片、两大根香蕉;渴了的时候,他会走进厨房,在放满了香香甜甜的冰激凌的冰箱里面,拿一盒巧克力味的来吃。

分析

轩轩的肥胖是很容易理解的：在家里的客厅总是放着许多好吃的东西，他随手即可从茶几上拿到零食，而且可以边吃边看最喜爱的动画片，那么不久以后只要他进入客厅看动画片时，他就会习惯性地从茶几上拿取食物。也就是说，孩子形成了一种操作性条件反射。在这里，好看的动画片、舒服的沙发和放满零食的茶几，都成了他不断吃零食的强化物；茶几、房间里的其他物品和电视则成了他取食食物的提示物或辨别性刺激物。所有这些刺激物共同组成了吃零食这一不健康行为的环境控制刺激物，它们是引起、强化和保持轩轩吃零食习惯的环境条件。

显然，要想矫正孩子吃零食的不良行为习惯，就有必要系统地操纵或改变环境控制刺激物，主要步骤如下：

◆尽可能地减少存放在茶几上的零食，最好不放。

◆要消除对孩子吃零食起奖励作用的强化刺激物，包括社会性的赞许和关注、好看的动画片、舒服的沙发等。自然，可在茶几上只放些孩子不喜欢吃的食品。

◆重新安排客厅的环境条件，如将茶几从客厅里搬走，放一个不太舒服的沙发等，以免孩子一躺在沙发上便联想到吃零食。

◆限制孩子吃东西的时间与场合，如只允许孩子在就餐时间内在厨房里进食、在吃饭的时候不做别的事情（如看书报或看电视）。

◆鼓励孩子在通常吃零食的时间离开客厅，到别处去做那些自己感兴趣的事情等。

刺激控制法的智慧之处在于防患未然，即不良行为还没有产生之前就提醒孩子。在一般情况下，家长不这么做，他们常常在孩子做错事之后才埋怨、唠叨或者责备，结果亲子之间闹得很不愉快。当孩子不能如期做好他们的事情，或忽略家长的交代时，家长很容易生气，并归咎于孩子没有责任感。其实，这只是问题的一个方面，从家庭教育的角度来说，家长若能适时控制刺激线索，让孩子没有犯错误的机会，孩子就不会养成不良习惯。

④渐隐法

渐隐法是指先提供最容易引发正确反应的情境刺激或模仿对象，然后在诱发刺激弱化的情况下巩固正确反应，直到这种正确反应在适当的新情境下仍能产生。这种方法使孩子减少了因为在学习中犯错误而引起的负面情绪——如发脾气、挫折感和逃避心理，节省了宝贵的时间，加速了学习进程。渐隐原理简单易懂，用好这一技术对培养孩子的行为习惯非常有效。

渐隐法对祛除孩子的紧张、恐惧和焦虑等心理和行为问题有特殊功效，它在某些原理和操作上与系统脱敏法相似。有的父母反映孩子比较胆小，怕在公共场合说话、怕黑、怕独处、怕坐飞机和电梯、怕某种响声、怕某种小动物、怕考试等，这些都可以用渐隐法帮助孩子慢慢消除。

案例

美国心理学家琼斯用行为学原理成功地改变了一个孩子。小彼得年仅两岁，特别害怕兔子、白鼠等，甚至连皮毛和棉绒也怕得要命。琼斯的做法并不复杂，就是当彼得与其他孩子一起玩得高兴的时候（这一点是关键），她给孩子看一只兔子。她天天坚持这样做，先是远距离地，然后让兔子的距离与孩子一天比一天近。开始时，彼得对兔子仍然怕得很，但随着这一过程的进行，他的恐惧开始减弱。渐渐地，他能够容忍兔子与自己靠近。到了第45次时，他已经可以将兔子抱到自己的怀里抚摸它，并让这个可爱的小动物轻轻地咬自己的手指头。

分析

在这一过程中，琼斯对彼得的介入逐渐靠近，孩子最终在自然的状态下接受了毛茸茸的兔子。琼斯训练的目标行为是彼得与兔子共处，目标刺激是不断拉近彼得与兔子的距离。

实施渐隐法时，一般应遵循以下几个步骤：

◆正确选择目标和目标刺激。比如，有的孩子课堂上不敢发言，那么目标就是敢于发言,而目标刺激则是课堂。

◆选择合适的起始刺激。在渐隐程序中选择一个能保证引起目标行为的起始刺激是非常重要的。比如,孩子在家里敢说敢笑,但在学校课堂上不敢发言,所以家长可以选择将家庭环境稍微改装一下,变成家庭模拟课堂,由爸爸妈妈爷爷奶奶扮演同学或老师,把这作为起始刺激,孩子肯定可以接受。

◆运用适宜的刺激促进方法。改变刺激的位置、距离或者某些维度,如大小、形状、颜色、速度或者强度等因素,从而使行为反应得以发生。

◆根据孩子的情况确定渐隐速度。如果在开始训练时,孩子能被起始刺激多次诱导做出正确的行为,家长就可以确立下一步的目标刺激。如果孩子开始出错了,可能是渐隐速度太快或者渐隐步子太大,这时家长必须要把目标刺激再细化到孩子能接受的范围。

⑤反向链锁法

常听有的父母抱怨:"我的孩子自理能力太差,让他学着干点活儿,交代多少遍了还是出错。"其实,很多生活技能对成人来说已经驾轻就熟,达到了自动化的水平,可是对孩子来说,一切都是新的。这样,成人的指导和教育要善于分解才是。做其他事情也是如此,家长不能只考虑孩子的态度,认为孩子不做或做不好是不想做,事实上可能有些孩子真的是不会做。所以,家长想让孩子做一件事情的时候,先要交代孩子如何做。

案例

卓卓10岁了,还什么家务都不会做,妈妈很担忧,这样下去,孩子以后如何能独立生活、适应社会呢?她决定从煮饭开始,培养卓卓的生活自理能力。为了让卓卓乐于学习,她将煮饭分解为以下几个步骤:

◇在米桶里用专用的碗盛一碗米;

◇用专用的塑料盆把米淘洗干净;

◇把米倒进电饭煲的内胆里,并加一小杯水,盖上锅盖;

◇擦干手,摁下电源的总开关;

◇摁下电饭煲煮米饭的开关。

第一天，妈妈上班前完成上述4个步骤，下班前打电话回来对卓卓说："妈妈今天要晚点回来，你帮妈妈摁下电饭煲煮米饭的开关，等妈妈一回来，就可以吃饭了。"卓卓开心地答应了。五点半，妈妈回来了，看到煮熟的米饭，妈妈高兴极了，连忙表扬卓卓："我家卓卓也会煮饭了，虽然是第一次煮，但是煮出来的饭比妈妈煮的还香！"受到表扬，卓卓特别开心。接下来的日子，卓卓经常帮妈妈摁下电饭煲开关。过了一段时间，妈妈又用同样的方法，让卓卓学会了煮饭的第4步。待卓卓掌握后，依葫芦画瓢，妈妈又让卓卓掌握了煮饭的第3个、第2个、第1个步骤。

分析

这种行为习惯培养法叫"反向链锁法"，适用于复杂行为习惯的训练，可以用这种技术培养孩子的独立洗澡、做饭、劳动、手工等行为。家长使用反向链锁法时，一般遵循以下几个步骤：

◆ 确定行为的整套步骤。反向链锁法的精神实质在于步骤的细化，即把一项复杂行为予以分解，分解后的每一步骤都很简单，容易学习，不会让孩子产生挫折感，然后从最后的一个步骤开始，采用逆向后退，逐步学习。

◆ 正向分解行为：整个行为→步骤1→步骤2→步骤3……最后一步。

◆ 反向训练行为：最后一步→……步骤3→步骤2→步骤1→整个行为。

◆ 一个步骤熟练以后才可进行下一步骤。就整体而言，每个环节彼此都有密切关系，只有每一个环节都很牢固时，整个链条才会牢固。如果其中任何一个环节不牢固的话，整个行为的训练就会发生问题。

对于健忘、马虎、做事常常颠三倒四的孩子，不适于使用"反向链锁法"，用这种方法会使他们的行为更加错乱不堪。

⑥负惩罚

在前面部分，我们介绍了惩罚作为行为塑造技术的使用原理和方法。在这里，我们主要介绍惩罚在改变行为时的使用。

行为心理学认为，惩罚是人类行为的一个基本准则，人的行为因为惩罚后果的存在导致将来出现的可能性减少。具体到儿童行为出现问题的时候是否要用到惩罚手段，行为心理学的态度是，惩罚只用在最后一招，即当已经考虑和实施了其他实用而又不令儿童反感的干预策略以后，仍然不能有效地减少问题行为，惩罚才有使用的必要。

根据行为出现后的刺激物的不同，可以将惩罚分为正惩罚和负惩罚。

负惩罚是指行为之后跟随着一个刺激物的消除，作为结果，这个行为将来发生的可能性减少。比如，当孩子攻击小朋友（行为），小朋友不与他玩了（消除一个刺激物），这样孩子可能不再攻击小朋友（行为再次发生的可能性减少），孩子受到了负惩罚。

正惩罚是指行为之后跟随着一个刺激物的出现，作为结果，这个行为将来发生的可能性减少。比如，当孩子把手伸向狗（行为），狗咬疼了他的手（出现一个刺激物），孩子不会再把手伸向狗（行为再次发生的可能性减少），孩子受到了正惩罚。

相对来说，负惩罚比正惩罚激起的负面作用要小，当父母选择使用惩罚手段时，先考虑使用负惩罚，实施负惩罚的方法有：

- 撤销关注。撤销关注就是"不理睬"，是一种比较温柔的惩罚方式，对孩子的不良行为具有抑制作用。如果他们发现蛮横无理得不到家人的关注，他们就不会用这种畸形的方式来博得父母的关心了。孩子"人来疯""出风头"等行为都是这种心理的表现。
- 适度隔离。适度隔离也叫"罚时出局"。适度隔离对有以下行为的孩子比较有效：攻击性——如打人、咬人、破坏东西、抢别人的东西；坏脾气——如生气吼叫、大声哭闹、抱怨烦躁；警告无效——如吵闹不停、一再戏弄别人等。在这种情况下，父母可以使用"适度隔离"，即将孩子从产生不良行为的环境中隔开来，把他撤离到一个单纯或无聊的地方或特别房间，而且在一定时间的限度内不准其活动或外出。隔离的短期目标是立即阻止有问题的行为，长期目标是帮助孩子达到自我控制。

> 案例

有一天，拉拉从幼儿园放学回家，看完动画片，妈妈让她关掉电视吃晚饭。

可是拉拉不想关掉电视。提醒了三次后，妈妈就把电视关掉了。看到妈妈把她喜欢的电视节目关掉了，拉拉发起脾气来，她把自己的玩具狗、玩具熊、图画书一个个扔在了地上。妈妈看到赖在地上发脾气的拉拉，严厉地警告说："拉拉，不许耍脾气、扔东西，这样是不容许的！你如果再这样，就要让你到卫生间里关禁闭，反省反省！"

拉拉发着倔脾气，没有听妈妈的警告又扔了一只玩具兔，妈妈看到拉拉又扔东西了，说："拉拉，你又乱发脾气扔东西了，那妈妈只能关你的禁闭了！自己去卫生间待3分钟。"

拉拉不想去卫生间，坐在地上一动不动。妈妈一把拽起拉拉到了卫生间，打开了灯，把微波炉的定时器定在了3分钟上，"好了，妈妈的时间定好了，过3分钟再出来。"说完妈妈关上了门。拉拉在卫生间里又哭又闹，觉得这3分钟真是漫长。

终于，微波炉的定时器发出"叮"的一声，解除禁闭的时间到了，妈妈打开卫生间的门，说："解除禁闭的时间到了，拉拉你知道妈妈为什么要关你的禁闭吗？"

拉拉低着头不肯说话，她心里虽然知道是自己乱发脾气、扔东西的原因，却不好意思承认错误。她说："是因为我要看电视，不吃饭！"

妈妈说："不是的，你可以不吃饭，妈妈不会强迫你吃饭。妈妈是因为你乱发脾气、扔东西才惩罚你关禁闭的。你知道了吗？"

拉拉点了点头。妈妈说："拉拉，你再说一遍，妈妈为什么关你禁闭？"

拉拉说："我是因为不听话、乱发脾气、扔东西才被关禁闭的！"

"以后不这样了好吗？"

"好的！"拉拉答应道。

分析

孩子不喜欢被隔离，是因为他们会遭受许多即时性的损失，比如失去了餐桌上的美食、好看的电视节目、好玩的玩具以及参加各种有趣活动的自由等。

家长实施隔离时，必须注意以下几点。

◆合适的隔离地点应满足下列条件：孩子认为很无聊；没有别人可以玩或讲话；没有任何好玩的东西；安全、光线充足，不会引起孩子害怕；在10秒内成人可以迅速到达的地方。不可使用的地方有：阴暗的地下室、衣橱等，不可把孩子反锁在房间里或"关黑屋"。

◆要立即实施，别总是警告而不做。

◆隔离时间不宜过长，以孩子的年龄为准，原则上是1岁1分钟，根据孩子的情况可以适当延长，直到孩子不再出现问题行为为止。

◆最好有一个定时器，让孩子以此为监督物（而不是人），这样容易让孩子形成自律。最忌讳的是没有定时器而家长随便拖延时间，甚至忘了结束时间。

◆事后讨论。要孩子说一说为什么被隔离，包括违背了哪些规定。如果孩子正确说出为什么，家长可以简单复述孩子的答案，然后应立即让孩子自行离去，无须进行任何不愉快的对话。如果孩子不知道为什么被隔离，或者说出一个不正确的答案，那么，家长一定要告诉孩子被隔离的真正原因。等家长说完正确答案以后，再问孩子一遍为什么被隔离，直到说出正确原因，然后才让孩子离去。

⑦正惩罚

负惩罚是当问题行为发生时撤走强化物，正惩罚则是当问题行为出现时，施加令孩子厌恶的刺激。孩子为了逃避厌恶刺激，则可能减少问题行为。

正惩罚经常容易产生一些负作用，比如：引起孩子不良的情绪反应，孩子出现哭泣、焦虑甚至愤怒等消极反应，影响其良好行为的产生；影响亲子关系；孩子受到惩罚后，不仅对惩罚物产生害怕和抑制反应，也会对与之相关的其他事物和情境（即条件惩罚物）产生畏惧、厌恶和逃避态度；诱发说谎行为；形成不良性格，等等。

> **案例**

3岁的凯凯调皮捣蛋，妈妈大声斥责，却毫无效果。于是，妈妈拿出邻居传授的"撒手锏"——"鸡毛掸子打屁股"，凯凯立即老实求饶，妈妈对这个办法比较得意。日子一久，次数一多，"鸡毛掸子"成了凯凯最害怕的东西。每当妈妈说"你再淘气，我就去拿鸡毛掸子"，凯凯就非常恐惧，吓得连声音都喊不出来。经过几次后,凯凯竟然出现"口吃"。妈妈以为凯凯又在调皮捣蛋,直到有一天,有位医生说,凯凯的口吃是心理恐惧所致,妈妈才知道是自己的错,但为时已晚。

分析

不正确地使用正惩罚,导致案例中的凯凯出现了畏惧、口吃等消极反应。家长在使用惩罚时要注意以下几点:

◆选择实用而无反感的方法。
◆减少使用惩罚手段出现的情境。
◆实施惩罚时保持平静。
◆成人的态度要一致。
◆惩罚与正强化结合使用。
◆不能滥用。
◆不能嘲笑和讥讽。
◆不能吓唬。

在实际教育过程中,孩子任何一种不良习惯的克服,任何一种好习惯的养成,单靠某一种方法的训练是很难行得通的,家长往往需要结合多种方法才能实现,至于具体选择哪几种方法,需要靠家长的智慧。同时,习惯成自然,无疑是要经过多次的反复和相当长时间的坚持才能达成的,所以更需要家长的耐心。

行为主义是20世纪心理学发展的伟大进展之一,它揭示了人类行为产生和影响机制的某些原理。尽管行为主义的理论在今天已经被一再修改,但并没有其他理论可以推翻或者取代它。无论在学校还是在家里恰当地运用各种各样的奖励和惩罚手段,都可以帮助孩子建立良好的行为方式,戒除不良行为,更能让教师和家长有信心地实施教育。

2　改变认知的方法

认知疗法是根据认知过程影响情感和行为的理论假设，通过认知和行为技术改变不良认知的一类心理疗法的总称。简单地说，认知疗法是一种通过改变个体思维或信念的方法来改变不良认知，达到消除不良情绪和不良行为的目的的方法。具有代表性的认知疗法包括埃利斯的合理情绪疗法、梅肯鲍姆的认知矫正技术——自我指导法、贝克和雷米的认知疗法等。

认知疗法的基本原理是：

- 认知是情感和行为反应的中介，引起人们情绪和行为问题的原因不是发生的事件本身，而是人们对事件的解释。例如：一个人将自己看作失败者，他可能会变得抑郁；一个人认为自己不能适应某种环境，他会尽力躲避这种环境，变得退缩。
- 认知、情感和行为相互联系、相互影响，不良认知和负性情绪、异常行为彼此之间相互加强，形成恶性循环，是情感和行为问题迁延不愈的原因。
- 情绪障碍者常存在认知歪曲，只有识别和矫正其歪曲的认知，问题才可能得到改善。认知行为治疗就是通过改变个体关于自身的错误的思维方式和观念，并教会一些适应环境的技能，来帮助他克服不良的情绪和行为。

一般来说，常见的不良认知有：

- 主观武断。在原因不明的情况下，草率地做出结论："别人说我任性，我就是任性。"
- 以偏概全。因为一件事没做好，就认为所有的事都做不好。
- 极端的思维。"我就是口吃，永远改不了了。"

认知疗法是通过改变个体不合理或错误的观念来改变行为，以达到改变不良的情绪或行为的目的。它不仅适用于成人，而且被逐步用于治疗大龄幼儿的多种情绪问题及行为问题。

通常，父母只是试图改变孩子的不良行为，然而仅仅暂时消除已有的不良行为，效果是不长久的，很容易重新出现这种行为。为什么呢？因为孩子仍然觉得自己的想法和认知的观念、态度是正确的，没有人告诉孩子这些认知是错误的。因此，家长只有通过改变孩子已有的不合理认知和错误的认知，形成正确的认知，才能达到减少或改变不良行为、解决情绪问题的目的。所以，在家庭教育中，如果家长采用认知行为治疗技术，那么，这种技术对改善孩子的不良情绪会大有帮助。

下面，我们介绍一些常用的改变认知的方法，包括合理情绪疗法、自我指导法、改变极端的信念或原则、改变不合理的思维。

（1）合理情绪疗法

合理情绪疗法认为，情绪在本质上是一种态度和认知观念，也是一种认知过程，不合理或错误的思想、信念是情感问题或异常行为产生的重要原因。一个人的情绪不但起源于这些认知，而且会因为这些认知的稳定存在而持续存在。因此，人们可以通过改变自己的认知、想法和观念来改变、控制情绪和行为结果。

对此，美国心理学家埃利斯进一步提出了"ABC理论"。在"ABC理论"中，A指与情感有关的诱发事件；B指个体对这一事件的看法、解释及评价，即信念或认知，包括合理的和不合理的信念；C指与激发事件和信念有关的情绪反应和行为结果。一般情况下，人们认为诱发事件A直接引起情绪和行为反应的结果C。事实上并非如此，在A与C之间有B这一中介因素。A对于个体的意义或是否引起反应受B的影响，即受人们的认知态度、信念决定。例如，一个中班的女孩因咽喉炎变得声音沙哑（A），于是整个人变得很退缩、胆怯和孤立（C）。在埃利斯看来，声音沙哑并不直接导致她的情绪和行为反应，而是她认为"我的声音不好听，小朋友都不会和我一起玩"这种观念（B），才使她出现退缩等行为反应（C）。由此可见，认知态度或信念对情绪反应或行为的重要影响，不合理或错误的观念常常导致异常情感或行为出现。

合理情绪疗法在教育中的主要应用如下。

- 向孩子说明如果有不正确的认知态度，会引发一些不良行为和情绪。
- 通过对孩子的观察和与他谈话，识别其不合理认知。
- 用恰当方式指出认知的不合理性所在，并示范对已有激发事件或不良刺激应如何合理地认知、分析、解释。
- 让孩子自己说出合理的认知来代替先前不合理的认知，并多次练习，在心里重复合理的、正确的观念。
- 父母或老师设计和采用某些行为技术，如角色扮演、操作条件、脱敏和一些其他技能训练，帮助孩子发展合理的认知。

下面，我们通过一个案例来介绍这一技术。

案例

越越，男，6岁，上幼儿园大班。父母和家人都很宠爱他，在各方面都尽量满足他的要求。平时在幼儿园里，老师也非常关注他，他也喜欢每次都把小手举得高高的来回答老师的问题，和班上的小朋友也玩得很好。最近一个多月，他突然出现了问题，表现为情绪不稳定、退缩（如一个人躲在一旁看其他小朋友玩）、乱扔玩具、老师提问也不再抢着回答、趁老师不注意时偷偷地打比他小的女孩贝贝。父母也发现他有时在家里偷偷掐、打刚出生两个月的妹妹。

老师观察到越越的情绪反应和行为问题后，向越越的妈妈说明了情况。后来，妈妈在周末的时候与越越一起游戏，边玩边与越越聊天，并从中了解到，原来妈妈刚生了个妹妹，家人都十分疼爱她。越越每天见妈妈忙着照顾小妹妹，成天抱着妹妹睡觉、喂奶，感到自己被冷落。以前都是妈妈或爸爸接送越越去幼儿园，现在改由奶奶接送。爸爸下班回家后，也总是先亲亲妹妹，然后才来亲他。再加上近段时间，越越家的很多亲戚都来家里看妹妹，都夸妹妹长得漂亮可爱，可是以前这些阿姨舅舅们都是只夸越越的，每次来还会给他带礼物，而现在带的礼物都是给妹妹的。所以，越越觉得爸爸妈妈不再爱他了，只爱妹妹；亲戚也不喜欢他，只喜欢妹妹。因此，越越就出现了以上的情绪和行为。打比他小的女孩贝贝，是因为越越把贝贝当成家里的妹妹。

分析

通过上述案例,我们可以看出越越出现退缩、情绪不稳定、乱扔玩具,甚至打同班女孩贝贝等问题,原因是家里有了妹妹后,家人所有的关注都集中在妹妹身上,越越认为家人都只爱妹妹而不爱他了。很显然,越越有了这些情绪和行为,是由他有不合理的认知——"家人都只爱妹妹而不爱他"——导致的。因此,越越妈妈要想解决越越的情绪问题和行为问题,应该将重点集中在越越的"爸爸妈妈不再爱他了"这一不合理的信念上。

根据"ABC理论",案例中的越越就是因为"家中有了妹妹"这一诱发事件(A),才出现"退缩、情绪不稳定等不良情绪和行为"(C)。实际上,越越产生"退缩、情绪不稳定"等结果(C),并不是由"家中有了妹妹"(A)直接引起的,它们中间有"爸爸妈妈不再爱他了"这一不合理的信念(B)。因此,要消除越越的这些不良情绪和不良行为,就要先消除越越的"爸爸妈妈不再爱他了"这一不合理的认知。

家长如何有效地运用合理情绪疗法改变越越的行为呢?下面是解决的步骤:

◆ 首先,向孩子分析他的情绪与行为出现的问题,找出导致这些情绪与行为的不合理或错误的观念。"你不开心,是因为你认为爸爸妈妈只爱妹妹,不爱你了。""你打贝贝,是因为你认为家里的妹妹夺走了爸爸妈妈对你的爱,你把贝贝当成妹妹来打,发泄你的不满和愤怒。"

◆ 然后,运用说理的方法,告诉孩子合理的认知观念,通过改变不合理的认识改善孩子的情绪或改变孩子的行为。"爸爸妈妈既爱妹妹也爱你,因为妹妹小,所以我们要花更多的时间来照顾她。"

◆ 之后,再给越越一些和妹妹友好相处的建议。"以后,我们一起读书,爸爸妈妈、你和妹妹,每天都在一起读书讲故事,好吗?""以后,你和我们一起照顾妹妹,好吗?你来帮爸爸妈妈冲奶、喂奶,帮着爸爸妈妈给妹妹洗澡,带妹妹出去玩,因为爸爸妈妈也是这样把你带大的。"

◆ 经常向越越表达爱,鼓励他和妹妹友好相处的行为。"爸爸很爱越越。""妈妈很爱越越。""越越做哥哥做得很棒!"

通过这样的帮助，越越一定会慢慢接受妹妹，而且乐于做个"好哥哥"！

（2）自我指导法

自我指导法是美国心理学家梅肯鲍姆研究多动症时创造出来的一种认知治疗方法。他发现多动儿童的"内部言语"发育不成熟，可能是由于缺乏适当的认知对自己进行自我指导。因此，他认为多动的、冲动性的儿童在使用言语自我调节行为的能力上存在明显缺陷。通俗地讲，自我指导训练是指导孩子自己应付焦虑、痛苦、恐怖的不利情境，面对现实，抱有积极的看法。自我指导的语言，常是自我支持、自我勉励的话。例如，恐怖时，可以自言自语："不要怕，要冷静。"多动时，可以用内在语言指导自己："我要坐好，不动来动去。"

有关自我指导法效果的研究表明，这种方法对孩子的多动、攻击、冲动、退缩、焦虑、恐惧等行为问题的矫正有一定效果。

案例

5岁的珩珩上中班，在幼儿园或家里时总是走来走去，不能安静地完成一项任务，每当这种情况出现时，珩珩父母总是制止他不要走来走去，可效果甚微。为此，他们很烦恼。无奈之下珩珩的妈妈咨询了医生，医生诊断珩珩这些行为属于多动的表现，建议珩珩父母引导孩子进行自我指导：告诉他在想多动的时候提醒自己，"我要坐好，不走来走去。"三个月之后，珩珩的多动行为有所改善。

分析

珩珩出现多动行为时，其父母的做法是制止，而没有告诉他应该怎样做。这样珩珩没有学会正确的方法来改变这种多动行为。后来，在医生的指导下，家长引导孩子进行自我指导，珩珩学会了正确的行为方式，从而改善了多动的行为。

（3）改变极端的信念或原则

这一方法的基本原理是：用现实的或合理的信念原则代替极端或错误的信念原则。例如，一个孩子拥有的某一极端的信念是："我下飞行棋一定要得第一，因为和爸爸妈妈下我总是得第一。"在这样的极端信念下，如果这个孩子下飞行棋输了，他就无法接受。所以，家长应该帮助孩子进行更合理的自我陈述："尽管我和爸爸妈妈下飞行棋得第一，但我和小朋友下有可能不是第一，有的小朋友比我下得更好。"再如，另一个孩子的极端信念是："如果我很努力，我就一定是班上最棒的孩子，应该得到老师的表扬。"这样的信念可能带来的问题是："我很努力，老师并没有表扬我，我真是倒霉鬼。"并因此处于消极的情绪当中。所以，相应的、现实的信念应该是："一个人很努力并不一定是班上最棒的，因为大家都很努力，所以，老师也不一定会表扬我。"

下面，我们通过一个案例来介绍这一技术。

案例

琳琳6岁了，爸爸妈妈最近发现，每次在社区活动时，琳琳都不与其他小朋友玩，总是喜欢远远地站着看其他小朋友玩，爸爸妈妈鼓励她与小朋友玩，她总是不肯，爸爸妈妈以为她是和社区小朋友不熟悉才这样，所以没怎么在意。有一次，琳琳之前喜欢的表兄弟姐妹来家做客，琳琳也是躲在一旁不参与她以前喜欢玩的躲猫猫游戏。妈妈鼓励她，她却说："我很笨，我不会玩。"妈妈找了个机会与琳琳谈话才了解到，有一次琳琳与表弟玩游戏时做错了，表弟说她"很笨"。妈妈决定对她这种"过分夸大"事实的认知观念进行改变。妈妈告诉她，做游戏时犯错误是难免的，其他小朋友也会这样，一次犯错，并不等于每次都会错……同时还鼓励她与社区小朋友、表兄弟姐妹玩。后来，琳琳又像以前一样活泼了。

分析

琳琳突然不与小朋友和表兄弟姐妹玩，是因为有一次和表弟玩游戏时，她做错了，表弟说她"很笨"。琳琳觉得自己这次做错了，下次也肯定会错，而且认为自己真的很笨。其实，导致琳琳突然退缩的原因是她有了歪曲的认知，妈妈发现后对她的这种歪曲认知进行改变，从而改变了她的退缩行为。

正确运用认知治疗的方式来矫正孩子的行为似乎不难，下面这些小诀窍，可以帮助家长达到事半功倍的效果。

◆帮助孩子认识思维活动与情绪和行为之间的联系。

◆帮助孩子认识消极、歪曲或错误的极端思维，检验支持和不支持极端思维的证据。

◆帮助孩子改变歪曲的错误的极端思维方式、认知内容，发展更适应的思维方式和认知内容。

（4）改变不合理的思维

恶劣的情绪，如沮丧、焦虑、内疚、绝望、挫折感和愤怒，常常是由不合理的思维所导致的。这些不合理的思维，最终可能导致的是一个不合理的行为。所以，要改变行为，应该先识别这些不合理思维，然后改变这些不合理思维。

案例

莹莹是一个10岁的女孩。她没有朋友。其实丽丽、其其曾经都是她的好朋友。但是跟莹莹交往一段时间后，她们都不愿意跟莹莹做朋友了。因为莹莹很霸道，她不允许她们去交其他朋友。莹莹经常这样想："她们明明是我的好朋友，为什么还要去找别人？""她们找其他朋友，是不是因为不喜欢我？""她们不喜欢我，肯定是我有些地方做错了。"

莹莹的霸道、孤独令妈妈很伤心，她带莹莹去看心理咨询师。心理咨询师跟莹莹进行了以下对话：

"你希望自己有很多朋友吗？"

"是的。"

"你认识了一个朋友，再去认识第二朋友，是不是不喜欢第一个朋友了？"

"不是。"

"那是为什么呢?"

"因为,我想多跟一些朋友玩。"

"那你的朋友是不是只能跟你一个人玩而不能跟其他人玩?"

"不是。"

……

分析

咨询师通过不断的追问,让莹莹的不合理思维受到挑战,让她在自相矛盾中认识自己的错误,最后在父母和咨询师的帮助下归纳和定义出新的合理的替代性想法:"我的朋友去结交新的朋友并不是不喜欢我。我们都需要很多朋友。"

家长改变孩子的不合理思维,可以遵循以下程序:

◆识别自动化思想。所谓自动化思想,就是我们已经形成的价值观,是我们对外界事物和现象的理解与判断。比如,考试成绩不理想,有的孩子自然而然归因于自己太笨,有的孩子认为自己挺聪明就是没有好好学,有的孩子则自暴自弃,认为自己不是一个好孩子。家长可以帮助孩子识别这些有害的自动化思想,改变为合理的思维。

◆识别认知错误。一般来说,孩子不可避免地会犯认知上的错误,家长可以针对孩子不合理的、夸张的想法,进行质疑和反诘。比如,对孩子进行直截了当的挑战式发问:"你有什么证据可以证明你比谁都笨?""是否别人都可以失败而唯独你不能?""是否别人都应该按照你的想法去做?""你有什么理由要求事情按照你的想法去发展?"当孩子发现自己的辩护已经变得理屈词穷的时候,他就会真正认识到:"我的思想原来是不现实的、没有根据的;我的想法有些是合理的,有些是不合理的;我必须以合理的信念取代不合理的信念。"

◆给予正确的替代性思想。当孩子认识到自己的认知错误以后,家长应该给予孩子正确的想法。比如,考得不好并不是笨,而是没有认真复习等。

通过改变认知的方法来改变孩子的不良行为已被广泛运用在家庭教育当中,

同时也被用于学校教育当中。在很多情况下，这种方法常常能取得比行为疗法更好的效果。在通过改变认知来改变孩子的不良情绪或行为时，首先要分析出现这些不良情绪与行为的认知上的原因；其次，根据原因找到问题的关键，选择恰当的认知改变方法和技术；最后，建议孩子以合适的思维方式代替不适宜的、错误的认知，从而改变不良情绪和行为，形成良好的情绪和行为方式。

主要参考资料

[1] 布汝奎. 运用认知疗法，改变不良习惯 [J]. 习惯研究：理论版，2009（3）.

[2] 曹连春. 浅谈幼儿良好行为习惯的培养 [J]. 新课程：教研版，2009（5）.

[3] 陈峰. 教育就是习惯培养 [M]. 北京：九州出版社，2008.

[4] 蒋慧. 从孩子吮手指想到的——谈如何帮助孩子改掉不良习惯 [J]. 家庭与家教：现代幼教. 2008（10）.

[5] 晏红. 春雨润物细无声——行为习惯培养法（9）：渐隐 [J]. 少年儿童研究，2004（3）.

[6] 晏红. 从源头改造不良因素——行为习惯培养法（7）：刺激控制 [J]. 少年儿童研究，2004（1）.

[7] 晏红. 解开困扰行为的纽扣——行为习惯培养法（10）：合理情绪疏导 [J]. 少年儿童研究，2004（4）.

[8] 晏红. 拿好行为"购买"奖励——行为习惯培养法（4）：代币制 [J]. 少年儿童研究，2003（10）.

[9] 晏红. 让孩子感到厌恶——行为习惯培养法（12）：正惩罚 [J]. 少年儿童研究，2004（5）.

[10] 晏红. 让小闪光点形成大光圈——行为习惯培养法（1）：正强化 [J]. 少年儿童研究，2003（Z1）.

[11] 晏红. 温柔地冷落孩子——行为习惯培养法（11）：负惩罚 [J]. 少年儿童研究，2004（6）.

[12] 晏红. 正反训练总相宜——行为习惯培养法（6）：反向链锁 [J]. 少年儿童研究，2003（12）.

[13] 张宝山. 代币法在儿童行为辅导中的应用 [J]. 红河学院学报，2004（5）.

万千教育 学前教育类书目

书号	书名	著、译者	定价(元)
幼儿园区域活动指导			
1935	幼儿园户外环境创设与活动指导（全彩）	董旭花 等 著	72.00
2103	幼儿园社会区材料设计与评价（四色）	王微丽 霍力岩 主编	60.00
1950	幼儿园科学区材料设计与评价（全彩）	王微丽 霍力岩 主编	60.00
1951	幼儿园生活区材料设计与评价（全彩）	王微丽 霍力岩 主编	60.00
1782	幼儿园数学区材料设计与评价（全彩）	王微丽 霍力岩 主编	60.00
1800	幼儿园语言区材料设计与评价（全彩）	王微丽 霍力岩 主编	60.00
2598	幼儿园艺术区材料设计与评价（全彩）	王微丽 霍力岩 主编	60.00
9613	幼儿园区域活动——环境创设与活动设计方法（全彩）	王微丽 主编	60.00
9149	小区域，大学问——幼儿园区域环境创设与活动指导	董旭花 等 著	30.00
9548	幼儿园创造性游戏区域活动指导（角色区·建构区·表演区）	董旭花 等 编著	32.00
9549	幼儿园自主性学习区域活动指导（生活操作区·美工区·益智区·科学区）	董旭花 等 编著	35.00
0156	幼儿园区域活动现场指导艺术——透视38个区域故事	董旭花 等 著	38.00
9134	如何有效实施幼儿园主题性区域活动	秦元东 等 著	24.00

7937	幼儿园科学区（室）——科学探索活动指导117例	董旭花 主编	28.00
幼儿园区域活动指导合计			679.00
幼儿园园所管理			
2102	破解幼儿园园长的50个管理难题	苏晓芬 等 著	48.00
1784	幼儿园危机管理策略与实例	周丛笑 等 编著	52.00
1596	幼儿园安全管理策略	张春炬 李芳 主编	42.00
0039	园本培训促进幼儿教师专业发展	晏红 著	32.00
9883	幼儿园教研活动设计与实施	莫源秋 著	32.00
9620	幼儿园保育员工作指南	伍香平 等 主编	20.00
9438	幼儿园园长的领导艺术	任民 李迎春 著	32.00
9006	幼儿园园长临场应变技巧50例	卢俊 著	20.00
9012	幼儿园园长易犯的80个错误	伍香平 主编	25.00
幼儿园园所管理合计			303.00
幼儿园教师专业成长指导			
2113	做会沟通的幼儿教师	胡剑红 等 主编	38.00
2236	幼儿园文案撰写规范与技巧	刘敏 等 著	52.00
2311	幼儿园探究性环境创设（四色）	康丹 等 译	48.00

……
欲了解更多图书信息，请登录：www.wqedu.com
联系地址：北京市西城区三里河路6号院2号楼213室　万千教育
咨询电话：010-65181109，65262933

*本目录定价如有错误或变动，以实际出书为准。